"十三五" 职业教育规划教材

畜禽环境卫生

XUQIN

HUANJING WEISHENG

第二版

赵希彦　郑翠芝　主编

U0331469

化学工业出版社

· 北京 ·

《畜禽环境卫生》(第二版)依据高职教育的人才培养目标和人才培养模式的基本特征,紧紧围绕畜禽养殖中对环境卫生岗位群的要求,以"怎样给畜禽创造最好的环境"为思路而编写。本书主要讲述了环境与畜禽的关系,畜舍环境控制,畜牧场设计,畜牧场环境保护等内容。为适应当前国内外养殖形势对畜禽环境提出的新要求,本书增加了畜禽环境与动物福利及生态养殖模式等相关知识的介绍,并在书中穿插了"知识拓展""资料卡"等栏目,有助于扩大学生的知识面。本书配有电子课件,可从 www.cipedu.com.cn 下载参考,此外,教材部分知识点配有视频,可扫描二维码观看学习。

本教材可供高职高专畜牧兽医类专业使用,也可作为广大畜禽生产经营者及相关技术人员的参考用书。

图书在版编目(CIP)数据

畜禽环境卫生/赵希彦,郑翠芝主编. —2版. —北京:
化学工业出版社,2020.1(2025.2重印)
"十三五"职业教育规划教材
ISBN 978-7-122-35412-9

Ⅰ.①畜⋯ Ⅱ.①赵⋯②郑⋯ Ⅲ.①家畜卫生-环境卫生-职业教育-教材②家禽-环境卫生-职业教育-教材
Ⅳ.①S851.2

中国版本图书馆 CIP 数据核字(2019)第 231226 号

责任编辑:迟 蕾 梁静丽 张春娥 装帧设计:史利平
责任校对:王 静

出版发行:化学工业出版社(北京市东城区青年湖南街 13 号 邮政编码 100011)
印 装:北京云浩印刷有限责任公司
787mm×1092mm 1/16 印张 13 字数 315 千字 2025 年 2 月北京第 2 版第 8 次印刷

购书咨询:010-64518888 售后服务:010-64518899
网 址:http://www.cip.com.cn
凡购买本书,如有缺损质量问题,本社销售中心负责调换。

定 价:39.80 元 版权所有 违者必究

《畜禽环境卫生》（第二版）编写人员名单

主　　编　赵希彦　郑翠芝

副 主 编　曹保东　俞美子　吉　丽

参编人员（按姓名汉语拼音排列）

曹保东　济宁职业技术学院

丰艳平　湖南环境生物职业技术学院

吉　丽　云南农业职业技术学院

李桂伶　辽宁生态工程职业学院

李玉杰　辽宁双增种猪育种有限公司

刘周平　沈阳耘垦养殖技术咨询有限公司

倪海星　长治职业技术学院

王洪伟　玉溪农业职业技术学院

王　净　河北北方学院

易宗容　宜宾职业技术学院

俞美子　辽宁农业职业技术学院

赵希彦　辽宁农业职业技术学院

赵　阳　辽宁农业职业技术学院

郑翠芝　黑龙江农业工程职业学院

周德忠　商丘职业技术学院

周丽荣　辽宁农业职业技术学院

周艳萍　玉溪农业职业技术学院

前言

　　加强教材建设已成为当前我国高等职业教育改革的一项重要工作。本教材是根据《教育部关于加强高职高专教育人才培养工作的意见》《教育部关于以就业为导向深化高等职业教育改革的若干意见》《关于全面提高高等职业教育教学质量的若干意见》及《关于加强高职高专教育教材建设的若干意见》的精神和要求进行编写的。

　　畜禽环境卫生是畜牧兽医类专业的主要专业基础课之一。本教材是组织国内从事高等职业教育畜禽环境卫生教学的专业教师，结合多年教学研究和课程体系改革的经验及成果进行编写的。教材紧紧依据高职教育的人才培养目标和人才培养模式的基本特征，围绕畜禽养殖中对环境卫生岗位群的要求，坚持以提高学生综合素质为基础，以"必需、够用"为度，突出基础理论知识的应用和实践能力的培养，强调实用性和针对性。教材以"怎样给畜禽创造最好的环境"为主线，按照"影响畜禽生产的环境因素→怎样控制这些环境因素→怎样保护好畜禽环境"的思路来编写，充分体现职业教育特色。

　　教材在内容选取上，充分体现了实用性、针对性、先进性和科学性的原则，加大了畜牧场环境保护的内容，新增了"畜禽环境与动物福利"及"生态养殖模式"等方面的相关知识，以适应当前畜牧业生产的最新要求。附录中收录了国家近年来新发布的诸如《畜禽场环境污染控制技术规范》等相关法律或规范，并将有关标准融入教材相应内容中。

　　在相关教学内容设计上，充分考虑已有的国家职业资格证书制度，将国家职业资格鉴定的相关内容引入教材中来。在教材编写过程中，也充分考虑了我国地域辽阔、地区间存在较大差异的特点，各院校可根据具体教学情况在讲授内容的广度、深度及学时分配上做适当调整，一部分内容可作为学生的自学材料。

　　本教材便于学生自学，每章前均有"本章要点"与"技能目标"，每章后均有"本章小结"和"复习思考题"等模块，有助于学生更准确地把握知识要点，便于学生课外自学。充分体现了高等职业教育的特点和以教师为主导、以学生为主体的教学理念。本书是在一版基础上进行修订，主要将新的标准、规范以及技术内容等进行了更新。本书配有电子课件，可从 www.cipedu.com.cn 下载参考；此外，教材部分知识点配有视频，可扫描二维码观看学习。

　　本教材的编写和出版工作得到了化学工业出版社的大力支持和各参编单位的热心帮助，在此一并表示诚挚的谢意。

　　由于编写时间较紧，加之编者业务水平和经验有限，疏漏之处在所难免，敬请大家批评指正。

编者

2019 年 5 月

绪　　论

学习目标

- 了解畜禽环境卫生的含义及研究的目的。
- 能简要说明国内外畜禽环境控制和环境保护的新进展。
- 培养信息收集、整理、归纳与总结的能力。

随着畜牧业生产规模的不断扩大和集约化程度的不断提高，人们对畜禽养殖环境问题的关注愈来愈多。畜禽养殖离不开环境，畜舍小气候环境的好坏，直接影响着畜禽生产性能的高低和畜禽的生存健康；从另一方面讲，畜禽养殖在一定程度上又破坏了环境，大量集中的畜禽粪便、污水、死畜禽等如得不到及时利用与处理，就会污染畜舍周围空气、水源，给周围居民生活带来潜在危害，也会污染畜舍本身。科学正确处理好畜禽养殖与环境之间的关系，提高畜禽废弃物利用率，降低畜牧业环境污染，走生态养殖之路已成为畜牧业发展的必然。

一、畜禽环境卫生的含义及研究目的

畜禽环境卫生就是研究外界环境因素对畜禽作用和影响的基本规律，并根据这些规律制订利用、保护和改造环境的措施。即在充分了解畜禽本身生物学特性和行为习性的前提下，掌握各种环境因子发生变化的规律及其对畜禽健康、生长发育、生产力水平、产品品质以及遗传潜势等的影响，寻求畜禽与环境间物质、能量交换过程中的调控途径和方法，为改善环境和创造新环境提供科学依据，防止畜禽与环境关系的失调，促进其协调发展，一方面要安全高效地生产优质畜产品、提高畜牧业经济效益；另一方面，要确保一定的动物福利条件，从环境上做到畜牧业生产的可持续发展。这也是学习畜禽环境卫生的主要目的。

二、畜禽环境卫生的主要研究内容

畜禽环境卫生是一门综合性课程，它以许多基础学科如化学、气象学、微生物学等为基础，又与动物生产、繁殖以及畜牧场经营管理等有密切联系，是畜牧兽医类相关专业的专业基础课。其主要内容包括三部分：一是环境与畜禽的关系，阐述环境的组成、相互关系、变化规律及其对畜禽的影响；二是畜禽环境的控制，阐述合理规划畜牧场及正确设计畜舍、控制畜舍小气候的理论和方法；三是畜牧场环境保护，研究如何消除外界污染物对畜牧场的影响及防止畜牧场对周围环境的污染，介绍畜牧场废弃物减量化、无害化、资源化处理利用的方法。

三、畜禽环境控制与环境保护发展现状及趋势

1. 畜禽环境控制与环境保护发展现状

近年来，我国的畜牧生产，已从家畜对环境因素的被动防御与适应的时代，进入了人工控制环境时代，对畜禽环境控制与环境保护的研究与应用也取得了一定进展，主要表现在以下几个方面。

（1）环境控制自动化、环保化 基于畜禽舍的养殖环境控制自动化系统已应用于许多畜牧场，通过自动化设备控制畜禽的生活环境，满足畜禽的生长和生产需要，如暖床系统、地面保温或冷却系统、间歇性淋浴自动控制设施等。而畜禽舍整体环境控制系统，可由各种感应器传回环境状况，然后经由计算机将资料进行分析判断并决定采取相应的措施。例如，当外界温度尚可而猪舍内氨气浓度较高时，可通过通风设施和挡风帘等换气设备来达到最佳环境空气效果。同时，有关人员也可对感应器传回的资料进行研究，以供参考。畜禽环境控制设备在自动化、智能化的基础上，也已经开发出了许多环保型产品并将它们应用于生产中。

（2）畜禽舍建筑节能化、多样化 我国当前的畜禽舍有大棚式畜禽舍、拱板结构畜禽舍、复合聚苯板组装式畜禽舍、被动式太阳能猪舍、菜畜互补"四位一体"式棚舍等多种建筑形式。这其中的节能开放型畜禽舍，在节约资金和能源方面效果十分显著，与封闭型畜禽舍相比，节约资金近一半，用电仅为封闭型畜禽舍的 $1/15 \sim 1/10$。近年来，在综合了密闭式和开放式畜禽舍各自的特点后，又开发了开放型可封闭畜舍和可屋顶自然采光的大型连栋鸡舍等新型畜禽舍建筑形式。

（3）畜牧环保指标具体化 《畜禽养殖业污染物排放标准》明确规定了集约化、规模化畜禽养殖场污染物控制项目指标及废水、恶臭排放标准和废渣无害化环境标准；《畜禽养殖业污染防治技术规范》则规定了畜禽养殖场的选址要求、污水处理、污染物监测等污染防治的基本技术要求。我国当前的畜禽养殖业有法可依，标准明晰。

（4）畜禽养殖生态化 生态化养殖是畜牧业发展的趋势，根据生态关系原理合理利用畜禽生产的废弃物，实现动物饲料和能源等的循环利用，使畜牧业走可持续健康发展之路，是现在的许多畜牧场采取的养殖模式。20 世纪 80 年代以来，我国生态畜牧业如雨后春笋，从南到北，出现了一大批生态县、生态村和生态庭院（户）。以畜牧业为中心，以沼气为纽带，种植业、水产养殖业、加工业并举的牧业生态系统工程，很好地兼顾了生态效益、经济效益、社会效益的统一。

2. 畜禽环境控制与环境保护发展趋势

随着时代的发展，人类对畜牧业的环境控制和环境保护提出了更新更高的要求，今后的几十年将会是环境科学更加迅速发展的阶段，世界畜禽环境领域的研究热点将集中在以下几方面。

（1）动物行为与福利研究 增加动物福利是社会可持续发展的迫切要求，这将成为畜禽养殖业界的共识和共同理念。增加动物福利势必增加生产成本，如何界定正常行为自由度是推行完整的动物福利做法的关键问题。

（2）室内空气质量研究 主要针对集约化畜禽生产设施中过量的灰尘和有害气体浓度过高问题。目前的研究主要集中在：舍内灰尘特性研究、空气中可吸入颗粒物与人类及动物健康关系的研究、舍内有害气体监测与控制技术研究等。

(3) 畜禽场粪污处理与利用技术研究 这是全世界的研究热点之一。目前对畜禽粪便的处理与利用主要集中在两个方面：①新鲜粪便的处理方法；②专用复合肥料生产。

(4) 畜禽生产中的工艺定型及配套设备研究 如蛋鸡饲养采用高密度叠层笼养系统，不仅降低生产成本，而且还增加了每平方米鸡舍的饲养量，并且卫生条件良好。又如全封闭畜舍的环境自动控制系统为更好地调控舍内环境、增加饲养密度提供了巨大的可能，乳头饮水系统有效避免了水的浪费和污染，自动料槽和链式喂料系统不仅大大节约了人力，而且还实现了喂料的定时自动控制。近年来，考虑到"动物福利"及生产"福利蛋"的需要，蛋鸡笼养已逐渐被淘汰。最新研究并被较多应用的有地面全垫草散养、地面垫草与漏缝地板网结合、多层复式自由活动系统三种工艺方式，且开发出了与这些工艺相配套的喂料、饮水、集蛋、清粪、粪便处理及满足鸡群自由活动等的设施与设备。

(5) 畜禽舍设计及通风系统研究 主要包括对建筑结构、通风系统等的研究。

总之，现代畜牧业，既受到工农业生产之污染与危害，需要人们加以监测；又是一个危害人类生存的发生源，应该加以控制和治理。因此，人们必须对畜牧场从规模确定、场址选择，到生产管理和废弃物利用等一系列环节都高度重视，采取综合措施来改善畜禽的生活和生产环境，加强畜牧场的环境保护，有效解决环境保护与畜牧业发展的矛盾，为促进畜牧业的可持续发展做出贡献。

第一章 环境与畜禽的关系

本章要点

本章主要阐明了畜禽环境、环境应激、适应等基本概念和环境的分类及畜禽与环境之间的关系，详细介绍了空气环境对畜禽健康和生产力的影响及提高舍饲畜禽福利的措施。

技能目标

- 了解各种气象因素的变化规律。
- 结合红外线和紫外线的生物学作用，能在畜牧生产中对其合理应用。
- 知道畜禽与环境的动态平衡关系。
- 知道畜牧生产过程中产生环境应激的原因并能提出相应的预防措施。
- 会测定畜禽舍各项气象指标并合理指导畜禽生产。
- 能够灵活运用抗应激的方法，提高家畜、家禽的适应能力。
- 能够制订出畜禽福利方案。

第一节 畜禽环境

一、家畜环境的概念

家畜环境是指家畜周围空间中对其生存具有直接或间接影响的各种因素的总和，它包括除遗传因素以外的影响家畜生活、生产和健康的所有因素。环境又可分为内环境和外环境。内环境是指动物体内的各种因素，即各组织、器官进行物质和能量代谢的环境；而外环境则是指动物体外部与动物有直接或间接关系的外界环境。狭义的环境是指外环境，也就是本门课程所主要讲述的。

二、环境的分类

1. 自然环境和社会环境

根据人类对环境的影响程度，将环境分为自然环境和社会环境。自然环境是指自然界中存在的与家畜有直接或间接关系的外界因素，包括气候因素（光、温度、湿度等）、土壤因素（地形、地貌、土壤组成）及生物因素（自然界中原有的动物、植物和微生物）。自然环境在畜牧业中已受到人类的干预，已不同于原始环境。社会环境则指对畜牧业生产有影响的人类活动的总和，包括人口的状况、分布、信仰、风俗习惯，国家的法规、政策，畜牧场的设计、管理及畜产品的加工、运输等。

2. 生物环境和非生物环境

根据环境中是否含有生物因素，可以把环境分为生物环境和非生物环境。生物环境是指一切与家畜有直接或间接关系的生物因子，主要包括动物、植物、微生物等。生物环境中的所有因素，对家畜的生存和生产性能都会产生不同程度的影响。如植物进行光合作用，合成有机物并储存能量，为家畜提供食物和氧气，同时，植物又可以调节气候条件，为家畜提供良好的生活、生存环境。而微生物既可以对家畜产生有利的作用，又有有害的方面。如反刍动物瘤胃中的微生物和单胃动物肠道中的微生物可以帮助动物消化食物，并能合成一部分动物所需的营养；而病原微生物则能引起动物的疾病。环境中的动物也会对家畜产生影响，环境中的原生动物可以引起家畜的寄生虫病；而其他动物可以是家畜的竞争者，又可以是家畜的促进者。如草场一定时，牛和羊就会互相成为竞争者；而随着家畜养殖量的增加，诸如蛋黄、动物内脏等可以为水产动物提供饲料，从而促进水产养殖业的发展。

非生物环境是指自然环境中的物理和化学因素，是家畜的无机环境，包括光、热、气、水、土、矿物质等。非生物环境可以分为三类：一是太阳辐射，它是一切生命的基础；二是气候因素，包括气温、气湿、气流和气压等气象因子，它们的变化都或多或少地对家畜产生影响；三是一些小分子，如气和土壤中的氧、二氧化碳、水及其他矿质元素如钾、钠、钙、磷、氮、硫等。所有这些都是家畜赖以生存的物质基础。家畜的环境分类可以归纳如下。

$$
环境\begin{cases}
外环境\begin{cases}
自然环境\begin{cases}
非生物环境：空气、水、土壤等\\
生物环境：动物、植物、微生物等
\end{cases}\\
社会环境：外围条件（居民及其生活习惯等）、国家法规、法令等
\end{cases}\\
内环境\begin{cases}
非生物环境：动物的温度、pH值、渗透压等\\
生物环境：动物体内的微生物、寄生虫等
\end{cases}
\end{cases}
$$

总的来说，生物圈中的所有因素，都是家畜生存的根本基础，家畜的生存离不开这些因素。

三、畜禽与环境之间的关系

家畜接触的环境是不断变化的。当环境变化在家畜的适应范围之内时，家畜可以通过自身的调节而保持适应，因而能够保持正常的生理机能和生产性能。如果环境因子的变化超出了适宜范围，机体就必须动员体内防御能力，以克服环境变化的不良影响，使机体保持体内的平衡。动物对环境刺激的反应有两种形式：一种是特异性反应，即动物对环境刺激的反应因环境因子种类的不同而异；另一种是非特异性反应，即动物对环境刺激的反应不因环境因子的不同而变化。动物对环境变化作出的这些反应，是动物对环境适应或不适应（包括应激）的表现，环境与家畜的关系是适应和应激并存的。

（一）适应

1. 适应的概念

家畜时时刻刻都生活在一定的环境中，与环境不断进行着物质和能量的交换，受各种各样环境因素的影响。家畜所处的外部环境极其复杂而且多变，外部环境的变化必然影响到机

体内部。机体经过一系列生理机能的调节、生物学性状的改变以及遗传基础发生变化等，对外部环境因素作出相应的反应，使内环境保持稳定状态，从而使细胞代谢乃至整个机体得以正常生存。在复杂多变的环境中，生物从分子到细胞、组织甚至整个机体对内部和外部环境刺激产生的有利于缓解生理紧张状态的反应，称为适应。适应有利于生物内环境的稳定，内环境稳定是动物生存和发展的前提，因此，适应可以使生物有机体与外部环境保持协调和统一，使生物在变化环境中正常地生存和繁衍。

动物对环境的适应能力是广泛的。对于许多环境因子如地形、地貌、气候、土壤、水质、水量及饲料等的变化，动物都能通过体内的调节，产生一些反应，逐步达到适应。但是，动物的适应能力又是有限的。当环境因素在一定限度内变化时，动物可以通过自身的调节保持正常生理状态，因而能够正常地生存，保持良好的生长发育和生产性能。如果环境因素的变化幅度过大或持续时间过长，体内所产生的反应不足以弥补动物在新环境中所受到的损害，则动物的生长、发育和生产性能就会受到影响，严重时会出现疾病甚至死亡。可见，动物对不良环境条件能否适应，决定于两个方面：一是环境条件变化的强度和持续的时间，二是动物适应能力的强弱。

2. 适应的种类

(1) 表型（生物学）适应 表型是生物外部表现的性状，包括形态、结构、生产性能、繁殖性能及其他生理机能。表型适应就是在外部环境发生变化时生物表象性状发生的有利于生存的反应，表现为行为、生物化学、生理机能、组织与解剖及形态等方面，如炎热条件下的牛体型变小等。表型适应是基因型改变与环境变化共同作用的结果。表型适应一般是动物个体在生命过程中对外界环境所产生的反应，这些反应可以是短暂的（数小时、数天或数个月），也可以持续数年甚至终生。但是动物的基因没有改变，这些反应只能存在于个体的生命过程中，而不能遗传给后代。

(2) 遗传（基因）适应 在复杂多变的环境中，所有生物系统，无论是细胞、器官、生物个体或群体，都有系统的适应机构。借助这些机构，生物得以在变异环境中生存。遗传适应是动物在自然选择或人工选择作用下获得的有利于生存的某种变化，其实质是动物在特定环境的长期定向选择作用下产生的有利于生存的基因的改变，从而使动物种群的遗传物质产生有利于生存的变化，这种变化有利于动物在特定环境中维持内环境稳定。

3. 适应的表现

(1) 行为适应 动物行为具有两个基本功能：一是动物在变化环境中生存的手段，二是动物适应环境变化的工具。动物行为的两种功能与适应密切相关。成年动物的行为由两部分组成：一种是先天性行为，即动物的本能；另一种是动物的后天性行为。动物的先天性行为如母性行为、性行为、哺乳行为等，其特点是与生俱来，不需后天学习就能表现物种特性，动物的本能可以遗传，似乎与适应关系不大，但从进化角度来看，先天性行为是物种对环境中相对不变的刺激产生的适应。动物的后天性行为是在特定环境或刺激反复作用下，由大脑皮质参与并经学习和记忆而形成的条件反射，如动物经训练而形成的定点排泄、动物的探究行为、动物的仿效行为、动物对不良刺激的躲避行为等。因此，行为适应是动物对环境刺激作出的生理性反应，如果动物没有这种反应，就会被自然选择淘汰。例如，在炎热的夏季，动物尽量减少活动，采食时间缩短，饮水增加。此外，各种动物在炎热环境中都尽量舒展四肢，以扩大散热面积；寒冷时，动物主动寻求靠近热源的地方栖息，或自动集聚睡卧，或蜷缩身体成球形，以御寒冷；大多数动物在高温环境中，通过减少采食活动来减少产热，如猪在炎热环境中嗜睡，以减少产热，适应炎热环境；动物在炎热环境中增加饮水量、提高散热量也是适应环境的行为。

知识拓展 ▶▶

　　行为适应出现得比较快，也容易被人们觉察。人们可以利用动物的这种反应来观察它们对某些环境因素（如温度、阳光等）的喜好和选择，以此作为控制动物环境的依据。

　　(2) 生理适应　　生理适应是最重要的表型适应。动物的生理适应表现在神经、内分泌、循环、呼吸、消化及代谢等各种生理机能上，通过这些生理机能的调节，适应外界环境的变化。如高温时心跳加快，大量血液涌向皮肤，排汗增多，出现热性喘息等；寒冷时食欲旺盛，代谢增强，出现寒战等。

　　外界环境刺激如能持续一段时间，即在外界连续不断地反复刺激下，动物体内产生一系列反应；这些反应积累并被固定下来，形成新的生理状态。这种新的生理状态是动物在受到刺激之前所不具有的，这正是动物对外界刺激进行生理适应的结果。

　　(3) 形态适应　　所谓形态适应是指动物在外界环境的影响下，体形和结构发生了某些有利于生存的变化。动物在新环境中发生形态变化，是动物产生新的生理机能的必然结果，因而动物在新环境中的形态变化更有利于动物在环境中生存。形态适应主要表现在以下几个方面。

　　① 毛色、肤色的适应。动物皮肤中的色素和温度与湿度有关，生长在不同纬度的同种动物，原有的颜色并不改变，但随着纬度的升高，毛色变浅。但现代动物的毛色，是人工选择的结果，并不单纯是温度和湿度作用的结果。

　　② 体格、体型的适应。同种恒温动物，在北方寒冷地区体格较大，在南方温暖地区体格小。

　　③ 体被的适应。动物的被毛分两种：一种是刚硬的粗毛，另一种是柔软的绒毛。绒毛的含量与温度呈反比，粗毛的含量与温度呈正比。在低温地区动物被毛中绒毛含量高，有利于动物防寒。如将同一窝小猪分别养在温暖和寒冷的环境中，几个月后，前者躯体比较细长，腿较高，被毛粗、短；后者躯体较粗壮，腿矮，被毛较细密而且出现绒毛。

　　④ 消化系统的适应。动物消化系统的特点与动物的食性密切相关。如肉食动物的肠管与体长之比小于草食动物，因为肉食动物的食物富有营养，可消化程度高，所以肠相对较短；而草食动物的食物营养差，可消化程度低，所以肠相对较长。

　　(4) 基因型适应　　当环境变化时，繁殖能力和抗逆性强的个体生存，差的个体死亡。这样，在特定环境中有利于生存的基因逐渐积累、不利于动物生存的基因逐渐消失。因此，自然选择和人工选择的定向作用就改变了群体的遗传基础，使生物产生了基因型适应。

　　行为适应、生理适应、形态适应属于表型适应，基因型适应属于遗传适应。一般来讲，行为适应和生理适应出现较快，但维持时间相对较短，在外界刺激停止之后，可以在短时间内部分或全部消失。形态适应出现较慢，往往需要几个月或一年以上，而且一旦形成，可以维持较长时间甚至终生不变。基因型适应出现得很慢，往往需要几年甚至数十年，一旦出现，基因型适应可以通过世代交替在种族内延续。

4. 提高家畜适应力的主要措施

　　家畜的适应力最终集中表现在健康状况、生活力、体格和生产性能上。也就是说，适应性良好的家畜应当是：发病率和死亡率不超过正常水平；各种生理表现无异常；体格达到品种标准，体型外貌正常；生产性能良好，达到品种要求。提高家畜适应力的主要技术措施有以下几点。

(1) 锻炼　所谓锻炼，就是动物在同一环境条件的反复刺激下，体内各种功能不断进行调节，经过无数次反复，调节活动所产生的反应逐渐被固定下来并转变成为正常生理机能的一部分，因而动物对这种刺激产生了耐受力，在同样强度的同类刺激下反应显著减弱或不再产生反应，即达到了适应。各种外界因素（气候、季节、营养）的变化，都可以成为外界刺激，使家畜得到锻炼。如牛在10℃中锻炼一年后，在17℃没有明显反应，在35℃则出现热应激；相反，在27℃中经过锻炼的牛，在35℃中没有明显反应，在17℃就出现冷应激。

在生产实践中运用锻炼手段来提高家畜的适应能力时，需要注意下列几个问题：一是锻炼要有针对性，即紧密结合当地的自然环境特点与生产要求。在寒冷环境中经受锻炼的家畜，耐寒力显著增强，但耐热力下降；相反，在炎热环境中经受锻炼的家畜，耐热力显著增强，但不耐寒。这就是说，家畜经过锻炼之后，提高了对于某种因素的适应能力，有可能对另一种或另一些因素的适应能力有所下降。因此，事先必须确定适合当地生产需要的锻炼目标，选准锻炼项目，确定适宜的锻炼方法。二是家畜适应能力的提高有一定限度，这是由家畜生理调节功能具有一定局限性所决定的，不能设想通过锻炼使家畜对环境的适应能力马上就上升到很高的程度。三是家畜通过锻炼而得到提高的适应能力，只是表型适应，不可能遗传下去。

(2) 育种　在各个畜种中，不同品种所适应的环境往往差异很大。有目的和有计划地引进一个或几个品种同当地品种进行杂交，可以使某一方面的适应能力提高很多。例如，哥伦比亚绵羊在美国佛罗里达州的表现不是很好，用哥伦比亚公羊和佛罗里达州土种杂交所生的后代，不仅提高了其对佛罗里达州环境的适应能力，而且其生产性能超过了双亲。

(3) 杂交改良　杂交改良是对一个品种引进外血，使基因重新组合，向人们所希望的方向发展甚至育成一个新品种。值得注意的是，当前存在于各个地域的当地品种，都是经过长期自然选择和人工选择而形成的，对于当地环境具有最强的适应能力。在对它们的某些性状进行改良时，必须保留其对当地环境的适应能力。激进杂交往往会使后代的适应能力有所下降，不宜普遍采用。当提高家畜生产力的目的与家畜的适应性发生矛盾时，以家畜的适应性为更重要。

(二) 应激

1. 应激的概念和性质

(1) 应激的概念　广义地说，应激是指作用于机体的一切超常刺激所引起的机体的紧张状态。目前普遍认为，应激是指动物机体对外界或内部环境超常刺激所产生的非特异性反应的总和。

环境中凡是能够引起机体应激反应的因子称为应激原。应激原的强度不同，引起的应激反应的强度和进程也不同。较弱的应激原易被机体适应；过强的则可导致疾病或死亡。只要刺激达到一定强度，就会引起应激。

(2) 应激的性质

① 应激是一种生理反应。当外界环境因子的变化超出家畜的适宜范围时，家畜就会动

用机体的防御系统，克服环境过度刺激造成的不良影响，使机体在不太适宜的环境中仍能保持体内平衡。若在此情况下缺乏应激反应或应激反应失调，就会导致动物内环境稳定性被破坏，出现疾病或死亡。因此，应激反应是动物机体在长期进化中形成的一种生理反应。通过应激锻炼，可以提高动物的适应能力，扩大动物的分布范围。所以不能将应激等同于损伤，也不能把它和家畜健康、生产损失简单等同。在生产上可以利用适度的应激来提高家畜的适应性、生产力和治疗一些疾病。如通过绝食、禁水等而强制家禽换羽，从而提高产蛋量，延长产蛋期。

② 应激是一种非特异性反应。应激反应是动物对各种环境刺激所产生的相同的反应，即反应的表现不因环境因子的不同而变化。如高温和低温分别作用于动物时，动物的反应不同：高温时，动物采食减少，饮水增加；低温时正好相反。这些反应属于特异性反应，不属于应激反应。但当高温和低温刺激达到一定强度时，动物除出现上述特异性反应外，还出现一些相同的反应，如肾上腺分泌性提高，胸腺、淋巴组织萎缩等，这些反应是不同刺激所产生的共同具有的反应，即非特异性反应，属于应激反应。

③ 应激对动物是有利的。动物通过应激反应，增强了对环境因子的耐受限度，扩大了生存空间。如动物在应激情况下甲状腺分泌增强，从而使体内的代谢增强，提高了应付紧急情况的能力。但动物在尚未获得适应，或因环境刺激过强、持续时间过长而使获得适应丧失的情况下，其生产性能往往下降，这是动物为提高对不良环境的抵御能力而造成的，虽然对生产不利，但确是保障生命所必需的。

知识拓展 ▶▶

　　应激是加拿大生理学家 Hans Selye 于 1936 年首先提出的。他在对人与动物疾病进行细致研究后发现，一些环境因素如环境骤变、冷、热、湿、污染、噪声、光及运输、密度、拥挤、争斗、惊吓、防疫、渴、饥饿、去势等可以引起一些非特异性反应，Selye 称之为"全身适应综合征"，后来改称"应激"。

2. 应激对动物生产的影响

应激与动物生产的关系极为密切，应激对动物的生产和健康可产生有利的影响，也可产生有害的影响，这主要取决于环境刺激的强度、时间和机体的状态。

（1）应激对动物生长和增重的影响　一般来说，家畜发生应激反应后，增重变慢甚至出现负值，料肉比增大，生产水平降低。在较为严重的应激状态下，动物生长发育速度降低，图 1-1 为不同噪声强度下羔羊生长的变化情况。人们应该高度重视由不良环境因子引起的应激。

（2）应激对家畜繁殖力的影响　在应激情况下，可使动物的性成熟延迟和繁殖力降低。应激使母体黄体数减少，并且子宫重量和对外源性雌激素的反应降低，子宫代谢和激素环境均被扰乱。应激因子可以导致促卵泡激素（FSH）、促黄体激素（LH）的分泌减少，能影响卵的形成、成熟和排卵，也会减少卵巢激素的形成，并使输卵管膨大部蛋白质分泌减少或停止，还可以使子宫对钙的利用受阻，故在应激状态

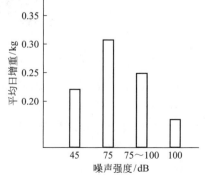

图 1-1　噪声应激对羔羊生长的影响

下鸡常下软壳蛋、小蛋或滞产，并且产蛋率下降。热应激可使公牛、公羊和公猪的精液品质下降。

（3）应激对家畜泌乳的影响　应激过程中促性腺激素的分泌减少，抑制了性腺激素的生成，从而导致动物乳腺的发育或再生受阻，使奶牛泌乳量下降。高温应激，可使产奶量大幅度下降。挤奶时的各种干扰、挤奶员的粗暴态度等都可成为应激因子而抑制排乳，使产奶量下降。

（4）应激对产品品质的影响　应激会影响肉的品质。运输及屠宰前的较强应激能够导致屠宰后的肉呈苍白、松软、有渗出液的 PSE 肉，或产生切面干燥、肉质较硬、肉色深暗的 DFD 肉。同样，应激可使家禽内分泌失调，导致鸡产小蛋、壳薄蛋、畸形蛋、软蛋的比例增加。

（5）应激对家畜健康的影响　严重的应激使动物免疫力和抵抗力降低，导致发病率和死亡率增加。应激作为非特异性的致病因素，与多种疾病的发生有关。有的是应激直接造成的，如消化性溃疡、肿瘤、猝死、运输综合征等；有的是应激破坏了动物体内的平衡，而降低其抗病能力，使动物处于亚健康状态，有利于病原微生物的侵入，而使动物易患各种传染病。

3. 应激的预防

（1）选育抗应激品种　动物对应激的敏感性与遗传有关，利用育种的方法选育抗应激动物，淘汰应激敏感动物，逐步建立抗应激动物种群，是解决畜禽应激的根本措施。

（2）改善环境条件　从环境卫生的角度来看，改善环境条件，以减少、减轻或消除环境应激因子的不良影响，是预防应激的最重要手段。如畜牧场的合理规划和畜舍的良好设计；避免环境骤变，防冷、热、噪声、强光等；防止各种污染；饲料、饮水保质、保量；进行抗应激锻炼；合理的饲养密度；合理的运输方式等。以上这些措施可以有效地预防应激的发生。

（3）合理利用抗应激药物　为了防止应激的发生，可通过饮水、饲料或其他途径给予抗应激药物。这些药物一般分为三类，包括应激预防剂、促适应剂、应激缓解剂。常用的药物有：大剂量维生素 C（每千克体重 100mg 以上）能很好地缓解应激；氯丙嗪（每千克体重 1.7mg）肌注；琥珀酸盐每千克体重 50mg，拌料饲喂；微量元素如锌、硒等亦有效；微生物制剂如杆菌肽等；中草药也可减少应激的发生。

第二节　空气环境与畜禽

围绕地球表面的空气称为大气，它分为三层，即对流层、平流层和电离层。其中对流层与动物的关系最为密切，它大约集中了整个大气质量的 3/4 和几乎全部的水汽量，一切天气现象都在这一层发生。在对流层所发生的冷、热、干、湿、风、云、雨、雪、霜、雾、雷、电等各种物理现象和物理状态统称为气象。决定这些物理现象和物理状态的因素称为气象因素，主要包括气温、气湿、气压、气流、云量和降水等。这些因素之间存在着极其密切而复杂的关系，并且相互结合和相互影响。气象因素在一定时间和空间内变化的结果所决定的大气物理状态如阴、晴、风、雨等称为"天气"。

气候是指某地区多年所特有的天气情况。而"小气候"是指由于地表性质不同，或人类和生物的活动所造成的小范围内的特殊气候，例如农田、牧场、温室、畜舍等的小气候。畜舍中小气候的形成除受舍外气象因素的影响外，还与舍内的家畜种类和密度、垫草使用、外围护结构的保温隔热性能、通风换气、排水防潮以及日常的饲养管理措施等因素有关。畜牧场的小气候除受所处的地势、地形、场区规划、建筑物布局等因素的影响外，还受畜牧场绿化程度的影响。

气象因素是畜禽的主要外界环境因素，它直接影响畜禽的热调节，进而影响畜禽的健康和生产力。此外，气象因素还可通过影响饲料作物的生长、化学组成和季节性供应以及寄生虫和其他疾病的发生与传播，间接地影响畜禽的生产和健康。

一、气温

温度对畜禽的生长发育等生理生化活动能产生深刻影响，对畜禽的分布及数量等也有一定的决定作用。

一年内最热月和最冷月平均温度的差值为气温年较差。每日气温最高值和最低值的差值为气温日较差。二者均受纬度的影响，随纬度增加，年变幅增大，而日较差减小。

在自然生态因素中，温度是直接或间接影响畜禽生长发育、繁殖、生活状态及生产力的最重要的生态因素，是环境控制中最主要的问题。

(一) 家畜的等热区、舒适区和临界温度

1. 基本概念

畜禽是恒温动物，它们的体温必须保持在适度的狭窄范围内，才能进行正常生理活动。而气温在不同纬度、不同海拔高度甚至在同一地区的不同季节，或在同一天的不同时间均有差异。畜禽不同的种、品种、品系和个体，随年龄、营养和生理状况对环境温度的要求也不同。所以恒温动物有较完善的体热调节能力，其体热调节机能包括产热和散热两个方面。产热环节主要包括基础代谢产热、活动产热、生产产热以及热增耗（消化吸收饲料养分过程中产热）。散热的主要部位是皮肤和呼吸道，其次是胃肠道。散热的方式有四种，即辐射散热、传导散热、对流散热和蒸发散热。其中使散热增加或减少的反应称为"物理调节"，使产热增加或减少的反应称为"化学调节"。当环境冷热程度发生改变时，畜体首先进行物理调节，仅靠物理调节不能维持热平衡时，则开始进行化学调节。当物理调节和化学调节同时进行还不能

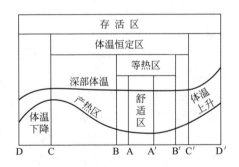

图 1-2　环境温度与体温调节示意
A—A′为舒适区；B 为临界温度；B—B′为物理
调节区；B—C 为化学调节区；C—C′为体温
调节恒定区；D—C 为体温下降区；
C′—D′为体温上升区

维持热平衡时，动物体热平衡则遭到破坏，导致蓄积热增加或减少，表现为体温升高或下降。

当环境温度在适中范围内时，畜禽仅依靠物理调节机能，即能维持体温的稳定，不需动用化学机能进行调节，这个温度范围称"等热区"（见图 1-2、表 1-1）。

表 1-1　各种家畜的等热区　　　　　　　　　　　　单位：℃

家畜种类	等热区	家畜种类	等热区
牛	10～15	狗	15～25
猪	20～23	兔	15～25
羊	10～20		

注：引自冯春霞. 家畜环境卫生. 中国农业出版社，2001。

在等热区内，最适合畜禽生产性能发挥的温度范围，称舒适区。在舒适区内，畜禽产热最少，除了基础代谢产热外，用于维持的能量消耗下降到最低限度。这时畜禽饲料利用率和生产力最高、抗病力最强、饲养成本最低，是经营最有利的温度。

当环境温度下降时，散热量增加，必须提高代谢率以维持体温，而进入化学调节体温阶段，这时的环境温度称为下限临界温度，有时简称为临界温度。当环境温度升高，机体散热受阻，物理调节作用不能维持机体的热平衡，体温升高，代谢率也提高。这种引起代谢率提高的外界环境温度，称为上限临界温度或过高温度。

当环境温度进入极限温度，也即畜禽依靠化学和物理调节来维持正常体温的终点环境温度，在过低温度称"冷极限"、过高温度称"热极限"。如环境温度继续下降或上升，则畜禽发生冻死或热死。

等热区和临界温度是利用环境温度来描述家畜耐热特征的指标，它反映的是家畜对热环境的适应能力。下限临界温度低，说明家畜较耐寒；上限临界温度高，说明家畜较耐热。

2. 影响畜禽等热区和临界温度的主要因素

（1）家畜种类和品种　不同种、不同品种家畜，由于其自身特点和对气候的适应性不同，等热区有差异。凡体型较大、每单位体重表面积较小的家畜，均较耐寒而不耐热，等热区下限临界温度较低。例如，荷兰牛与瑞士牛相比，前者等热区较窄，气温高于 18～20℃时，产奶量就明显减少，而瑞士牛在 30℃左右才显著减少泌乳量。

（2）年龄和体重　一般情况下，生长发育期畜禽临界温度随年龄和体重的增大而下降，等热区随年龄和体重的增大而增宽。如体重 1～2kg 的哺乳仔猪的临界温度为 29℃，体重增加到 6～8kg 时临界温度下降为 25℃；初生羔羊的等热区为 24～27℃，而成年母羊的等热区大大增宽，为 7～24℃。

（3）皮毛状态　被毛浓密或皮下脂肪发达的家畜，保温性能好，等热区较宽，临界温度较低。例如，饲以维持日粮的绵羊，被毛长 1～2mm（刚剪毛时）的临界温度为 32℃，被毛长 18mm 时为 20℃，120mm 为 −4℃。

（4）饲养水平　饲养水平愈高，体增热愈多，临界温度愈低。例如，被毛正常的阉牛，维持饲养时临界温度为 7℃，饥饿时升高到 18℃；刚剪毛摄食高营养水平日粮的绵羊为 25.5℃，吃维持日粮的为 32℃。

（5）生产水平　生产力高的家畜其代谢强度大，体内分泌合成的营养物质多，因此产热较多，临界温度较低。如日增重 1.0kg 和 1.5kg 的肉牛，下限临界温度分别为 −13℃ 和 −15℃。

（6）饲养管理制度　群体饲养的家畜，由于相互拥挤，减少了体热的散失，临界温度较低；而单个饲养的家畜，体热散失就较多，临界温度较高。例如，将 4～6 头体重 1～2kg 的仔猪同放在一个代谢笼中测定，其临界温度为 25～30℃；如果进行个别测定，则上升到 34～35℃。此外，较厚的垫草或保温良好的地面，都可使临界温度下降，如猪在有垫草时

4～10℃的冷热感觉与无垫草时 15～21℃的感觉相同。

(7) 对气候的适应性　生活在寒冷地区的家畜，由于长期处于低温环境，其代谢率高，等热区较宽，临界温度较低；而炎热地区的家畜正好相反。

(8) 其他气象条件　由于临界温度是在无风、没有太阳辐射、湿度适宜的条件下测定的，因此，所得结果不一定适用于自然条件。在田野中，风速大或湿度高，畜体散热量增加，可使临界温度上升。例如，奶牛在无风环境里的临界温度为－7℃，当风速增大至 3.58m/s 时，则上升至 9℃。

知识拓展 ▶▶

　　各种畜禽的等热区和临界温度是制订不同畜舍适宜温度的标准，也是修建畜舍热工设计的理论依据。在生产实践中，由于投入和技术水平的限制，很难使动物的环境保持在舒适区范围内。在一般生产条件下，应将动物的环境温度控制在等热区范围内，以获得最大的经营效益。

(二) 气温与畜体的热调节

1. 高温时的热调节

当家畜感受到热刺激时，调节机能表现在以下几个方面。

(1) 减少产热量　在气温升高到过高温度时，家畜产热减少，首先表现为采食量减少或拒食，生产力下降，肌肉松弛，嗜眠懒动；继而内分泌机能开始改变，最明显的是甲状腺分泌减少以减少产热量。

(2) 增加非蒸发散热量　当气温升高时，皮肤血管扩张，大量的血液流向皮肤，把体内的代谢产热带到体表，皮温升高，皮温与气温差增大，使辐射、传导和对流等非蒸发散热量增加。值得注意的是，通过皮肤血流量增加导致皮温升高非常有限，当环境温度继续升高，它们的差值逐渐减小，非蒸发散热量减少。若环境温度等于或高于皮温，动物则无法通过皮肤表面非蒸发散热散失热量。动物自动疏散，寻求阴凉场所，也是增加非蒸发散热的形式。

(3) 提高蒸发散热量　在高温环境中，动物皮肤血流量增加，大量的水分也随血液流动到达体表，水分的皮肤渗透增强，给汗腺分泌汗液提供了必要的水分，汗腺分泌的汗液增多。动物饮水量增加，使血液变得稀薄，增加了水分的渗透蒸发。在一般气候条件下，畜体蒸发散热量约占总散热量的 25%，家禽约占 17%。但是，随着外界环境温度的升高，皮温与气温之差减小，非蒸发散热作用逐渐减弱，而蒸发散热则逐渐增强，在高温环境中主要依靠蒸发散热。当环境温度等于体温时，非蒸发散热为零，全部代谢产热均由蒸发散热发散；如果气温高于体温，机体还通过传导、对流和辐射从环境中获得热量，这时动物只有通过蒸发作用排除体内的产热和从环境中获得的热量，才能维持体温正常。在高温环境中，牛、马等汗腺发达动物的蒸发散热以皮肤蒸发散热为主，猪、鸡、绵羊等汗腺不发达动物的蒸发散热则以呼吸道蒸发散热为主。

为了提高蒸发与非蒸发散热量，可给家畜喷水、淋浴、滚浴（如猪）、浸浴（如牛），加强通风。选用导热性能良好的地面（如混凝土地面、石板地面）、减少畜栏容畜量等均可缓和高温的不良影响。

2. 低温时的热调节

动物受到冷刺激时的体热调节机能表现在以下几个方面。

（1）减少散热量 与高温相反，随着气温的下降，皮肤血管收缩，减少皮肤的血液流量，皮温下降，使皮温与气温之差减少，动物体通过辐射、对流和传导等散热量减少。由于在低温条件下流经皮肤毛细血管血流量减少，使汗腺分泌汗液量减少，动物体呼吸变深，频率下降，蒸发散热量也显著减少。同时，动物体肢体蜷缩，群集，以减少散热面积；竖毛肌收缩，被毛逆立，以增加被毛内空气缓冲层的厚度。但这些物理调节的效果是有限的，化学调节才是低温时维持体热平衡的主要形式。动物也通过聚集、寻求温暖处所等方式减少体表散热。

（2）增加产热量 当气温下降至临界温度以下，物理调节作用不能维持正常体温时，家畜将开始加强体内营养物质的氧化以增加热的产生，表现为肌肉紧张度提高、颤抖、活动量和采食量增大等。

（三）气温对畜禽健康及生产力的影响

1. 气温对畜禽健康的影响

气温的高低会直接或间接影响畜禽的健康。

畜禽在高温环境下，呼吸急促，在严重的热应激情况下，过度呼吸会导致动物肺部损伤，表现为肺充血，使呼吸系统功能降低；心跳加快，使心脏负担加重，严重时会造成心肌功能衰退。高温还可使动物血液流向皮肤，导致消化系统供血不足，动物消化吸收营养物质的能力降低。因此，在高温环境中，动物食欲减退，消化不良，胃肠道疾病增多。高温也抑制中枢神经系统的运动区，使机体动作的准确性、协调性和反应速度降低。

> **资料卡：热射病**
>
> 高温环境可使畜禽发生热射病，所谓热射病是指动物在炎热潮湿的环境中，散热困难，体内蓄积热增加，导致体温升高，引起中枢神经系统紊乱而发生的一种疾病，动物表现为运动缓慢、体温升高、呼吸困难、结膜潮红、口舌干燥、食欲废绝、饮欲增进等。

在低温环境中，动物的心率下降，脉搏减弱。畜体末端部位组织因供血不足会被冻伤甚至冻死。低温环境对家畜上呼吸道黏膜具有刺激作用，气管炎、支气管炎和肺炎等都与冷刺激有关。低温可引起羔羊肠痉挛、各种畜禽感冒。新生畜禽由于体温调节机能发育尚未完善，受低温的不良影响更大。

气温还可通过对饲料或病原体等的作用而间接影响畜禽健康。如高温高湿使饲料霉变，动物误食后会发生中毒、流产等现象；低温时，畜禽若采食冰冻的根茎、青贮等饲料，则会引起胃肠炎、下痢等，严重时也可使孕畜流产。另外，在温度、湿度适宜的情况下，各种病原微生物和寄生虫会大量繁殖，如牛羊的腐蹄病、炭疽病、气肿病、传染性角膜炎、球虫病等多发生于高温高湿的季节，而低温则有利于流感、牛痘和新城疫病毒的生存，对这些疾病的流行趋势应加以特别重视，以减少对畜禽健康的影响。

2. 气温对畜禽生产力的影响

（1）对生长肥育的影响 在等热区内，畜禽生长发育最快，肥育效果最佳。在等热区外，畜禽生长缓慢、增重降低、饲料报酬下降。猪的体重和最大增重速度的气温呈线性关系：

$$t = -0.06W + 26$$

式中，t 为最大增重速度的气温，℃；W 为猪体重，kg。

据公式计算，体重为 45kg 的猪的最大增重速度的气温是 23.3℃，体重为 100kg 的猪是 20℃。试验表明，21℃ 是猪生长肥育期日增重和饲料利用率的最适温度。环境温度为 8～20℃ 时，草食家畜的增膘速度最快。肉仔鸡自 4 周龄至出栏，18～24℃ 时增重效果最佳。

（2）对繁殖力的影响　气温季节性变化，明显地影响家畜的繁殖性能。

气温过高，对许多家畜的繁殖机能都有不良影响。在一般气温条件下，哺乳动物睾丸的温度比体温低 4～7℃，这是最有利于精子生成的温度。但在高温和高湿的环境中，当睾丸温度上升到 36℃ 以上，就会引起生殖上皮变性，在精细管和附睾中的精子也会受到伤害，这是造成繁殖力下降的主要原因。高温对母畜来说，其不良影响主要是在配种前后的一段时期中，特别是在配种后，胚胎着床于子宫前的若干天内，易引起胚胎死亡。妊娠期高温会引起初生仔畜体型变小，生活力下降，死亡率上升。母畜的受胎率和产仔数与气温呈显著的负相关。高温能缩短母牛发情持续期，并使发情不明显。母禽产蛋受精率与产蛋量的季节性变化相似，以春季最高，夏季下降。

在饲养条件比较好的情况下，低温对繁殖力影响较小。但强烈的冷应激也会导致繁殖力降低。温度过低可抑制公鸡睾丸的生长，延长成年公鸡精子的产生时间。在低温中培育的小母鸡，性成熟期比在适温或高温中培育的小母鸡延迟。气温过低还会影响种蛋的孵化率。

（3）对产蛋与蛋品质的影响　气温过高、过低对蛋鸡的生产性能均有影响。在高温条件下，蛋鸡产蛋数、蛋大小和蛋重都下降，蛋壳也变薄，同时采食量减少；温度过低，亦会使产蛋量下降，但蛋较大，蛋壳质量不受影响。蛋重对温度的反应比产蛋率敏感，如气温从 21℃ 升高到 29℃ 时，对产蛋率尚无明显影响，但蛋重已显著下降。集约化饲养蛋鸡最适宜的温度为 21℃（13～23℃）。鸡对气温的反应因品种而异，一般重型品种较耐寒、轻型品种较耐热。

（4）对产乳量和乳成分的影响　气温对乳牛泌乳量的影响与牛的品种、体型大小以及牛群对气候的风土驯化程度有关（表 1-2）。欧洲品种奶牛在高温季节时，其产乳量显著下降，如荷兰牛泌乳量的适温为 10℃，高于这个气温泌乳量就逐渐下降，上升到 25℃ 以上时，下降趋势加剧，超过 20℃ 时泌乳量甚至减半。低温时，如荷兰牛长期处在 -12℃ 时，泌乳没有下降，但娟姗牛在 -1.1℃ 就开始下降。

表 1-2　温度和湿度对产乳量的影响[①]

温度/℃	相对湿度	荷斯坦牛/%	娟姗牛/%	瑞士黄牛/%
24	低（38%）	100	100	100
24	高（76%）	96	99	99
34	低（46%）	63	68	84
34	高（80%）	41	56	71

[①] 以 24℃、相对湿度 38% 时的产乳量作为 100%。

注：引自李蕴玉. 养殖场环境卫生与控制. 高等教育出版社，2002。

气温升高时，乳脂率下降，气温从 10℃ 上升到 29.4℃，乳脂率平均下降 0.3%。如果温度继续上升，产乳量将急剧下降，乳脂率却又异常地上升（表 1-3）。一年中的不同季节，乳脂率的变化也较大，夏季最低，冬季最高。

表1-3 气温对牛乳化学组成的影响

气温/℃	4.4	10.0	15.6	21.1	26.7	29.4	32.2	35.0
乳脂率/%	4.2	4.2	4.2	4.1	4.0	3.9	4.0	4.3
非脂固形物含量/%	8.26	8.24	8.16	8.12	7.88	7.68	7.64	7.58
酪蛋白含量/%	2.26	2.22	2.08	2.05	2.07	1.93	1.91	1.81

注：引自冯春霞．家畜环境卫生．中国农业出版社，2001。

二、气湿

（一）概念与表示方法

1. 空气湿度的概念

在任何温度下空气中都含有水汽，大气中的水汽主要来自海洋、江、河、湖泊等水面和地表及植物的水分蒸腾。表示空气中水汽含量即空气潮湿程度的物理量称为"空气湿度"，简称"气湿"。

2. 空气湿度表示方法

气湿通常用下列指标来表示。

（1）水汽压 水汽压指大气中水汽本身所产生的压力，单位为帕斯卡（Pa）。在一定温度下，大气中水汽含量的最大值是一个定值，超过这个定值，多余的水汽就凝结为液体或固体。该值随气温的升高而增大。当大气中水汽达到最大值时的状态称为饱和状态，这时的水汽压称为"饱和水汽压"（表1-4）。

表1-4 在不同温度下的饱和水汽压

温度/℃	−10	−5	0	5	10	15	20	25	30	35	40
饱和水汽压/Pa	287	421	609	868	1219	1689	2315	3136	4201	5570	7316
饱和水汽重/(g/m³)	2.16	3.26	4.85	6.80	9.40	12.83	17.30	23.05	30.57	39.60	51.12

注：引自冯春霞．家畜环境卫生．中国农业出版社，2001。

（2）绝对湿度 绝对湿度指单位体积的空气中所含水汽的质量，单位为 g/m³。空气中水汽含量越大，绝对湿度越大，它直接表示空气中水汽的绝对含量。

（3）相对湿度 相对湿度是空气中实际水汽压与同温度下饱和水汽压之比，以百分率表示，即：

$$相对湿度＝实际水汽压/饱和水汽压×100\%$$

相对湿度说明水汽在空气中的饱和程度，是一个常用的指标。通常空气相对湿度大于80%为高湿，小于40%为低湿。在空气中水汽含量不变时，环境温度越高，相对湿度越小。

（4）饱和差 饱和差是指在一定的温度下饱和水汽压与同温度下的实际水汽压之差。饱和差越大，表示空气越干燥；饱和差越小，则表示空气越潮湿。

（5）露点 空气中水汽含量不变，且气压一定时，因气温下降，使空气达到饱和时的温度称为"露点"。空气中水汽含量越多，则露点越高，反之则低。

由于影响湿度变化的因素（气温、蒸发等）有周期性的日变化和年变化，所以，空气湿度也有日变化和年变化现象。在一日中和一年中，温度最高的时候，绝对湿度最高。相对湿度的日变化与气温相反，在一天中温度最低时，相对湿度最高，在早晨日出前往往达到饱和而凝结为露、霜和雾。相对湿度的年变化受季风的影响，在我国，夏季有来自海洋的潮湿空气，冬季有来自大陆的干燥空气，所以相对湿度最高值出现在夏季、最低值出现在冬季。

(二) 气湿对畜禽热调节的影响

在适宜温度条件下，气湿对畜体的热调节无明显影响。但在高温或低温时，气湿对家畜的热调节有较大的影响，主要影响畜体的散热过程。

1. 气湿对蒸发散热的影响

在高温时，畜体主要依靠蒸发散热，而蒸发散热量和畜体蒸发面（皮肤与呼吸道）的水汽压与空气水汽压之差成正比。畜体蒸发面的水汽压决定于蒸发面的温度和潮湿程度，皮温越高，越潮湿（如出汗），则水汽压越大，对蒸发散热越有利。如果空气的水汽压升高，畜体蒸发面水汽压与空气水汽压之差减小，则蒸发散热量亦减少，因而在高温条件下，气湿增大，不利于畜体蒸发散热；反之，则有利于畜体蒸发散热。

2. 气湿对非蒸发散热的影响

家畜在低温环境中，非蒸发散热是畜体主要散热方式，散失热量越少，越有利于保持热平衡。由于潮湿空气的导热性和热容量都比干燥空气大，潮湿空气又善于吸收畜体的长波辐射热，而且，在高湿环境中，空气中的水分提高了被毛和皮肤的热导率（旧称导热系数），降低了体表的阻热作用，使动物辐射和传导散热大大增加，所以在低温高湿的环境中，非蒸发散热量显著增加，使机体感到更冷。

总之，无论气温高低，高湿对于畜禽的热调节都是不利的，而低湿则可减轻高温和低温的不良作用。

3. 气湿对热平衡的影响

在有限度的低温环境中，动物机体可提高代谢率以维持热平衡，空气湿度高低对热平衡无显著影响。但在较低的环境温度和高湿条件下，会增加体热调节的负荷，加快体热平衡的破坏和体温降低的速率。

在高温条件时，空气湿度增大，畜体蒸发散热受阻，引起体温升高。例如，羊在35℃时，当相对湿度从57％增加到78％，体温升高0.6℃；荷斯坦奶牛在26.7℃时，当相对湿度从30％增加到50％，体温升高0.5℃；猪在32.2℃时，当相对湿度从30％增加到94％，体温升高1.39℃。

(三) 气湿对畜禽健康和生产力的影响

1. 对畜禽健康的影响

相对湿度为50％～80％的空气环境为动物合适的湿度环境，其中空气相对湿度为60％～70％时对动物最为适宜。高湿或低湿环境都会对动物产生不利影响。

(1) 高湿 在高湿的环境下，机体抵抗力减弱，使家畜传染病和寄生虫病的发病率升高，机体病程延长，死亡率上升，并利于其流行蔓延。如在高温、高湿条件下，猪瘟、猪丹毒和鸡球虫病等最易发生流行，家畜亦易患疥、癣及湿疹等皮肤病。

高温、高湿有利于霉菌的繁殖，造成饲料、垫草的霉烂，使赤霉病及曲霉菌病大量发生。在低温、高湿的条件下，家畜易患各种呼吸道疾病，如感冒、支气管炎、肺炎等；神经炎、风湿症、关节炎等也多在低温、高湿的条件下发生。

（2）低湿 干热空气能加快家畜皮肤和裸露黏膜（眼、口、唇、鼻黏膜等）的水分蒸发，造成局部干裂，从而减弱皮肤和黏膜对微生物的防卫能力。相对湿度在40%以下时，也易发生呼吸道疾病。湿度过低，是家禽羽毛生长不良的原因之一，而且会使家禽易发啄癖，猪发生皮肤落屑。

2. 对畜禽生产力的影响

（1）对繁殖力的影响 在适宜温度和低温环境中，相对湿度对动物的生殖活动影响很小。但在高温环境中，湿度增加，不利于动物的生殖活动。在7～8月份平均最高气温超过35℃时，牛的繁殖率与相对湿度呈明显的负相关，到9月份和10月初，气温下降至35℃以下时，高湿对繁殖率的影响很小。

（2）对生长和肥育的影响 在适宜温度条件下，湿度对动物生长发育和肥育无明显影响。在高温和低温环境中，当空气湿度增加时，动物生长和肥育速度下降。例如，适宜温度下体重为30～100kg的猪，当相对湿度从45%上升到95%时，对其增重和饲料消耗均无影响，但在高温环境中，同样的气湿变化，会导致其平均日增重下降6%～8%。

（3）对产乳量和乳成分的影响 气温在23.9℃以下，湿度的高低对牛的产乳量、乳的组成，饲料和水的消耗，以及体重等均无影响。但若在此温度以上，相对湿度升高时，荷斯坦牛、娟姗牛等的采食量、产乳量和乳脂率都下降。在30℃时，当相对湿度从50%增加到75%，奶牛产乳量下降7%，乳脂、乳蛋白含量也下降。

（4）对产蛋量的影响 在适宜温度和低温条件下，空气相对湿度对产蛋量无显著影响。在高温环境中，相对湿度高时对产蛋量有不良影响。产蛋鸡的上限温度随湿度的升高而下降。相对湿度30%、50%、75%时，产蛋鸡的上限温度分别为33℃、31℃、28℃。超过这个范围，无论日粮如何配合，产蛋量均下降。

三、气流

1. 风速与风向

相邻两个地区的温差会产生空气流动，称为气流。气温高的地区，气压较低，气温低的地区，气压较高，空气从高气压地区向低气压地区的水平流动，称为"风"。气流的状态通常用"风速"和"风向"来表示。

风速是指单位时间内，空气水平流动的距离，一般用m/s来表示。两地区气压之差越大，风速也越大。在同样压差下，两地距离越近，风速越大。风向是指风吹来的方向，常以8个方位来表示，即东（E）、南（S）、西（W）、北（N）、东南（SE）、西南（SW）、东北（NE）、西北（NW）。我国大部分地区夏季盛行东南风，多雨；冬季多西北风或东北风，西北风较干燥，东北风多雨雪。

某一地区在一定时间内某风向出现的次数占该时间刮风总次数的百分比称为风向频率。将某一地区某一时期内全部风向频率按一定比例绘制在表示风向的直线上，然后把各点用直线连接起来得到的几何图形就是风向频率图，也称风向玫瑰图（图1-3）。

风向频率图可以表明某一地区一定时间内的主导风向，其在选择牧场场址、建筑物配置和畜舍设计上，都有重要的参考价值。

2. 气流对畜体热调节的影响

气流主要影响机体的蒸发散热和对流散热。

（1）气流对蒸发散热的影响 高温时，增大风速可显著提高蒸发散热量；低温或适温时，如果产热不变，增大风速，皮肤蒸发散热反而下降，这主要是由于对流散热的增加，降低了皮温和皮表水汽压，但与呼吸道蒸发散热无关。如果产热量增加，蒸发散热亦增加。

图 1-3　风向玫瑰图

（2）气流对非蒸发散热的影响 气流对非蒸发散热的影响与气流的速度和温度有关。当气流温度等于皮肤温度时，对流的作用消失；如果气流温度高于皮肤温度，机体还会从环境对流得热。低温而潮湿的气流，能显著提高散热量，使机体感到更冷甚至引起冻伤、冻死。

（3）气流对产热量的影响 低温环境中，增大风速会显著增加产热量；在高温时，增大风速有助于延缓产热量增加；在适温时增大风速对产热量没有影响。

（4）气流与热平衡 气流有助于畜禽的对流和蒸发散热，在高温中较易于维持热平衡，而在低温中增大风速，则有可能使体温下降，影响热平衡。

3. 气流对畜禽健康和生产力的影响

在夏季，气流有利于蒸发散热与对流散热，对家畜的健康和生产力具有良好的作用，所以，夏季应尽量提高畜舍内气流速度，加大换气量，必要时辅以机械通风。

在冬季，气流增大，能显著提高散热量，加剧寒冷对机体的不良作用，加上气流使家畜能量消耗增多，进而使生产力下降，还有可能引起冻伤甚至冻死。冬季低温而潮湿的空气，也易引起畜禽感冒性疾病的发生。但是，即使在严寒条件下，畜舍内仍应保持一定的气流，一般以 0.1～0.2m/s 为宜，最高不超过 0.25m/s，以利于排出舍内污浊空气，保持舍内气温、气湿及化学组成的均匀一致，但要注意引入舍内的空气应均匀散布于全舍，防止出现死角，且要避免冷空气直接吹向畜体引起畜禽疾病的发生。

在适宜温度条件下，风速对畜禽生产力无显著影响。

在生产中，还要避免贼风对家畜的危害，所谓贼风是指由缝隙或小孔进入的温度较低而且速度较大的气流。贼风的危害在于使生活在温暖环境中的动物局部受冷，引起动物关节炎、肌肉炎、神经炎、冻伤、感冒以及肺炎等。

知识拓展 ▶▶

"不怕狂风一片，只怕贼风一线"，畜禽生产中切忌产生贼风，要注意堵塞好畜舍屋顶、天棚、门、窗上的一切缝隙。寒冷季节应注意对漏缝地板进行防护。

四、气压

气压改变对家畜没有直接影响。只有在高海拔或低海拔地区，气压垂直分布发生显著差异时，才对家畜的健康和生产力有明显的影响。随着海拔的升高，空气中的氧分压不断降低，不适应高海拔的畜禽就会因组织缺氧和气压的机械作用而产生一系列的病理变化，即所谓的高山病。有些畜禽经过在低气压的高海拔地区长期生活后，心脏活动加强，生理机能逐渐适应气压变化而不再发生高山病。

资料卡：高山病

高山病也称高原不适应证，在牛又称为胸病，是平原地区动物转至高原后，由于机体摄氧量不足而发生的适应不全证。临床上以突然呈现心、肺机能不全为特征，主要表现为呼吸、脉搏加快，皮肤血管扩张，鼻孔流血，体虚流汗，食欲减退，腹胀痛等。

各种畜禽对环境的适应范围不同，当新环境超过其适应范围时，往往会导致生产力和抗病力下降，甚至导致动物不能生存。将低海拔地区家畜引入至高海拔地区，一般生产力、繁殖力都有所下降。例如，将罗曼和海兰鸡从陕西关中地区引入至海拔高度为4040m的西藏自治区江孜县，与关中地区相比较，在饲料、光照和温度条件相同的条件下，母鸡产蛋率比低海拔地区下降30%；种公鸡精液稀薄，质量较差，受精率仅有30%～80%。当海拔升高至8500m时，气压下降到 $3.2×10^4Pa$，与氧结合的血红蛋白降低到45%，生命发生危险，这个高度可看作气压的"极限高度"，家畜一般不易存活。

在海拔3000m以上山区或高原地区，进行季节性放牧或引进外来家畜时，可以通过逐渐过渡的方式，促进畜禽对缺氧环境逐渐适应。一般，山羊、绵羊、马和骡等家畜，对低气压环境适应能力较强；猪对低气压环境则比较敏感，适应能力较差。幼龄家畜对缺氧的耐受力较老龄家畜强。

五、光照

太阳以电磁波的形式向周围辐射能量，称为太阳辐射。光是太阳的辐射能以电磁波的形式，投射到地球表面上的辐射线。光质、光强以及光照时间对畜禽的生理机能、健康和生产力均有着直接或间接的影响。

太阳光波长范围 $4×10^4～30×10^4nm$，其光谱组成按人类视觉反应可分三个光谱区：红外线、可见光、紫外线（表1-5）。

表1-5 太阳辐射的光谱

波长/nm	$3×10^5～760$	760～620	620～590	590～560	560～500	500～470	470～430	430～400	400～5
辐射种类	红外线	红	橙	黄	绿	青	蓝	紫	紫外线

注：引自冯春霞. 家畜环境卫生. 中国农业出版社，2001。

太阳辐射能主要是波长在400～760nm的可见光，约占总能量的50%；其次是波长大于760nm的红外线，约占总辐射能的43%；波长小于400nm的紫外线，约占总辐射能的7%。靠近红光的光所含热能比例较大，紫光所含热能比例小。

（一）光质（波长）对畜禽健康及生产力的影响

1. 红外线

红外线又称热射线，波长长，能量低。红外线照射动物体，使辐射能转变为热能，进而使皮肤和皮下组织温度升高，毛细管扩张，加速皮肤血液循环，促进皮肤代谢。所以，在畜牧业生产上，常用红外线灯作为热源对雏鸡、仔猪、羔羊等进行培育，不仅可以御寒，而且促进生长发育，效果良好。用红外线照射病畜，可使病畜局部血液循环得到改善，局部渗出物易被吸收清除，使组织张力下降，肿胀自然减轻。另外，红外线使深层组织温热，促进新陈代谢及细胞增生，具有消炎、镇痛之效。在生产中常用红外线来治疗冻伤、风湿性肌肉炎、关节炎及神经痛等疾病。

但过强的红外线照射可产生下列不良反应：①使动物的体热调节机制发生障碍，皮温升高，严重时可发生皮肤变性，形成光灼伤，若组织分解物被血液带走，会引起全身性反应。②波长为600～1000nm的红光和红外线能穿透颅骨，使脑内温度升高，引起全身病理反应，这种病称为日射病。其特征为：以神经症状为主，兴奋、烦躁、昏迷，呼吸及血管中枢机能紊乱，出现气喘，脉搏加快，痉挛，终因心脏和呼吸中枢麻痹而死亡。③对眼睛有伤害作用，可使水晶体及眼内液体温度升高，特别是波长为1000～1900nm的光作用最强，可引起视力障碍及眼病，如畏光、视觉模糊甚至白内障及视网膜脱离等。

2. 紫外线

紫外线按波长可分为三段：A段（波长320～400nm），生物学作用较弱，基本上没有杀菌力，主要引起色素沉着；B段（波长275～320nm），生物学作用较强，有利于健康，能加速再生过程，促进上皮愈合，并有抗佝偻病的作用；C段（波长275nm以下），生物学作用非常强，对细胞具有巨大的杀伤力。太阳辐射中这段紫外线已被臭氧层吸收，不能到达地面。

(1) 杀菌作用 紫外线的杀菌作用决定于波长、强度、作用时间以及微生物的抵抗力。波长253.7nm的紫外线杀菌力最强。紫外线的杀菌作用，是由于紫外线的光化学效应使细菌核蛋白变性、凝固而死亡。空气细菌中白色葡萄球菌对紫外线最敏感，炭疽杆菌、黄色八叠球菌对紫外线耐受力较强，真菌耐受力比细菌强。紫外线杀菌多用于手术室、消毒室或畜舍内的空气消毒，也可用于饮水消毒。为充分利用紫外线的杀菌能力，畜舍内必须有足够的日照时间。值得注意的是，紫外线穿透力较弱，只能杀灭空气和物体表面的细菌和病毒，不能杀灭尘粒中的细菌和病毒。

(2) 抗佝偻病作用 紫外线照射使动物皮肤中的7-脱氢胆固醇转变为维生素 D_3，从而调节钙、磷代谢，促进肠道对钙、磷的吸收，保证骨的正常钙化。动物缺乏维生素D，肠道对钙、磷吸收少，影响成骨，导致幼畜患佝偻病、成畜患骨软症。抗佝偻病作用最强的紫外线波长为283～295nm。此外，在同样饲养条件下，白色或浅色皮肤易被紫外线透射，形成维生素 D_3 的能力强，所以黑猪比白猪易患佝偻病。

实践证明，在饲料中只有足够的维生素D而无紫外线照射，预防佝偻病效果不好；家畜必须经常进行适当的日光浴，以补充动物体内维生素D的不足。在集约化畜牧场畜舍中，由于家畜常年见不到日光，在注意日粮中维生素D供给的同时，可用波长为280～340nm的紫外线照射畜禽，以促进动物合成维生素D，提高生产力。

(3) 色素沉着作用 色素沉着是动物在太阳光照射下，皮肤和被毛颜色变深的现象。动物皮肤在紫外线的作用下，颜色变深，能增强皮肤对光线的吸收能力，防止大量的光辐射透入组织深部造成损害，同时还使汗腺加速排汗散热，避免机体过热。因此，黑皮肤的个体能吸收更多的紫外线，从而免受过强紫外线的灼伤和破坏。相反，白皮肤个体易受阳光照射损伤甚至引发皮肤癌。

(4) 提高机体的免疫力和抵抗力 （长波）紫外线的适量照射，能增加白细胞数量，因而增强血液的杀菌性和吞噬作用，增强机体的免疫力和对疾病的抵抗力。

(5) 皮肤组织的再生作用 紫外线照射能使动物皮肤角质层增厚，能增强对外界的温度以及外来的机械和化学刺激的抵抗能力，同时真皮出现结缔组织的增生，毛囊也大量生长，皮肤的再生能力显著增强。

过度紫外线照射同样会对畜禽引起不良反应，如：①引起皮肤损伤，如光照性皮炎，症状为红斑、瘙痒、水泡和水肿，利于病原菌侵入。②作用于中枢神经系统，可使体温升高、精神兴奋、饲料利用率和肥育效率下降。③使眼睛受伤，可引起光照性眼炎，有眼痛、灼热感，以及流泪和畏光等症状。④有致癌作用，如海福特牛的两眼睑为白色，较易发生上皮癌，而瘤牛和骆驼的眼睑为黑色，则有保护作用。

在生产中，常用短波紫外线灯（275nm 以下）对空气和物体外表进行消毒，用长波紫外线灯（280~340nm）对动物进行照射以促进皮肤合成维生素 D，提高动物生产性能。

3. 可见光

可见光是指太阳辐射中能使人和动物产生光觉和色觉的部分。通常所说的光照主要指可见光，它是一切生物生存所不可缺少的条件。

可见光对动物的生殖、生长、发育、体色变化及毛羽更换等都有影响。如春天生殖的鸟、兽，光可促进其生殖腺机能活跃；可见光的照射还可改变某些昆虫的体色，如将一种蛱蝶养在光照和黑暗的环境下，生长在光照环境中的蛱蝶体色变淡，而生长在黑暗环境中的蛱蝶体色变暗。

不同颜色的光源可以改善机体的感觉，改变情绪和状态。如红光有兴奋作用，蓝、绿光有镇静作用，黄光会使机体感到舒适。一般认为，在群饲笼养或大群平养条件下，白光可诱发鸡的争斗，红光则有抑制作用，可防啄癖（啄尻）。另有实验表明，红光有利于碳水化合物的合成，蓝光有利于蛋白质的合成。

（二）光照强度对畜禽健康及生产力的影响

光照强度对动物的生长发育和形态形成有重要作用。例如蛙卵在有光的情况下孵化快，发育也快；而贻贝则在黑暗情况下长得较快。柔和的光线和适宜的光强，可使机体保持比较轻松愉快的状态。

在肥育期内的家畜，过强的光照会引起精神兴奋，减少休息时间，提高代谢率，从而影响增重和饲料利用率。应调整好肥育期光照强度的大小和作用时间，以便于饲养管理工作的进行和使家畜能保持其基本活动即可。母猪舍内的光强以 60~100lx 为宜，肥猪舍以 40~50lx 为宜。

> **资料卡：勒克斯（lx）**
>
> lx 是光照度的单位，照度是表示光线强弱、明暗的亮度单位，它是指光（自然光源或人工光源）射到的一个平面的光通量密度，即每平方米的平面上通过的光量。1lx 照度的光量相当于一根蜡烛的发光量。在同一个房间内，距离光源的远近不同，不同地点的光照度就不相同。

鸡对可见光的感光阈很低，当亮度较低时，鸡群比较安静，其生产性能与饲料利用率均较高；光照过强时，容易发生啄癖。一般蛋鸡和种鸡光照强度可保持在 10lx，肉鸡和雏鸡保持在 5lx 即可。

（三）光照时间对畜禽健康及生产力的影响

光照时间对畜禽的繁殖性能有重要的调节作用。由于日照时间不同，动物的性活动有明显的季节性。春、夏季节，光照时间逐渐增加，有些动物开始发情配种，这类动物称为"长日照动物"，如马、驴、雪貂、狐、猫、野兔及鸟类等。秋、冬季节，光照时间逐渐缩短，有些动物在此时发情配种，如山羊、绵羊、鹿和一般野生反刍兽，这类动物称为"短日照动物"。还有些动物如牛、猪、兔等对光周期的变化不太敏感，一般能终年配种繁殖。

资料证明，在逐渐递增的光照条件下，公禽的精子生成增加，母禽性成熟及开产时间提早；适当延长每天光照时间，将显著提高产蛋量和受精率。现在，各种不同的光照制度如递增制、递减制、恒定制、间歇制等，在养禽业上已被广泛采用。此外，利用光照控制绵羊的发情和产羔的季节性，通过改变光照制度，克服公羊的季节性不育现象，在生产上也有应用。适当地延长光照时间，可以提高牛和家兔的受胎率。

光照还决定某些动物的被毛脱换，角的脱落、再生，某些动物的冬眠和动物的迁徙等机能和习性。如家畜的被毛，每年都在一定时期脱落更换。利用人工调节光照的办法，可以控制家禽的脱毛，如在集约化养鸡生产中，鸡舍内的光照时间完全由人工根据饲养管理来控制，消除了自然光照季节性变化的影响，因而鸡的脱毛时间也发生了明显的改变。

六、气象因素对畜禽作用的综合评价

在自然条件下，气象因素对家畜健康和生产力的作用是综合的。各因素之间可以相互促进或制约。在气象因素中，气温、气湿和气流是三个主要因素，其中任何一个因素的作用，都要受到其他两个因素的影响。在评定温热环境对机体的影响时，应该把各气象因素综合起来考虑。当某一因素发生变化时，为了保持家畜的健康和生产力，就必须调整其他因素以配合。如当气温升高时，就必须加强通风或降低湿度，必要时两者同时进行调节。

在气象因素中，气温是核心因素，因为它对当时空气物理环境条件起决定性作用，所以，在阐述某种气象因素作用时，都要以当时的气温为前提，没有这一前提，就不易说明该因素的作用。

（一）综合评定指标

1. 有效温度

有效温度亦称"实感温度"或"体感温度"，是依据气温、气湿、气流三个主要气象因素的相互制约作用，在人工控制的三要素不同组合条件下，以人的主观温热感觉相同为基础制定的（表1-6）。

表1-6 穿着正常人有效温度相同时的气湿、气流和气温情况一览表

气流速度/（m/s） 空气温度/℃ 相对湿度/%	0	0.25	0.50	1.00	2.00
100	17.8	19.6	21.0	22.6	25.3
90	18.3	20.1	21.4	23.1	25.7
80	18.9	20.6	21.9	23.5	26.6
70	19.5	21.1	22.4	23.9	26.6
60	20.1	21.7	22.9	24.4	27.0
50	20.7	22.4	23.5	25.0	27.4
40	21.4	23.0	24.1	25.3	27.8
30	22.3	23.6	24.7	26.0	28.2

注：引自李震钟. 家畜环境卫生学附牧场设计. 中国农业出版社，2005，有改动。

从表中可知，当风速即气流速度为 0m/s，相对湿度为 100％，气温为 17.8℃时人的温热感觉与相对湿度为 80％，风速为 0.50m/s，温度为 21.9℃时的温热感觉相同。

2. 温湿度指数（THI）

它是把气温和相对湿度结合起来，以估计炎热对机体影响程度的指标。最初由美国气象局用以衡量炎热环境对人是否适宜。后来也普遍用于畜禽。

温湿度指数有 3 种计算公式，即：

$$THI = 0.72(T_d - T_w) + 40.6，或 THI = 0.81T_d + (0.99T_d - 14.3)RH + 46.3，或$$

$$THI = T_d + 0.36T_{dp} + 41.2$$

式中，THI 为温湿度指数；T_d 为干球温度，℃；T_w 为湿球温度，℃；T_{dp} 为露点，℃；RH 为相对湿度，％。

THI 的数值越大表示热应激越严重。一般欧洲牛，THI 在 69 以上时已开始受热的影响，表现为体温升高，采食量、生产力和代谢率下降。美国密苏里研究组研究了在温度高于 18℃的环境中荷斯坦奶牛的产乳量、干草采食量、体温同 THI 的关系，并且计算得出，在气温高于 18℃的环境中，THI 每升高 1 个单位，产乳量减少 0.26kg，干草采食量下降 0.23kg，体温升高 0.12℃。一般 THI 在 76 以下时，奶牛经过一段时间的适应，产乳量会逐渐恢复正常。

美国"家畜保护学会"综合各方面的资料，以 THI 为指标，提出了"家畜天气安全指数"，这对家畜的饲养管理具有重要的指导意义，具体为：≤70，正常；71～78，需要警惕；79～83，危险；≥83，出现事故。现在人们已普遍认为，在炎热地区及其他地区的炎热季节里，THI 是表达气候对家畜的适宜程度的良好指标。当 THI 超过 72 时，需要对家畜的饲养管理进行调整。

3. 风冷指数

风冷指数是指将气温和风速相结合估计寒冷程度的一种指标，以风冷却力（H）来表示。风冷却力可用于估算人类裸露皮肤的对流散热量，其计算公式为：

$$H = 4.184 \times (\sqrt{100v} + 10.45 - v) \times (33 - T_d)$$

式中，H 为风冷却力，kJ/(m²·h)；v 为风速，m/s；T_d 为干球温度，℃；33 为无风时的皮肤温度，℃。

风冷却力对于评定畜牧业生产中的热环境不够直观，可按下式折算为无风时的冷却温度（T，℃），即

$$T = 33 - H/92.324$$

在畜牧业生产中，一般欧洲牛的冷却温度为 -6.8℃，在此温度时出现冷应激。

（二）热环境因素对畜禽的综合影响

高温、高湿而无风是最炎热的天气；低温、高湿、风速大是最寒冷的天气。低温、高湿容易造成机体失热增多；若加上高风速，则可使机体迅速大量失热受冻以至冻死，深冬的暴风雪就是这样一种恶劣环境。如果是高温、低湿而有风或者是低温、低湿而无风，则湿度和风对温度因素产生制约作用，使高温和低温的作用显著减弱。所以，高温可限制机体的散热，高湿将加重其危害。高温时，机体主要依靠蒸发散热，而高湿使蒸发散热受阻；同时也削弱了辐射散热的效果，因为具有高热量的水汽也向机体散放辐射热。

低温时的太阳辐射，无论湿度、风速如何，都对畜禽减少辐射散热有利；反之，高温时的太阳辐射，对畜禽减少辐射散热不利。

第三节 畜禽环境与动物福利

当今畜牧业的发展面临许多潜在的威胁和挑战。近年来发生的疯牛病、非典型肺炎和禽流感几乎均与动物养殖有关。这些疾病的发生不仅威胁动物、食品安全和人类健康，还给畜禽养殖业及相关行业带来很大的冲击，为此引发了消费者对动物和食品安全等一系列问题的极大关注，除了考虑动物产品本身的质量，消费者也开始关注动物的福利和健康。

一、动物福利的提出

动物福利（animal welfare）萌生于 20 世纪 60 年代初，正是集约化生产模式在世界各地刚刚开始流行的时期。可以说，动物福利就是针对集约化生产中存在的诸多问题而提出的，如疾病增多、身体损害加剧、死淘率增加、异常行为增多、畜产品的品质下降等。这些生产性问题在粗放式管理条件下并不突出，但却多见于集约化生产方式。如果对这些问题进行综合分析、判断，可以得出结论，它们既不是品种问题，也不是营养问题，更不是繁殖问题，而是集约化生产方式的本身。人们意识到家畜对生产环境和生产工艺的不适应是引发各种问题的直接原因，因为家畜对环境的不适应会导致机体免疫力下降，动物对病原菌极为敏感，因而导致各种疾病多发、流行，难以控制。由于是适应性问题，它不仅仅表现在某一个方面，如营养、遗传或抵抗力等，而是多元的、多症状的，不是现代动物科学领域中哪一学科所能单独解决的。因此，科学家们对现行的动物生产提出了动物福利一词，旨在通过改善饲养环境和改进生产工艺，使生产更趋于合理，减少诸多问题的出现，提高整体生产力水平。

二、动物福利及其重要性

1. 概念

一旦动物沦为家畜或宠物后就被迫在人工的饲养环境中生存，一切生存所需都掌握在人类手中。然而，所有被人类控制的动物都有其基本的生命需求，即"动物福利"。"动物福利"是指维持动物生理与心理的健康与正常生长所需的一切事物。通俗地讲，就是在动物饲养、运输、宰杀过程中要尽可能地减少痛苦，不得虐待。

2. 构成动物福利的基本要素

动物福利由以下五个基本要素组成。

（1）**生理福利** 享有不受饥渴的自由。保证提供动物维持良好健康和精力所需要的食物和饮水，主要目的是满足动物的生命需要，即无饥渴之忧虑。

（2）**环境福利** 享有生活舒适的自由。提供适当的房舍或栖息场所，让动物能够得到舒适的休息和睡眠，也就是要让动物能充分自由地活动和休息。

（3）**卫生福利** 享有不受痛苦、伤害和疾病的自由。保证动物不受额外的疼痛，预防疾病和对患病动物及时治疗，也就是降低家畜的发病率。

（4）行为福利 享有表达天性的自由。提供足够的空间、适应的设施并使之能与同类动物伙伴在一起，也就是能保证动物天性行为的表达。

（5）心理福利 享有生活无恐惧和悲伤的自由。保证避免动物遭受精神痛苦的各种条件和处置，即减少动物恐惧和焦虑的心情。

现代动物福利的理念是追求动物与自然的和谐，使动物维持其身体和心理与环境协调状态，最大限度满足动物的需要，包括维持生命需要、维持健康需要和维持舒适需要，让动物在健康、快乐的状态下生活。

3. 动物福利的重要性

家畜福利不反对动物利用，但在动物的生命活动过程中，不应人为地给动物增加不必要的痛苦，主张人道地利用动物，反对任何形式的动物虐待，因为合理的动物利用也有利于人的福利，其最终受益者仍是人类。动物福利没有保障的动物，不仅其生产性能下降，生产成本增加，而且不科学的饲养方式、长途运输、粗暴的屠宰方式等造成动物恐惧和应激，使动物分泌大量肾上腺素，引起肉质下降，对食用者的健康造成伤害，并直接阻碍了畜产品的出口。

现代畜牧业如过于追求生产效率和投资效益，在一定程度上会忽视动物的福利问题。大量的生产实践表明，商品肉仔鸡个体的生长性能和胴体质量随饲养密度的增加而降低，说明了高密度饲养的不良反应；从另一方面看，在家畜和家禽育种中人们对生长速度、生产性能和饲料转化率的片面追求，使得现今品种的家畜对环境的反应越来越敏感，例如，20 世纪 80 年代以前很少有猪的应激现象发生，80 年代中后期，随着选种技术的发展和选种强度的提高，猪生产速度和产肉率有了大幅度提高，猪的应激发生率也越来越高。因此在组织畜牧生产时，必须重视家畜的应激反应及其引发的福利问题，才能促进人和动物的友好共处、和谐发展，提供优质的畜产品，减少畜产公害。

三、舍饲畜禽的福利问题

饲养环境是影响畜禽健康的重要因素。通常，如养殖管理者动物福利意识不够强，对家畜生产环境的改善关注不到位，造成家畜的环境应激，使家畜的健康和畜产品的质量都遭受不良影响。

1. 饲养方式与畜禽福利

（1）放牧与散养 此种方式是自古以来就被采用的管理方式，给家畜以自由运动的机会最多，一般认为属于可以获取太阳光，沐浴新鲜空气，最有可能实现动物行为的自然表达。其缺点是无法使动物免于环境的冷、热和野生食肉动物的影响；而且喂饲给水都不方便；家畜的自由散放式饲养也增加了感染寄生虫的危险，如猪为了蒸发散热喜欢泥浴（mudbath）而使体表不洁，由此影响到产品质量。此外，自由放牧与环境保护的目标相冲突，大规模的动物群体会增加土壤中氮与磷的富集，并污染水体。因此，健康、安全和环保是放牧管理的要点。

（2）集约化饲养 蛋鸡笼养、猪的圈养与牛的拴系饲养的出现，使中小家畜的管理从有运动场的舍饲向封闭式舍饲转化。这从生产效益上看是先进的，但从问题本质上看，集约化生产方式是不合理的。因为动物福利就是要求生产的合理性，而不是通常认为的"先进性"。

比如蛋鸡的笼养方式，对蛋鸡自身来说其行动和自由受到了极大限制，蛋鸡在笼内不能正常地伸展或拍打翅膀，不能转身，不能啄理自己的羽毛，加上长期缺乏运动，导致蛋鸡的骨骼十分脆弱。近年来，西方一些国家越来越重视动物生产中畜禽的福利问题，有些国家制定严格的法规来限制生产条件。如在奥地利和德国，蛋鸡笼养被完全禁止，而散养方式成为蛋鸡生产的主流。但这种"散养"与早期的散养在饲养规模和科技含量方面存在本质区别，即呈散养但不粗放，这种生产方式虽然在料蛋比转换方面不如笼养蛋鸡，但在其他各个方面基本消除了生产者面临的各类问题。

又如目前规模化养猪主要采用圈栏饲养和定位饲养工艺模式，这种工艺模式，多采用限位、拴系、圈栏以及漏缝地板等设施，猪的饲养环境相对贫瘠甚至恶劣，活动自由受到限制，使猪只缺乏修饰、散步、嬉戏、炫耀以及同附近动物进行交流等各种活动的场合和机会，从而导致猪只极大的心理压抑，而以一些异常的行为方式（如咬尾、咬栅栏、空嚼、异食癖、一些不变的重复运动、自我摧残行为等）加以宣泄，致使猪的生产力、繁殖力降低、增重变慢、料肉比下降、机体对疾病的抵抗力减弱、肉品质下降等甚至致猪只死亡。

2. 饲养密度与畜禽福利

饲养空间和饲养密度是影响动物福利的重要因素。现代的舍饲家畜工艺都是高密度圈栏饲养，这种饲养工艺有助于饲养管理，在一定程度上也提高了畜舍利用率和生产效率，但高的饲养密度对畜禽福利会产生很多不利的影响。

(1) 使畜舍的空气环境恶化 在炎热的夏季，过高的饲养密度使畜舍容易形成高温高湿的环境，加剧了高温对家畜的不利影响，增加了防暑降温的难度；冬季则潮湿污浊，病原微生物增多，使家畜的发病率极高。高密度的饲养不仅影响到畜舍的温度、湿度，而且由于通风效果受到影响加之家畜的呼吸量和排粪量都比较大，使畜舍中有害气体和尘埃、微生物的含量增多，进而使家畜呼吸道的发病率大大提高。

(2) 影响家畜的采食和饮水 高密度饲养的情况下，家畜在采食和饮水时，由于采食空间不够，容易发生争抢和争斗，位次较低的畜禽就有被挤开的危险，因而这些畜禽的采食时间就要比其他的少，导致采食不均，强者吃料多，使饲料利用率下降，弱者吃料不足，生产力下降。

(3) 限制家畜自然行为的表达 影响家畜的排便、活动、休息、咬斗等行为，从而影响到家畜的健康和生产力。由于饲养密度过高，导致家畜无法按自然天性进行生活和生产，自然状态下生活的家畜能很自然地将生存空间划分为采食区、躺卧区和排泄区等不同的功能区，从来不会在其采食和躺卧的区域进行排泄，然而高密度的饲养模式，再加上圈栏较小，使处于该饲养环境中家畜的定点排粪行为发生紊乱，导致圈栏内卫生条件较差，增加了家畜与粪尿接触的机会，从而影响家畜的生产性能和身体健康。

3. 环境丰富度与畜禽福利

目前，国内外广泛采用的圈栏饲养或笼养模式，虽然有利于管理，但造成家畜生产生活环境十分单调，出现了许多散养很少发生的问题。

(1) 圈笼饲养使畜禽失去了表达天性行为的机会 因为圈笼内除必要的饲养设施设备，如料槽、饮水器等，栏内环境缺乏多样性，饲养环境贫瘠、单调，能使畜禽表现天性行为的福利性设施、设备一概没有，使家畜的自然天性行为诸如啃咬、拱土、觅食等行为大大受到抑制，因而对家畜的行为需要产生了不利影响。

资料卡：

　　行为需要是指动物为了生存或适应环境所必须采取的行为方式。

　　行为缺失是指现行管理条件下动物被约束而无法表现的那些必要行为，是剥夺的结果。

　　（2）圈笼饲养使畜禽产生异常行为和恶癖　　由于可得到的环境刺激单一，使畜禽心理上需要以一些异常的行为方式加以宣泄，将探究行为转向同伴，出现诸如对同伴的咬尾、咬耳、拱腹、叼肛和啄羽等有害的异常行为，并对畜禽的生产性能和身体健康造成不良影响。

　　（3）使畜禽对环境的敏感度大大提高　　饲养在贫瘠环境中的畜禽比饲养在丰富环境中的畜禽对应激刺激的反应要强烈，对人的害怕程度也高。如突然的声音、陌生人员和动物都能使畜禽产生应激反应而使生产力下降，因为没有任何事物能分散这种单调环境下的畜禽对周围环境的注意力。因此对饲养环境和饲养人员都要求更高。

　　4. 地板与畜禽福利

　　为了清粪方便和尽量保持畜舍的卫生状况，生产中经常采用漏缝地板，这样，可避免畜体与粪便的接触，减少通过粪便感染病原菌和寄生虫的机会，同时减轻清粪工作强度，但漏缝地板对动物的健康和福利的影响较大。

　　（1）腿及关节炎病的发病率增高　　由于漏缝地板材料和设计的不合理，使畜禽腿及关节炎病的发病率明显增高，繁殖母猪不能交配而遭淘汰。对妊娠母猪、母牛危害更大，易导致摔伤和流产。金属漏缝地板会导致母猪蹄及肘部损伤。水泥漏缝地板与畜床之间的倾斜易引起家畜起立、趴卧时的滑坡、跌倒，造成脱臼或流产。

　　缝隙地板导致的肢蹄损伤在肉牛也很常见，多发生在肥育后期、体重 500kg 以上的个体。奶牛也常见肢蹄伤害，牛被爬跨时，若牛的长轴与缝隙的长缝成直角，或者只有单蹄搭在缝隙上，因受力不均易导致股关节骨折。在挤奶厅移动过道上，牛体长轴与缝隙长缝成直角会妨碍行进。因此，缝隙地板的铺设方向与缝隙地板的材料、形状、尺寸和强度同样重要。

　　（2）鸡的胸水肿发病率增多　　鸡笼是一种特殊的漏缝地面，如果底网加两根横丝且注重笼的安定性就不会造成应激，这有助于维护鸡的安心和正常行为的表达。如果粪便的硬糊挂在笼底，摩擦雏鸡或肉仔鸡的胸部就会导致水肿，为此提倡使用不沾网。

　　（3）不利于畜舍湿热环境的控制　　由于漏缝地板上面的粪便需使用大量的水来冲刷，往往导致舍内湿度增大，又因漏缝地板没法保温，导致地面既冷又湿，这在北方寒冷地区，对畜禽的健康影响很大，发病率增高。

　　5. 畜栏与畜禽福利

　　畜栏是用来限制家畜在畜舍内一定范围活动，方便管理，减少社会因素对动物福利的影响，但不能满足家畜的行为福利。

　　（1）控制了优势序列　　社会性因素不仅限于群饲家畜，单饲条件下依然存在，妊娠猪隔着栅栏依然会向邻圈发起攻击，与群饲相比仅仅难以击败对手，难以决出优势序列，但是可以断定此时的猪正处于强烈的欲望不满状态。

　　（2）限制了母仔行为　　畜栏使家畜的母仔分开，使母性行为受到抑制。以母猪分娩栏为例，由于其设计上故意阻碍母猪的坐、躺行为，因此使母猪不能接近仔猪。然而，也必须从仔猪的角度来设想，因为在人为的育种条件下家猪的体型比野猪大很多，动作也比野猪笨重，人工的地面又硬，如果没有分娩栏的设计来保护仔猪，很可能大部分的仔猪都会被迅速躺下的母猪压死，这又违反了仔猪的福利。故母猪与仔猪兼顾才是真正的动物福利。

(3) 社会感减弱，孤独感增强 畜栏限制了家畜的活动空间，家畜只能通过视觉、听觉和嗅觉感觉社会环境。如妊娠牛被关入单间，脱离原本的群居生活，因孤独感整晚骚乱不安会诱发难产，也可见单饲牛会跃出圈栏奔向同伴的现象。

6. 饲槽与畜禽福利

(1) 影响家畜的采食姿势 饲槽与家畜行为关系密切，用自然的姿势便利采食是最基本的福利原则，应保证头可自由活动的空间范围。如果空间过大，头则前伸，前蹄进入饲槽，这属于不自然姿势，加之地面较滑，也可能摔倒。例如拴系成牛舍，头的活动范围向前 $90\sim100cm$、左右宽 $55\sim60cm$、后下方高出地面 $10\sim15cm$ 为宜。另外还要考虑饲槽的形状以减少饲料抛撒，以及可承受的损坏强度。

(2) 控制家畜的优势序列 群饲条件下应主要减少优势序列对采食的妨碍，其次，还可以利用群饲社会性促进作用来调动采食积极性。群体内个体间的竞争会产生败北者，可能出现采食不足，造成特异性伤害或者诱发应激反应。牛和猪等家畜的攻击行为是用头部进行的，在饲槽和拴系框上添加栅栏则可以控制其运动范围，节制其攻击行为。例如使用单口饲槽时，优势序列明显，且社会优势序列与增重显著相关；使用多口饲槽时，则优势序列不明显，且社会优势序列与增重相关不显著。若把饲料撒在地面上或使用长形饲槽自由采食或饲槽用高隔板分开，则饲料就不能成为争夺的资源，从而减少争斗。若饲槽上设置隔板将猪从头到肩隔开，则完全消除了采食时的争斗行为，即便在禁食 24h 的条件下也可使争斗行为减少 60%。

个体识别的单饲槽已应用于散养乳牛、群饲母猪，优点是可按产量和体重个体喂饲，即便群居也可消除其他个体的影响，利用率和优势序列没有明显关系。

7. 运输与畜禽福利

随着活体畜禽尤其是种畜禽和幼仔畜禽的运输越来越频繁，运输过程中虽然时间不是很长，但由于密度大，运输工具大多不是直接为畜禽设计的，其环境条件极为恶劣，常造成大量畜禽死亡或受伤，经济损失较大。因此畜禽在运输过程中的福利问题也就越来越得到重视并开展了相应的研究。运输中的有关环境问题的研究主要集中在运输过程中畜禽的热环境（温度、湿度、通风调节等）、家禽的行为和生理生化反应以及运输应激的预防与应对策略等方面。

(1) 野蛮装卸对家畜造成极大伤害 装卸过程中，有很多因素会使动物产生应激反应，如过大的外力、野蛮驱赶、过大的噪声甚至陌生人员都会引起动物的应激。其中在装载和卸载中的粗暴操作对畜禽的福利影响最大，如对猪、牛采取粗暴的脚踢、硬拉、抓鬃、拉尾、鞭打、棍棒、电击等办法。所以，在装卸过程中，为使对畜禽造成的应激降到最低限度，应使用适当的装卸设备，并以最小的外力装卸。在大家畜如猪、牛、马等的装卸过程中，应由饲养或管理人员诱导其上、下运输工具，形成合理的、实用的、清楚的行走路线，应允许按自由行走的速度上、下运输工具。同时应对运输人员进行训练并有合理的报酬以鼓励执行良好的操作规范。

(2) 畜禽在运输途中对传染病的易感性增强 动物运输过程中的各类强刺激会对动物造成极大的伤害，外界的胁迫因素也会增加动物在运输中对传染病的易感性。保持运输前动物圈舍良好的卫生条件对在动物运输中避免传染病的交叉感染是非常必要的。

（3）运输环境恶劣 装载密度过大是造成环境恶劣的重要因素，如通风不良，排泄物多，呼吸量大使车厢内有害气体增多、湿度加大，以及畜禽拥挤等，而使运输的畜禽产生较大的应激，严重的可能会造成窒息死亡；装载密度过小则会造成运输成本过大。所以畜禽装载密度大小要适宜。要通过车厢的通风，来改善空气环境，夏季可将窗户及车厢后门全部打开，冬季天气寒冷，但也应适当通风。

四、提高舍饲畜禽福利的措施与设施配套

针对目前舍饲条件下畜禽所存在的动物福利问题，国内外畜牧工作者和饲养人员主要是采取以下方法和措施来提高舍饲条件下的畜禽福利。

1. 改进饲养模式

（1）猪饲养模式 使用仔猪舍饲散养工艺模式时，能较好地满足仔猪行为习性的表达，没有咬尾、咬耳现象，仔猪福利性较好。

（2）鸡饲养模式 选择替代笼养鸡模式，有自由散养、地面平养和栖架式饲养等。自由散养，指在规模化的舍外自由散放饲养。这种方式的优点是蛋鸡福利水平大大提高，蛋鸡活动空间加大，能够自由表现其基本行为。地面平养，指采用厚褥草或半厚褥草作为垫料养鸡，一般指舍内，并且房舍内添置有产蛋箱或具有部分高床地面。这种方式的缺点是啄羽和同类自残的恶癖发生率较高，因为鸡群之间的争斗较多。栖架式饲养，指在舍内提供分层的栖架（图1-4），就像鸡笼一样排列以供蛋鸡栖息和活动，另外也安装产蛋箱等。蛋鸡可以在栖架之间自由活动，活动面积要远大于笼养方式，同时也符合鸡喜欢栖架休息的自然本性。

图1-4　栖架式养鸡

图1-5　奶牛的散栏式饲养

（3）奶牛的散栏式饲养 散栏式饲养是按照奶牛生态学和奶牛生物学特性，进一步完善了奶牛场的建筑和生产工艺，使奶牛场生产由传统的手工生产方式转变为机械化工厂生产方式，结合了拴系和散放饲养的优点，是实现工厂化生产的重要途径。这种饲养方式包括配置有牛栏的牛舍、舍外运动场（可不设）和专用的挤奶厅。成年奶牛牛床尺寸一般为（100～110)cm×（210～220)cm，奶牛可以在栏内站立和躺卧，但不能转身，以使粪便能直接排入粪沟，奶牛可在舍内集中的饲槽中采食青饲料，饲槽旁装有自动饮水器（每6～8头奶牛共

用一个），奶牛也能自由地去运动场采食干草，并按时去挤奶厅挤奶，以及采食精料。由于考虑了机械送料、清粪，又强调了牛只的自由行动，故可以节省劳动力，提高生产力（图1-5）。散栏饲养时，牛床的设计非常重要，这会对舍内环境、奶牛生产性能和健康产生重大影响。散栏饲养时，根据气候条件可以将牛舍设计成带有运动场体系和无运动场体系。

2. 增大饲养空间

家畜的空间需求分为身体空间需求和社会空间需求。自身活动（如躺卧、站立和伸展等）所需要的空间为身体空间需求。社会空间需求则是指家畜和同伴之间所要保持的最小距离空间。如果这种最小的空间范围受到了侵犯，家畜会试图逃跑或对"敌对势力"进行攻击。因此应满足畜禽的空间福利。

（1）猪的空间需求　欧盟协议规定了每类猪群的最小空间要求，每头妊娠母猪不能少于$1.3m^2$，初配猪至少有$0.95m^2$的实心地板面积；对于群养母猪，当饲养头数在$6\sim40$头时，配种后的每头青年母猪和成年母猪分别占有的无障碍面积至少平均为$1.64m^2$和$2.25m^2$，且分别要求$0.95m^2$和$1.3m^2$的连续固体地板面积。对于仔猪和生长肥育猪，按猪只体重进行了详细的规定，具体见表1-7。

表 1-7　育肥猪的饲养密度

猪只体重/kg	最小地板面积要求/m^2	猪只体重/kg	最小地板面积要求/m^2
<10	0.15	$50\sim85$	0.55
$10\sim20$	0.20	$85\sim110$	0.65
$20\sim30$	0.30	>110	1.00
$30\sim50$	0.40		

（2）鸡的空间需求　美国的一个测算研究表明，如果纯粹从经济观点考虑，每只蛋鸡空间为$350\sim400cm^2$时，蛋鸡饲养者会获得最高的效益。但从动物福利的角度来说，蛋鸡需要一定的空间面积才能表现其基本的生理行为，如转身、梳理羽毛等。美国全美养鸡生产者协会建议，生产者要为笼养产蛋母鸡提供较大的地面面积，具体说要为每只蛋鸡提供$432\sim555cm^2$的可用地面面积，鸡笼高度应当在$41\sim43cm$，使白来航鸡能垂直站立，鸡笼的地面倾斜角度也不超过$8°$。

可利用立体空间，如设置台阶、添设栖木等，平养鸡每只母鸡最小使用$18cm$长栖木，栖木宽度在$4cm$以上，栖木之间至少间隔$30cm$，栖木下面应为缝隙地面。

（3）牛的空间需求　在对漏缝地板饲养的青年牛和小公牛的研究表明，增大饲养密度，其攻击性和不良行为（如卷舌、对其他物体和牛只的舔舐活动）就会相应增加；将小公牛的饲养密度由$2.3m^2$/头提高到$1.5m^2$/头，其不良行为的频率将上升$2.5\sim3.0$倍。舍饲散栏饲养下，将走道宽度由$2.0m$减小到$1.6m$时，奶牛的攻击性行为将会大大增加；如果奶牛不能在身体相互不接触的条件下通过走道，就会将休息牛床作为"通行空间"和"转弯空间"来加以利用。因而在牛场设计时，考虑牛的空间需求是很有必要的。

3. 增加环境的丰富度

为了保障游戏行为，最好提供一些道具，例如吊起旧轮胎、链条、橡皮管和泥土类似物（泥炭、锯屑、沙子和用过的蘑菇培养基）供家畜操作。床面上放置硬球，可满足猪鼻尖的环绕运动，提供可动的横棒可以满足猪鼻尖的上举运动（图1-6），这些措施在肥育猪舍得到了广泛应用。额外的刺激使其安静和减少易怒性，故而有助于防止猪只混群时的进攻，防止对单调环境的厌倦，减少恶习。小猪可提供绳（图1-7）、布条和橡皮软管等玩具。猪对

图1-6　猪舍中的棒形玩具

图1-7　猪舍内的绳锁式玩具

玩具有严格的选择性。如果球滚进猪粪它们将不再玩它，这也是为什么常常将玩具吊起的原因。

4. 改善运输环境

（1）对运输工具的要求　运输工具要达到一定的标准，如安装必要的温度、湿度和通风调节设备，保证车辆设计的合理，地板要平坦但不光滑，车的侧面不能有锋利的边沿和突出部分、不能完全密封，地板的面积要足够大，使动物能舒服地站着或正常地休息，不至于过度拥挤。运输工具要进行消毒，动物的粪便、尿液、尸体和垃圾要及时清除，以保持运输工具的清洁卫生。运输工具上要有足够的水和饲料。要对负责运输的人员进行一定的培训，在运输途中要对动物进行照料和检查。驾驶员应谨慎，保持车的平稳，避免急刹车和突然停止，转弯的时候要尽可能慢些。

（2）保证适当的运输密度　合理的装运密度是防止病伤的一个重要条件。过高的运输密度会造成动物拥挤而导致皮肤擦伤的概率上升；但运输密度过低更易引起打斗现象，并且在车辆加速、急刹车或拐弯时容易使其失去平衡。装载密度根据不同的地区、季节、气候、温度、湿度等环境因素，或是畜禽种类、个体大小等方面的情况不同而不同。如在天气炎热时，要降低畜禽的装载密度，并要增加通风，以减小畜禽的运输应激。特别是在运送好争斗的动物时，密度要小，如猪虽有群居性，但在拥挤的环境中会引起争斗，为了避免这种情况发生以及其他的意外，装载密度不能超过 $265kg/m^2$。

（3）保证充足的通风　畜禽运输中必须保证有良好的通风，以保证有新鲜的空气和适宜的温度调节。不同的畜禽对温度有不同的适应性，因此在运输过程中要根据所运输的畜禽种类调整温度和通风。不良的通风，一方面会使密闭式运输车厢内温度过高，引起畜禽热应激性疾病，如运输热，就是由于在运输过程中因过载、通风不良、饮水不足造成的；另一方面，会使排泄物中的有害物质浓度增加，恶化畜禽运输过程中的环境，引起疾病的发生，也不符合动物福利的要求。在温度高于25℃时，要提高通风以降低温度；在温度低于5℃时应减少通风，以避免温度过低，但必须要有通风。运输车辆必须有通风设施，利用通风设施进行通风，在遇到恶劣天气时也可以保持通风以保证车厢内的良好环境。

（4）运输时间适宜　选择恰当的运输时间，高温天气容易造成动物在运输途中的高死亡率，要在凉快的清晨或傍晚甚至在晚上进行运输，应尽量避免中午运送，不要装载过满，尤其是运输猪的时候。在途时间要尽可能短，运输时间不应超过8h，超过8h的，必须将动物卸下活动一段时间后再运输。

5. 饲养管理的改进

强调对畜禽实施"人性化"的饲养和管理，尤其是在采取一些特殊的措施如断喙、断尾、去爪时需要谨慎。对蛋鸡断喙应该有选择的加以应用，最好是把断喙作为一种治疗手段，在蛋鸡已经发生自相啄食的现象时再采用，以避免和减少对大群蛋鸡造成不适和伤害。生产中去除母鸡的中趾是为了减少蛋壳的破损率，这种方式实际上可以通过改善鸡笼的设计来替代。奶牛的"福利"亦成为近二三十年欧美等发达国家畜牧界、动物界普遍关心的问题，满足奶牛的生理需要并提供与其生物学特性相适宜的饲养管理条件，将有利于奶牛生产潜力的发挥和健康。基于保证奶牛的"福利"，散栏饲养奶牛舍应运而生。奶牛的散栏饲养——自由牛床，使牛根据生理需要自行饮水和吃食，自由自在，基本无应激刺激。

6. 加强舍内环境控制，稳定畜舍小气候

畜禽患病通常是由于它们难以适应其生活环境，因此与健康动物的福利相比，病畜的福利往往较低。所以应根据季节气候的变化，加强通风，使舍内空气新鲜，保持温度适宜稳定，减少冷热刺激，保持适宜的环境条件，使畜禽生活在一个稳定的小气候环境中，以降低家畜的发病率。这样可以大大减少药物（包括抗生素）的用量，提高畜产品的质量。

7. 加强动物福利法的建设

动物福利必将成为一个不容回避的国际趋势，为发展我国的畜牧业，顺利地进行国际贸易，从根本上提高国内的动物保护水平是长远之计。

（1）开展动物福利宣传教育活动　在全社会范围内更新观念，提高动物保护意识，并逐步提高决策部门对动物福利工作的重视程度。

（2）应加强动物福利法律体系建设　确定动物福利标准。经过近200年的发展，西方国家基本形成了比较健全的动物福利法律法规体系和严格的动物保护标准体系，这也为其利用动物福利标准制造贸易壁垒提供了法律依据。而我国的动物福利立法工作还应该进一步深化。

（3）从政府到企业特别是出口企业，应该加大对动物福利的投入力度　在动物的饲养、运输、屠宰乃至加工过程中，要达到较高的动物福利水平，需要大量的物质投入，譬如饲料、药品、仪器、设备等。另外，动物福利工作还涉及人员素质培养等多个方面。

复习思考题

1. 名词解释

应激原　等热区　临界温度　露点　贼风　有效温度　动物福利

2. 在畜牧生产中应怎样正确运用和控制家畜的应激？如何提高家畜适应力？

3. 影响等热区和临界温度的因素有哪些？

4. 为什么说"无论气温高低，高湿对于热调节都是不利的"？

5. 红外线生物学作用的基础是什么？怎样利用红外线为生产实践服务？

6. 在家禽生产实践中，为什么说光照周期比光照的长度和强度更重要？

7. 构成动物福利的基本要素有哪些？

8. 如何给舍饲畜禽提供福利？

【本章小结】

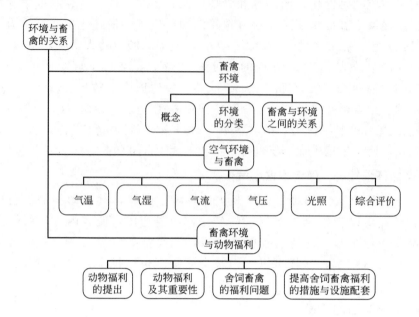

第二章　畜舍环境控制

本章要点

本章主要介绍了畜舍环境控制的基本概念和应用技术，内容包括畜舍基本结构、类型和特点，畜舍的防寒防热、通风换气、采光、空气有害物质及其防治等。熟悉这些内容，对畜舍设计和畜舍环境控制具有指导作用。

技能目标

- 能根据地区特点及畜禽种类选用适宜的畜舍类型。
- 了解畜舍内有害物质来源和危害，会测定畜舍内有害物质浓度并提出相应解决方案。
- 能参考畜舍适宜小气候卫生标准设计控制畜舍小气候的基本方案。
- 能够进行畜舍内自然采光和人工照明的方案设计。
- 会选用畜舍基本结构的建筑材料。
- 能设计畜舍的机械通风并对其通风效果进行评价。
- 会选择及应用畜牧场环境控制设备。

外墙、屋顶、门窗和地面构成了畜舍的外壳，称为畜舍的外围护结构。畜舍依靠外围护结构不同程度地与外界隔绝，形成不同于舍外气候的畜舍小气候。畜舍小气候状况不仅取决于外围护结构的保温隔热性能，还取决于畜舍的通风、采光、给排水等设计是否合理，同时还应采取小气候调节设备来对畜舍环境进行人为控制。

在实际生产中，畜舍环境的改善与控制必须结合当地条件，借鉴国内外先进的科学技术，采用适宜的环境调控措施，改善畜舍小气候，同时配合日常精心的环境管理，才能取得满意效果。

第一节　畜舍建筑

一、基本结构

畜舍的基本结构如图 2-1 所示，包括地面、墙、门窗、屋顶等。根据主要结构的形式和材料不同，可分为砖结构、木结构、钢筋混凝土结构和混合结构。

1. 基础和地基

（1）基础　基础是畜舍地面以下承受畜舍的各种荷载并将其传给地基的构件。它的作用是将畜舍本身重量及舍内固定在地面和墙上的设备、屋顶积雪等全部荷载传给地基。墙和整个畜舍的坚固与稳定状况取决于基础。故基础应具备坚固、耐久、抗机械作用能力及防潮、

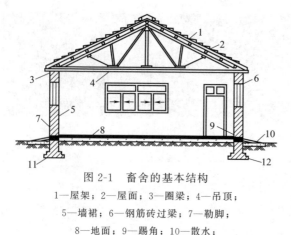

图 2-1　畜舍的基本结构

1—屋架；2—屋面；3—圈梁；4—吊顶；

5—墙裙；6—钢筋砖过梁；7—勒脚；

8—地面；9—踢角；10—散水；

11—地基；12—基础

抗震、抗冻能力。基础建在地基上，一般由垫层、大放脚（墙以下的加宽部分）和基础墙组成。砖基础每层放脚一般宽出 6cm。

用作基础的材料除机制砖外，还有碎砖三合土、灰土、毛石等。北方地区在膨胀土层修建畜舍时，应将基础埋置在土层最大冻结深度以下。为防止地下水通过毛细管作用浸湿墙体，在基础墙的顶部应设防潮层（舍内地平以下 6cm）。基础应尽量避免埋置在地下水中。加强基础的保温对改善畜舍环境有重要意义。

（2）地基　地基是基础下面承受荷载的土层，有天然地基和人工地基之分。

总荷载较小的简易畜舍或小型畜舍可直接建在天然地基上，可作畜舍天然地基的土层必须具备足够的承重能力，足够的厚度，组成一致，压缩性（下沉度）小而匀（不超过 2～3cm），抗冲刷力强，膨胀性小，地下水位在 2m 以下且无侵蚀作用。沙砾、碎石、岩性土层以及有足够厚度、且不受地下水冲刷的沙质土层是良好的天然地基。黏土、黄土含水多时压缩性很大，且冬季膨胀性也大，如不能保证干燥，不适于作天然地基。富含植物有机质的土层、填土也不适用。

土层在施工前经过人工处理加固的称为人工地基。

畜舍一般应尽量选用天然地基，为了选准地基，在建筑畜舍之前，应确切掌握有关土层的组成情况、厚度及地下水位等资料，只有这样，才能保证选择的正确性。

2. 墙

墙是基础以上露出地面的部分，其作用是将屋顶和自身的荷载传给基础，同时又对房舍起围护和分隔作用。以砖墙为例，墙的重量占畜舍建筑物总重量的 40%～65%；造价占总造价的 30%～40%；冬季通过墙散失的热量占整个畜舍总失热量的 35%～40%。舍内的湿度、通风、采光要通过墙上的窗户来调节，因此，墙对畜舍舍内温湿状况的保持和畜舍稳定性起着重要作用。

墙有不同的功能，起承受屋顶荷载的墙称为承重墙；起分隔舍内房间的墙称为隔断墙（或隔墙）。直接与外界接触的墙统称外墙，不与外界接触的墙为内墙。外墙之两长墙叫纵墙或主墙，两短墙叫端墙或山墙。

由于各种墙的功能不同，故在设计与施工中的要求也不同。外墙属于外围护结构，其保温隔热性能直接关系到舍内温湿度状况，设计时必须满足建筑热工要求。承重墙的承载力和稳定性，必须满足结构设计要求。畜舍墙的内表面，一般用石灰水、泥砂浆粉刷，以利保温和提高舍内照度且便于消毒。舍内地平以上 1.0～1.5m 高的墙面，应抹水泥砂浆墙裙，以避免冲洗消毒时溅湿墙面，并可防止家畜弄脏墙面。值班室或其他生活办公用房，可只抹 0.15m 高的水泥砂浆踢脚。为了防止屋檐滴水溅湿外墙面和浸泡基础，应根据房檐挑出长度，在沿外墙四周的地面做 0.6～0.8m 宽的散水，散水应做 2% 的坡度，散水以上 0.5m 左右高的外墙面，应抹水泥砂浆勒脚。勒脚以上的外墙面，一般只用水泥砂浆勾砖缝，称为清水墙。为提高保温隔热性能、保护墙面和增加美观，对外墙进行粉刷，称为混水墙。

墙体必须具备以下特点：坚固、耐久、抗震、耐水、防火、抗冻；结构简单，便于清扫、消毒；同时应有良好的保温与隔热性能。墙体的保温、隔热能力取决于所采用的建筑材料的特性与厚度。尽可能选用隔热性能好的材料，保证最好的隔热设计，是最有利的经济措施。受潮不仅可使墙的导热加快，造成舍内潮湿，而且会影响墙体寿命，所以必须对墙采取严格的防潮、防水措施。

常用的墙体材料主要有砖、石、土、混凝土等。在畜舍建筑中，也可采用双层金属板中间夹聚苯板或岩棉等保温材料的复合板块作为墙体，效果较好。

> **资料卡：**
>
> 勒脚，即畜舍外墙墙身下部靠近室外地坪的部分。勒脚的作用是防止地面水、屋檐滴下的雨水的侵蚀，从而保护墙面，保证室内干燥，提高畜舍的耐久性。勒脚的高度一般为室内地坪与室外地坪的高差。
>
> 踢脚，是外墙内侧和内墙两侧与室内地坪交接处的构造。踢脚的使用是防止扫地时污染墙面。踢脚的高度一般在 120~150mm。

3. 门窗

门窗均属设置在墙上的非承重的建筑配件。

(1) 门 门的主要作用是交通和分隔房间，有时兼有采光和通风作用。畜舍内专供人出入的门一般高度为 2.0~2.4m，宽度 0.9~1.0m；供人、畜、手推车出入的门一般高 2.0~2.4m，宽 1.2~2.0m。供畜禽出入的圈栏门高度取决于隔栏高度，宽度一般为：猪 0.6~0.8m；牛、马 1.2~1.5m；羊小群饲养为 0.8~1.2m、大群饲养为 2.5~3.0m；鸡为 0.25~0.30m。门的位置可根据畜舍的长度和跨度确定，一般设在两端墙和纵墙上，若畜舍在纵墙上设门，最好设在向阳背风的一侧。畜舍外门应设坡度而不能设台阶，以便于家畜和手推车出入畜舍。为了防止雨、雪水淌入舍内，畜舍地面应高出舍外 20~30cm。在寒冷地区为加强门的保温，通常设门斗以防冷空气直接侵入，并可缓和舍内热能的外流。门斗的深度应不小于 2m，宽度应比门大出 1.0~1.2m。

(2) 窗 窗户的主要作用是采光和通风，同时还具有分隔和围护作用。畜舍窗户有木窗、钢窗和铝合金窗，形式多为外开平开窗，也可用上悬窗、下悬窗或中悬窗。畜舍的窗一般不设纱窗，以利通风。鸡舍的窗应装设孔径不大于 2cm 的铁丝网，以防鸟兽。由于窗户多设在墙或屋顶上，是墙与屋顶失热的重要部位，因此，窗的面积、位置、形状和数量等，应根据不同的气候条件和家畜的要求，合理进行设计，一般原则是：在保证采光系数要求的前提下尽量少设窗户，以能保证夏季通风为宜。在畜舍建筑中也有采用密闭畜舍，即无窗畜舍的，目的是为了更有效地控制畜舍环境；但前提是必须保证可靠的人工照明和可靠的通风换气系统，要有充足可靠的电源。

依靠窗通风的有窗舍，最好使用小单扇 180°立旋窗，一者防止了因风向偏离畜舍长轴时，外开窗对通风的遮挡，二者窗扇本身即为导风板，减少了舍内涡风区，提高通风效果。

4. 屋顶和天棚

(1) 屋顶 屋顶是畜舍顶部的承重构件和围护构件，主要作用是承重、保温隔热和防太阳辐射、雨、雪。它是由支承结构（屋架）和屋面组成的。支承结构承受着畜舍顶部包括自重在内的全部荷载，并将其传给墙或柱；屋面起围护作用，可以抵御降水和风沙的侵袭并隔绝太阳辐射等，以满足生产需要。屋顶在夏季接受的太阳辐射热比墙多，而冬季舍内空气受热上升，屋顶失热也较多，其对于畜舍的冬季保温和夏季隔热有重要意义。屋顶除了要求防水、保温、承重外，还要求不透气、光滑、耐久、耐火、结构轻便、简单、造价便宜。任何一种材料不可能兼有防水、保温、承重三种功能，所以正确选择屋顶、处理好三方面的关系，对于保证畜舍环境的控制极为重要。

屋顶形式种类繁多，在畜舍建筑中常用的有以下几种形式（图 2-2），各种类型屋顶结构特点如表 2-1。

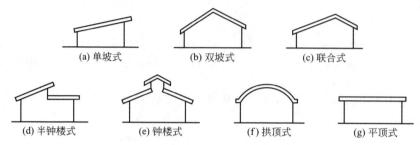

图 2-2　不同屋顶形式的畜舍样式

表 2-1　不同类型屋顶结构特点

屋顶类型	结构特点	优点	缺点	适用范围
单坡式屋顶	以山墙承重，屋顶只有一个坡向，跨度较小，一般为南墙高而北墙低	结构简单，造价低廉，既可保证采光，又缩小了北墙面积和舍内容积，有利于保温	净高较低不便于工人在舍内操作，前面易刮进风雪	适用于单列舍和较小规模的畜群
双坡式屋顶	是最基本的畜舍屋顶形式，屋顶两个坡向，适用于大跨度畜舍	结构合理，同时有利保温和通风且易于修建，比较经济	如设天棚，则保温隔热效果更好	适用于较大跨度的畜舍和各种规模的不同畜群
联合式屋顶	与单坡式基本相同，但在前缘增加一个短椽，起挡风避雨作用	保温能力比单坡式屋顶大大提高	采光略差于单坡式屋顶畜舍	适用于跨度较小的畜舍
钟楼式和半钟楼式屋顶	在双坡式屋顶上增设双侧或单侧天窗	加强了通风和防暑	屋架结构复杂，用料特别是木料投资较大，造价较高，不利于防寒	多用于跨度较大的畜舍。适用于气候炎热或温暖地区及耐寒怕热家畜的畜舍，我国多用于牛舍
拱顶式屋顶	有单曲拱与双曲拱之分，后者比较坚固。小跨度畜舍可做单曲拱，大跨度畜舍可做双曲拱	省木料、省钢材，造价较低	屋顶保温隔热效果差，在环境温度高达30℃以上时，舍内闷热，畜禽焦躁不安	一般适用于跨度较小的畜舍
平顶式屋顶	屋顶是平的	可充分利用屋顶平台，节省木材	防水问题比较难解决	可用于任何跨度的畜舍

此外，还有哥德式、锯齿式、折板式等形式的屋顶，这些在畜舍建筑上很少选用。

除上述外，我国西北地区有窑洞式畜舍，节省建材，冬暖夏凉，但通风和光照较差。

（2）天棚　又名顶棚、天花板，是将畜舍与屋顶下的空间隔开的结构。天棚的功能主要是加强畜舍冬季的保温和夏季的防热，同时也有利于通风换气。

天棚必须具备保温、隔热、不透水、不透气、坚固、耐久、防潮、耐火、光滑、结构轻便、简单的特点。无论在寒冷的北方或炎热的南方，在天棚上铺设足够厚度的保温层（或隔热层），是天棚能否起到保温隔热作用的关键，而结构严密（不透水、不透气）是保温隔热的重要保证。

常用的天棚材料有胶合板、矿棉吸音板等，在农村常常可见到草泥、芦苇、草席等简易天棚。

畜舍内的高度通常以净高表示。净高指舍内地面至天棚的高，无天棚时指室内地面至屋架下弦的高，也叫桁下高。在寒冷地区，适当降低净高有利保温；而在炎热地区，加大净高则是加强通风、缓和高温影响的有力措施。

5. 地面

地面是指单层房舍的地表构造部分，多层房舍的水平分隔层称为楼面。

有些家畜直接在畜舍地面上生活（包括躺卧休息、睡眠、排泄），所以畜舍地面也叫畜床。畜舍地面质量好坏，不仅可影响舍内小气候与卫生状况，还会影响畜体及产品（奶、毛）的清洁甚至影响家畜的健康及生产力。

畜舍地面的作用不同于工业和民用建筑，它既是人畜活动和生产的场地，又是地面平养畜禽采食、饮水、排泄粪尿的场所，马、牛的踩踏和猪的拱掘对地面还有破坏作用，粪尿和消毒液对地面有腐蚀作用。因此，畜舍地面的基本要求为：①坚实、致密、平坦、有弹性、不硬、不滑；②易清洗消毒、平坦而有适宜的坡度，有利于排水；③保温、不冷、不渗水、不潮湿；④经济适用。当前畜舍建筑中，很难有一种材料能满足上述诸要求，因此与畜舍地面有关的家畜肢蹄病、乳腺炎及感冒等病症比较难以克服。表2-2所列为几种常用的地面特性评定计分方法，供参考。

表 2-2　几种常用畜舍地面的评定计分方法

地面种类	坚实性	不透水性	不导热性	柔软程度	不滑程度	可消毒程度	总分
夯实土地面	1	1	3	5	4	1	15
夯实黏土地面	1	2	3	5	4	1	16
黏土碎石地面	2	3	2	4	4	1	16
石地	4	4	1	2	3	3	17
砖地	4	4	3	3	4	3	21
混凝土地面	5	5	1	2	2	5	20
木地面	3	4	5	4	3	3	22
沥青地面	5	5	2	4	4	5	25
炉渣上铺沥青	5	5	4	4	5	5	28

畜舍一般采用混凝土地面，它除了保温性能较差外，其他性能均较好。土地面、三合土地面、砖地面、木地面等，保温性能虽好于混凝土地面，但不坚固、易吸水，不便于清洗、消毒。沥青混凝土地面保温隔热较好，其他性能也较理想，但因含有危害畜禽健康的有毒有害物质，现已禁止在畜舍内使用。图2-3所示是几种地面的一般做法。地面性能与畜舍环境、家畜健康直接相关。

地面的温热状况对畜舍小气候的影响很大。保温性差的地面（石地面、混凝土地面等），冬季会使舍内热量向地层和舍外过多地散失，从而降低舍内气温；同时，家畜躺卧其上，冬季体热传导散失较多，易患关节炎、肌肉炎、风湿等病症，特别是幼畜禽，还常造成肠炎、下痢。如果在选用材料及结构上能有保证，当家畜躺在地面——畜床上时，热能可被地面蓄积起来，而不致传导散失，在家畜站起后大部分热能放散至舍内空气中，这不仅有利于地面的保温，而且有利于调节舍温。有材料证明，奶牛在一天内有50%的时间躺在牛床上，中

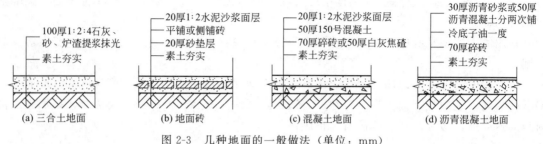

图 2-3　几种地面的一般做法（单位：mm）

间起立 12～14 次，整个牛群起立后，舍温可升高 1～2℃。

地面的防水、隔潮性能对地面本身的导热性和舍内小气候状况、卫生状况的影响也很大。地面隔潮防水不好是地面潮湿、畜舍空气湿度大的原因之一。吸水性强的地面（土地面、三合土地面、砖地面等）、高低不平或易遭破坏形成坑洼的地面，会吸收或积存粪尿污水，使舍内潮湿，空气污浊。地面透水，畜尿、粪水及洗涤水会渗入地面下土层，使地面导热能力增强，从而导致畜体躺卧时失热增多，同时微生物也容易繁殖，污水腐败分解也易使空气污染。

地面平坦、有弹性且不滑，在畜牧生产上是一项重要的环境卫生学要求。地面太硬，不仅家畜躺卧时感到不舒适，且对家畜四肢（尤其拴养时）有害，易引起膝关节水肿，家畜也易疲劳。地面太滑，家畜易摔倒，以致挫伤、骨折、母畜流产。地面不平，如卵石地面，容易伤害家畜蹄、腱；也易积水，且不便清扫、消毒。地面朝排尿沟的方向应有适当坡度，以保证洗涤水及尿水顺利排走。牛、马舍地面的适宜坡度为 1‰～1.5‰，猪舍为 3‰～4‰。坡度过大会造成家畜四肢、腱、韧带负重不匀，而对拴养家畜会使其后肢负担过重，造成母畜子宫脱垂与流产。

因此，要克服上述矛盾，修建符合要求的畜舍地面必须从下列三方面做好工作：①畜舍不同部位采用不同材料的地面，如畜床部采用三合土、木板，而在通道采用混凝土；②采用特殊的构造，即地面的不同层次用不同材料，取长补短，达到良好的效果；③铺设厩垫，在畜床部位铺设橡胶或塑料厩垫用于改善地面状况，可收到良好效果，铺木板、铺垫草也可视为厩垫。

6. 其他结构和配件

（1）过梁和圈梁　过梁是设在门窗洞口上的构件，起承受洞口以上构件重量的作用，有砖（砖拱）过梁、木板过梁、钢筋过梁和钢筋混凝土过梁。畜舍的门窗过梁一般可用圈梁兼作过梁。圈梁是加强房舍整体稳定性的构件，设在墙顶部或中部或地基上。一般地说，砖过梁高度为 24cm；钢筋砖过梁和钢筋砖圈梁高度为 30～42cm，钢筋混凝土圈梁高度为 18～24cm。过梁和圈梁的宽度一般与墙等同。

（2）吊顶　吊顶为屋顶底部的附加构件，一般用于坡屋顶，起保温、隔热、有利通风、提高舍内照度、缩小舍内空间、便于清洗消毒等作用。根据使用材料的不同，在畜舍中可采用纤维板吊顶、苇箔抹灰吊顶、玻璃钢吊顶、矿棉吸声板吊顶等。

二、畜舍建筑材料的主要特性

畜舍环境的控制在很大程度上受畜舍各部结构的热工特性，即保温隔热能力制约，而建筑结构的热工特性又与建筑材料的特性有关。了解和掌握建筑材料的有关特性，对于理解和解决畜舍环境的控制问题以及在日常工作中管理和使用畜舍均有重要意义。

1. 建筑材料的温热特性

建筑材料由于其组成和结构上的差异，具有不同的热物理特性。表示建筑材料热物理特性的主要指标是热导率和蓄热系数。

(1) 热导率 (λ) 热导率是表示材料传递热量能力的热物理特性指标，以"λ"表示，其单位为 $W/(m \cdot K)$。λ 值越大的材料，传热越快，保温隔热能力越差。例如，铝的 λ 值为 $230W/(m \cdot K)$，松木为 $0.17W/(m \cdot K)$，所以铝制壶把烫手，而套上木把就不烫手了。材料的导热性决定于材料的成分、构造、孔隙率、含水量及发生热传导时的温差等因素。多数材料的 λ 值范围在 $0.029 \sim 3.5W/(m \cdot K)$，建筑上习惯把 λ 值小于 $0.23W/(m \cdot K)$ 的材料称为保温隔热材料。

(2) 蓄热系数 (S) 蓄热系数是表示建筑材料贮藏热量能力的热物理特性指标，以"S"表示，单位为 $W/(m^2 \cdot K)$。外界气温在一昼夜 24h 内的变化，可近似地视作谐波（按正弦余弦曲线作规则变化）。当材料层一侧受到谐波热作用时，其内外表面温度也按同一周期波动，而波动的剧烈程度（即振幅大小）则与材料的蓄热系数 S 值有关。S 值越大，材料层表面温度波动越小。同理，S 值大的材料，在外界温度升高时能吸收较多的热，材料层表面升温就较少；外界温度降低时，材料可放出较多的热，使材料层表面降温也较少。因此，材料层表面温度的波动振幅远远小于外界综合温度的波动振幅，这种现象叫做衰减。S 值越大，衰减度越大。此外，由于材料吸热和放热都需要一定时间，因此，材料层表面温度波动总会比外界温度波动出现得晚，这种现象叫延迟。S 值越大，吸收和容纳的热量多，材料层表面温度波动就小，延迟时间也越长。所以在炎热地区选择蓄热系数（S）大的材料有利（表 2-3）。

表 2-3　常用建筑材料的容重、热导率和蓄热系数

材料名称	容重/(kg/m³)	热导率/[W/(m·K)]	蓄热系数/[W/(m²·K)]
夯实草泥或黏土墙	2000	0.93	10.57
草泥	1000	0.35	5.11
土坯砖墙	1600	0.70	9.18
普通黏土砖	1800	0.81	9.65
多孔砖(60孔)	1300	0.58	6.97
空心砖	1000~1500	0.46~0.64	5.55~8.02
硅酸盐砖	1350	0.58	7.03
花岗岩	2800	3.49	25.33
砂岩	2400	1.87	18.13
钢筋混凝土	2400	1.38	14.93
矿渣混凝土	1200	0.52	5.87
泡沫混凝土	600	0.21	2.75
加气混凝土	500	0.12	—
矿渣砖	1400	0.58	6.68
膨胀珍珠岩混凝土	450	0.07	2.32
石棉水泥板	1900	0.35	6.33
石棉水泥隔热板	300	0.09	1.30
木纤维板	600	0.16	4.18
木纤维隔热板	150	0.06	1.28

续表

材料名称	容重/(kg/m³)	热导率/[W/(m·K)]	蓄热系数/[W/(m²·K)]
木锯末	250	0.09	2.03
稻壳	250	0.21	8.38
芦苇	400	0.14	2.43
稻草	320	0.09	1.80
稻草板	300	0.11	1.83
建筑用毛毡	750	0.06	1.09
沥青、油毡	600	0.17	3.31
炉渣	360	0.05	1.80
煤灰	1300	0.29	3.02
聚苯乙烯泡沫塑料	35	0.05	0.30
玻璃棉	200	0.06	0.84

注：引自王庆镐. 家畜环境卫生学. 农业出版社，1989 年。

2. 建筑材料的空气特性

建筑材料的保温性能与强度在很大程度上取决于其空气特性。而材料的空气特性又与材料的孔隙多少和其中所含空气的数量有关。材料的空气特性通常以以下指标来表示：

(1) 容重 容重指材料在自然状态下单位体积的重量，单位为 kg/m³。容重反映材料内的孔隙状况，有孔隙才有可能有空气。所以也用孔隙率，即用材料中孔隙所占百分率来表示。容重小的材料孔隙多，其中充满空气，而空气的热导率仅为 0.023W/(m·K)，故多孔的、轻质的材料保温隔热性能好。同样，疏松的材料（稻草、芦苇等）、颗粒材料（锯末、炉灰等），因为所含孔隙多且充满空气而具有良好的保温隔热性能。纤维材料的热导率随纤维截面积减小而减小，即越细保温越好，并且横纤维方向的导热性小于顺纤维方向；颗粒材料的导热性则随单位体积中颗粒的增多而降低。

(2) 透气性 透气性也是衡量材料隔热能力的一个指标。空气的隔热作用只有当其处于相对稳定状态时才能表现出来。因此封闭的、微孔的材料保温隔热能力比连通的、粗孔的材料好。

材料的孔隙虽有利于保温，但材料的强度则随孔隙的增加而下降。

3. 建筑材料的水分特性

建筑材料的热工特性在很大程度上受其水分特性的影响。当材料孔隙中的空气被水取代时，由于水的热导率 [0.58W/(m·K)] 是空气的 24 倍，故潮湿材料的导热能力显著加大。材料的水分特性主要表现在以下几个方面。

(1) 吸水性 指材料在水中吸收水分后，并在离水后能保持水分的能力。材料的吸水性主要取决于它的孔隙率大小和孔隙特征。材料内部的孔隙按尺寸大小，可分为微细孔隙、细小孔隙、较粗大孔隙和粗大孔隙；按常压下水能否进入孔隙中，可分为开口孔隙、封闭孔隙。一般来说，孔隙越大，吸水性也越强，但封闭孔隙水分不易渗入，粗大孔隙水分不易存留，具有较多开口和微细孔隙的材料，其吸水率往往较大。

(2) 吸湿性 指当周围空气湿度变化时，材料的湿度也随着变化的性质。其大小决定于材料本身的组织构造和化学成分。一定组织构造和化学成分的材料，其含水率决定于周围空气的温度和湿度。当空气中相对湿度增高且结构表面温度降低时，材料吸湿性随之增高。当物体的表面孔隙多时，吸湿性也增高。

(3) 透水性　指材料在水压力作用下，能使水透过的性质。孔隙率大且具有较多开口孔隙的材料透水性较大。畜舍地面由于受地下水以及洗涤水、污水等因素的影响，要求地面结构具有不透水性。

(4) 耐水性　指材料长期在饱和水作用下，强度不降低或不严重降低的性质。一般材料，随含水量的增加，强度均有所降低。这是由于水透入材料微粒之间，降低其联结力、软化某些不耐水成分所致。在畜舍中受水侵蚀或处于潮湿环境的结构，应选用耐水性强的材料。

可见，材料的水分特性不仅影响材料的保温隔热性能，而且影响材料的强度。

上述几种特性只涉及材料的一些物理性质，在选择材料时还应考虑材料的机械性质，如强度、硬度、弹性、韧性及耐磨性等。这些性质体现在每一种具体材料上，彼此相互制约、相互影响。

第二节　畜舍类型及其特点

畜舍的作用是为家畜提供一个适宜的生活环境，根据家畜的需求和当地气候条件，确定适宜的畜舍类型特别重要。根据人工对畜舍环境的调控程度分类，可将畜舍分为开放式和密闭式两种形式。

一、开放式畜舍

按其封闭程度分为完全开放式畜舍和半开放式畜舍两种。

1. 完全开放式畜舍

完全开放式畜舍也称为敞棚式、凉棚式或凉亭式畜舍（图 2-4），畜舍只有端墙或四面无墙。这类形式的畜舍只能起到遮阳、避雨及部分挡风的作用。为了扩大完全开放式畜舍的使用范围，克服其保温能力较差的弱点，可以在畜舍前后加卷帘，利用亭檐效应和温室效应。舍内夏季通风好、冬季保温。如简易节能开放式鸡舍、牛舍、羊舍都属于这一类型。完全开放式畜舍具有用材少、施工容易、造价低等特点，多适用于炎热地区。

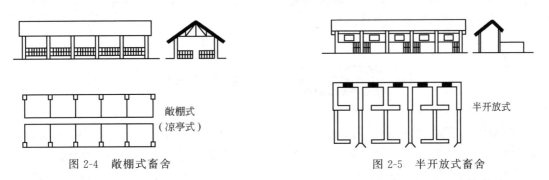

图 2-4　敞棚式畜舍　　　　　　　　　图 2-5　半开放式畜舍

2. 半开放式畜舍

半开放式畜舍指三面有墙，正面全部敞开或有半截墙的畜舍（图 2-5）。通常敞开部分朝南。这类畜舍的开敞部分在冬天可附设卷帘、塑料薄膜、阳光板形成封闭状态，从而改善

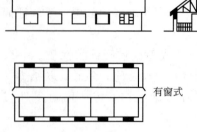

图 2-6 有窗式畜舍

舍内小气候。半开放式畜舍应用地区较广，适用于饲养各种成年家畜，特别是耐寒的牛、马、绵羊等。

二、密闭式畜舍

1. 有窗式畜舍

有窗式畜舍指通过墙体、窗户、屋顶等围护结构形式形成全封闭状态的畜舍形式（图 2-6），具有较好的保温隔热能力，便于人工控制舍内环境条件。其通风换气、采光均主要依靠门、窗或通风管。它的特点是防寒较易，防暑较难，需采用环境控制设施进行调控。它的另一特点是舍内温度分布不均匀，天棚和屋顶温度较高，地面较低，舍中央部位的温度较窗户和墙壁附近的温度高。这种畜舍应用最为广泛。

2. 无窗式畜舍

无窗式畜舍（图 2-7）与外界隔绝程度较高，墙上只设应急窗，仅供停电应急时用。舍内的通风、光照、舍温全靠人工设备调控。这种畜舍舍内环境容易控制，自动化、机械化程度高，生产效率高，省人工，主要用于靠精饲料饲养的家畜禽——肥猪、鸡及其他幼畜禽。

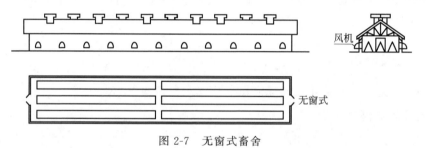

图 2-7 无窗式畜舍

除上述两种畜舍形式外，还有大棚式畜禽舍、拱板结构畜禽舍、复合聚苯板组装式畜禽舍、被动式太阳能畜禽舍等多种建筑形式。现在，畜禽舍建筑结构采用热镀锌钢材料、无焊口装配式工艺，在降低建造成本和运行费用的同时，通过进行环境调控，实现优质、高效和低耗生产。总之，畜舍的形式是不断发展变化的，新材料、新技术不断应用于畜舍，使畜舍建筑越来越符合家畜对环境条件的要求。

第三节 畜舍采光控制

以太阳为光源，通过畜舍门、窗或其他透光构件使太阳的直射光或散射光进入畜舍，称为自然采光。以白炽灯、荧光灯等人工光源进行畜舍采光，称为人工照明。自然采光节能节电，但光照强度和时间随季节而不断变化，难以控制，舍内照度也不均匀，特别是跨度较大的畜舍，中央部位照度更差。为了补充自然光照的不足，或满足夜间饲养管理工作的需要，自然采光畜舍也应有人工照明设备。密闭式畜舍必须设置人工照明，其光照强度和时间可根据畜禽要求或工作需要加以控制。

一、自然采光控制

自然光照取决于通过畜舍开露部分或窗户透入的太阳直射光或散射光的量，而进入舍内的光量与畜舍朝向、舍外情况、窗户的面积、入射角与透光角、舍内反光面、舍内设置与布局等多种因素有关。采光设计的任务就是通过合理设计采光窗的位置、形状、数量和面积，保证畜舍的自然采光要求，并尽量使照度分布均匀。

1. 确定窗口位置

（1）根据畜舍窗口的入射角与透光角确定　对冬季直射阳光无照射位置要求时，可按入射角与透光角来计算窗口上、下缘的高度。如图2-8所示，窗口入射角是指窗口上缘外角至畜舍中央一点（跨度的1/2）的连线 AB 与地面的夹角 α（即 $\angle BAD$）。入射角越大，射入舍内的光量越多。为保证舍内得到适宜的光照，畜舍的入射角要求不小于25°。透光角是指窗口下缘内角至畜舍中央一点的连线 AC 与 AB 之间的夹角 β（即 $\angle BAC$）。透光角越大，采光越多。畜舍的透光角要求不小于5°。

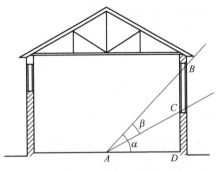

图 2-8　窗口入射角 α 和透光角 β

如果窗外有树或其他建筑物遮挡时，引向窗户下缘的直线应改为引向遮挡物的最高点。

（2）根据太阳高度角确定　要求冬季直射阳光照射畜舍一定位置（如畜床），或要求屋檐夏季遮阳时，需先计算太阳高度角，然后计算南窗上、下缘高度或出檐长度。

太阳高度角是指太阳光线与地平水平面之间的夹角。同一地点同一当地时辰的太阳高度角，以夏至日最大、冬至日最小；同地点同日期的太阳高度角，以当地时间正午12时最大、日出日落时最小。太阳高度角的变化直接影响到通过窗口进入舍内的直射光量。当窗口上缘（或屋檐）与畜床后缘所引直线同舍内地面水平线之间夹角大于当地冬至日的太阳高度角时，可使冬至前后有较多的太阳光直射在畜床上；而当窗口上缘外侧（或屋檐）与窗台内侧所引直线与舍内地面水平线之间夹角小于当地夏至日的太阳高度角时，就可避免夏至日前后太阳直射光进入舍内。

2. 窗口面积的计算

窗口面积可按采光系数（窗地比）计算：

$$A = K \cdot Fd / \tau$$

式中，A 为采光窗口（不包括窗框和窗扇）的总面积，m^2；K 为采光系数，以小数表示，查表2-4；Fd 为舍内地面面积，m^2；τ 为窗扇遮挡系数，单层金属窗为0.80、双层金属窗为0.65、单层木窗为0.70、双层木窗为0.50。

表 2-4　各种畜舍自然采光系数 K（窗地比）标准

畜舍	采光系数 K
牛舍	
拴系或无拴系成乳牛舍、青年牛舍、犊牛舍	1：10～1：15
育肥牛舍	1：20～1：30
产间	1：10～1：15
挤奶厅、乳品间、洗涤间、采精间、精液检查室	1：10～1：12
其他附属用房	1：10～1：20

畜舍	采光系数 K
猪舍	
种公猪舍、空怀母猪舍、妊娠母猪舍	1：10～1：12
产房、带仔母猪舍	1：10～1：12
断奶至 4 月龄育成猪舍、后备猪舍	1：10
育肥猪舍	1：15～1：20
羊舍	
母羊舍、公羊舍、断奶羔羊舍、去势羊舍	1：20
产房及暖圈	1：15
剪毛站及羊舍内调教场	1：10
禽舍	
地面平养或笼养蛋鸡舍	1：10～1：12
父母代种鸡舍	1：10
育成鸡舍	1：8～1：10
地面平养或笼养肉鸡舍	1：15
群养火鸡舍或鸭舍	1：10～1：12
育成火鸡舍、育成鸭舍、育成鹅舍	1：10
地面平养或笼养肉用火鸡、鸭、鹅舍	1：15
孵化间（包括出雏及雌雄鉴别室）	1：6

3. 窗的数量、形状和布置

窗的数量应首先根据当地气候确定南北窗面积比例，然后考虑光照均匀和房屋结构对窗间墙宽度的要求。炎热地区南北窗面积之比可为（1～2）：1，夏热冬冷和寒冷地区可为（2～4）：1。为使采光均匀，在窗面积一定时，增加窗的数量可以减小窗间墙的宽度，从而提高舍内光照均匀度。如图 2-9 所示，左右两图窗高均为 1.5m，左图每间一个窗，窗间墙宽 1.2m；右图每间两个窗，窗间墙宽 0.6m。但窗间墙的宽度不能过小，必须满足结构要求，如梁下不得开洞，梁下窗间墙宽度不得小于结构要求的最小值。

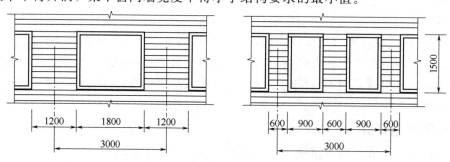

图 2-9　窗的数量与窗间墙的宽度（单位：mm）

窗的形状也关系到采光与通风的均匀程度。在窗面积一定时，采用宽度大而高度小的"卧式窗"，可使舍内长度方向光照和通风较均匀，而跨度方向则较差；高度大而宽度小的"立式窗"，光照和通风均匀程度与卧式窗相反；方形窗光照、通风效果介于上述两者之间。设计时应根据家畜对采光和通风的要求及畜舍跨度大小，参照门窗标准图集酌情确定。

二、人工照明

人工照明一般以白炽灯和荧光灯作光源，不仅用于密闭式畜舍，也用于自然采光畜舍作补充光照。人工照明设计的任务在于保证舍内所需光照强度和时间，并使照度分布均匀。可按下列步骤进行人工照明设计。

1. 选择灯具种类

根据畜舍光照标准和 1W 光源每平方米可提供的照度，按畜舍面积，计算畜舍所需光源总功率（W），再根据各种灯具的特性确定灯具种类。提供的各种数据如表 2-5～表 2-7 所示。

光源总功率(W)＝(畜舍适宜照度/1m² 地面设 1W 光源提供的照度)×畜舍总面积

表 2-5　畜舍人工光照标准 （供参考）

畜舍	光照时间/h	照度/lx	
		荧光灯	白炽灯
牛舍			
乳牛舍、种公牛舍、后备牛舍饲喂处	16～18	75	30
休息处或单栏、单元内产间	—	50	20
卫生工作间	—	75	30
产房	—	150	100
犊牛室	—	100	50
带犊母牛的单栏或隔间	—	75	30
青年牛舍(单间或群饲栏)	14～18	50	20
肥育牛舍(单栏或群饲栏)	6～8	50	20
饲喂场或运动场	—	5	5
挤奶厅、乳品间、洗涤间、化验室	—	150	100
猪舍			
种公猪舍、育成猪舍、母猪舍、断奶仔猪舍	14～18	75	30
肥猪舍(瘦肉型)	8～12	50	20
羊舍			
母羊舍、公羊舍、断奶羔羊舍	8～10	75	30
育肥羊舍	—	50	20
产房及暖圈	16～18	100	50
剪毛站及公羊舍内调教场	—	200	150
鸡舍			
0～3 日龄	23	50	30
4 日龄～19 周龄	23 渐减或突减为 8～9	—	5
成鸡舍	14～16	—	10
肉用仔鸡舍	23 或 3 明∶1 暗	—	0～3 日龄为 25,以后减为 5～10
兔舍及皮毛兽舍			
封闭式兔舍、各种皮毛兽笼、棚	16～18	75	50
幼兽棚	16～18	10	10
毛长成的商品兽棚	6～7	—	—

注：有窗舍应减至当地培育期最长日照时间。

表 2-6　1W 光源每平方米可提供的照度　　　　　　单位：lx

光源种类	白炽灯	荧光灯	卤钨灯
1W 光源每平方米可提供的照度	3.5～5.0	12.0～17.0	5.0～7.0

表 2-7　不同功率白炽灯及节能荧光灯在不同距离的照度性能试验　　　　　　单位：lx

距离/m	白炽灯 40W	白炽灯 60W	白炽灯 100W	节能荧光灯 26W
0.5	610	815	1542	1182
1.0	124	185	334	272
1.5	64	96	179	129
2.0	44	65	122	94
2.5	29	46	87	64

2. 确定灯具数量

按行距和灯间距各约3m布置灯具，或按工作的照明要求来布置灯具。不同行的灯具平行或交叉排列。灯具布置方案确定后，即可算出所需灯具盏数。

3. 计算每盏灯具功率（W）

根据总功率（W）和灯具盏数，算出每盏灯具功率（W）。

4. 影响人工照明的因素

（1）光源 家畜一般可以看见波长为400～700nm的光线，所以用白炽灯或荧光灯皆可。荧光灯耗电量比白炽灯少，而且光线比较柔和，不刺激眼睛；但设备投资较大，而且在一定温度下（21.0～26.7℃）光照效率最高，温度太低时不易启亮。一般白炽灯泡大约有49%的光为可利用数值。如1W电能可发光12.56lx，其中49%即6.15lx可利用，一只40W的灯泡发出502.4lx的光，则有效利用为246.2lx。一般每0.37m²面积需1W灯泡或1m²面积需2.7W灯泡，每平方米可提供10.61lx的光照。

（2）灯的高度 灯的高度直接影响地面的光照度。灯越高，地面的照度就越小，一般灯具的高度为2.0～2.4m。为在地面获得10lx照度，白炽灯的高度应按表2-8设置。

表2-8 在地面获得10lx照度，白炽灯的适宜高度 单位：m

功率/W	15	25	40	60	75	100
有灯罩	1.1	1.4	2.0	3.1	3.2	4.1
无灯罩	0.7	0.9	1.4	2.1	2.3	2.9

（3）灯的分布 为使舍内的照度比较均匀，应适当降低每个灯的功率（W），而增加舍内的总装灯数。鸡舍内装设白炽灯时，以40～60W为宜，不可过大。灯与灯之间的距离，应为灯高度的1.5倍。舍内如果装设两排以上的灯，应交错排列；靠墙的灯，同墙的距离应为灯间距的一半。灯不可使用软线吊挂，以防被风吹动而使鸡受惊。如为笼养，灯的布置应使灯光照射到料槽，特别要注意下层笼的光照强度，因此，灯一般设置在两列笼间的走道上方。

（4）灯罩 使用灯罩可使光照强度增加50%。避免使用上部敞开的圆锥形灯罩，因为它的反光效果较差，而且将光线局限在太小的范围内，一般应采用平型或伞形灯罩。不加灯罩的灯所发出的光线，约有30%被墙、顶棚、各种设备等吸收。如安装反光灯罩，比不用反光灯罩的光照强度大45%，反光灯罩以直径25～30cm的伞形反光灯罩为宜。

（5）灯泡质量与清洁度 灯泡质量差与阴暗要减少光照30%，脏灯泡发出的光约比干净灯泡减少1/3。

5. 鸡的人工光照制度

现代鸡场光照管理已成必需措施，蛋鸡与种鸡基本相同，肉鸡则自成一套。

（1）种鸡与蛋鸡的光照制度

① 渐减渐增法。在育成期逐渐减少每天的光照时数，这样可以适当推迟母鸡的开产期，有利于鸡的生长发育，能提高成年后的产卵率、增加蛋重。在产蛋期则逐渐增加每天的光照时数，使产蛋率持续上升或保持在较高水平上。每天光照时数达到16～17h后，即保持稳定不变（表2-9）。

表 2-9　密闭式鸡舍光照管理方案（供参考）

周龄	光照时间/(h/d)	周龄	光照时间/(h/d)	周龄	光照时间/(h/d)
0～1	23	20	11	24	15
2～17	8～9	21	12	25～68	16
18	9	22	13	69～76	17
19	10	23	14		

② 恒定法。育成期内每天的光照时数固定不变，产蛋期则逐渐延长光照时数，达到16～17h后，保持稳定不变。此法比渐减渐增法简单，而且也可收到很好的效果。

（2）肉鸡的光照制度

① 连续光照制。从苗鸡入舍即给予 23h 光照，1h 黑暗，直至上市。某些场在饲养至中后期鉴于鸡已熟悉食、水槽位置，夜间不再开灯，以节省用电。

② 间歇光照制。即雏鸡给予连续光照，然后逐渐从 5h 光照（5L），1h 黑暗（1D），到3L/2D，最后至 2L/3D。此法必须有充足的食、水槽位置，保证光照时鸡只同时采食。采取此光照制度，鸡只生长快、饲料利用率高，又省电，但管理复杂，最好采用自动控制。

在畜牧生产中，光照制度是根据各种家畜对光照强度、时间和明暗变化规律的要求制订的，并可以按程序进行自动控制。

第四节　畜舍通风换气

畜舍通风换气是改善畜舍小气候环境的重要手段之一，为保持舍内适宜的环境条件，必须进行通风换气。夏季加强通风，可促进畜体的蒸发散热和对流散热，缓和高温的不良影响；冬季密闭畜舍，通过引进舍外新鲜空气、排除舍内污浊空气，既能防止舍内潮湿，又可提高空气质量；前者可以称为通风，后者可以称为换气。

一、畜舍通风方式

畜舍通风有两种方式：一为自然通风，指利用进、排风口（如门、窗等），依靠风压和热压为动力的通风；二为机械通风，指依靠机械动力实行强制通风。我国大部分地区，炎热季节单纯依靠自然通风一般难以满足畜禽对热湿环境的要求，需要借助机械辅助通风。对于无窗密闭舍，为防止停电造成的通风和光照问题，须在纵墙上按舍内地面面积的 2.5％设置"应急窗"（不透光的保温窗）。

1. 自然通风

自然通风是利用舍内外温度差所造成的热压或风力作用所造成的风压，来实现换气的一种通风方式。它不需要任何机械设备，常常可以达到很大的通风换气量，是一种最经济的通风方式。

自然通风的动力为风压或热压。风压是指大气流动（即刮风）时，作用于建筑物表面的压力。风压通风是当风吹向建筑物时，迎风面风压大形成正压，背风面风压小形成负压，气流由正压区开口流入、由负压区开口排出所形成的自然通风（图 2-10）。只要有风，就有自然通风现象。风压通风量的大小取决于风向角、风速、进风口和排风口的面积；舍内气流分布取决于进风口的形状、位置及分布等。热压是指空气温热不均而发生密度差异产生的压差。热压通风即舍内空气受热膨胀上升，在高处形成高压区，屋顶与天棚如有开口或孔隙，空气就会排出舍外；畜舍下部因冷空气不断受热上升，形成空气稀薄的负压区，舍外较冷的新鲜空气不断渗入舍内补充，如此循环形成自然通风（图 2-11）。热压通风量的大小取决于舍内外温差、进风口和排风口的面积；舍内气流分布则取决于进风口和排风口的形状、位置和分布。

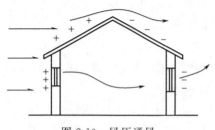

图 2-10　风压通风

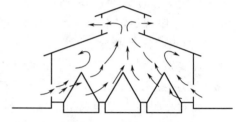

图 2-11　热压通风

自然通风实际是风压和热压同时作用的结果，但风压的作用一般大于热压。为提高畜舍自然通风效果，畜舍跨度不应过大，9m 以下较为适宜；门、窗、进排风口等的密闭性要好。另外，合理的建筑朝向、进气口方位、舍内设施设备布置等对自然通风效果也有很大的影响，设计时应加以充分考虑。

2. 机械通风

由于自然通风受到许多因素特别是气象条件的制约，难以满足畜舍通风换气的需要，尤其是在炎热的夏天。因此，为了给家畜创造适宜的环境条件，保证家畜健康和生产力的充分发挥，必须辅以机械通风，尤其是大型畜舍必须通过机械通风来实现畜舍环境的控制。

机械通风也叫强制通风。为了使机械通风系统能够正常运转，真正起到控制畜舍内空气环境的作用，要求畜舍必须有良好的隔热性能。否则，即使实现机械通风也无法保证良好的环境。按照畜舍内气压变化分类，机械通风可分为负压通风、正压通风和联合通风三种方式。

(1) 负压通风　亦称排气式通风或排风。它是利用风机将舍内污浊空气抽出。由于舍内空气被抽出，变成稀薄的空间，压力相对小于舍外，新鲜空气即可通过进气口或进气管流入舍内而形成舍内外空气交换。目前，一般畜舍都采用此种通风方式，设备简单，投资少，管理费用较低。负压通风根据风机安装位置可分为一侧排风、两侧排风、屋顶排风等形式（图 2-12）。

(2) 正压通风　亦称进气式通风或送风，是指通过风机将舍外新鲜空气强制送入舍内，使舍内气压升高，舍内污浊空气经风口或风管自然排除的换气方式。其优点在于可对进入空气进行各种处理，保证舍内有适宜的温湿状况和清洁的空气环境。正压通风方式比较复杂，造价高。由于安装形式不同，正压通风方式分别有几种不同的形式，如图 2-13 所示。

(3) 联合通风　亦称混合式通风，是一种将负压通风和正压通风同时使用的通风方式，因可保持舍内外压差接近于零，故又称为等压通风。大型封闭舍尤其是无窗舍中，单靠机械排风或机械送风往往达不到应有的换气效果，故需采用联合式机械通风。风机的安装形式分为进气口设在下部和进气口设在上部两种形式。联合通风所需风机台数多，设备投资大。

机械通风除按舍内外气压差进行分类外，也可按舍内气流方向分为横向通风、纵向通风

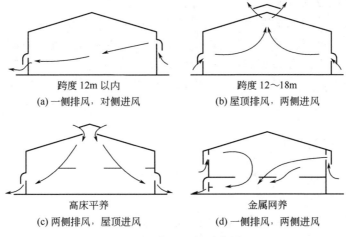

图 2-12　负压通风示意图

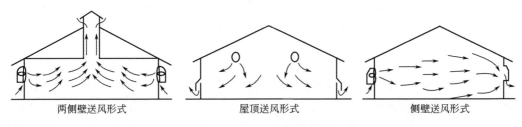

图 2-13　正压通风示意图

等（图 2-14、图 2-15）。横向通风是指舍内气流方向与畜舍长轴垂直的机械通风，其最大的不足在于舍内气流分布不均，气流速度偏低，死角多，换气质量不高。纵向通风是指舍内气流方向与畜舍长轴平行的机械通风，它克服了横向通风舍内留有死角、气流分布不均、气流速度偏低等缺陷，可确保畜舍获得新鲜空气。但用于纵向通风的风机直径大，一般不能兼作冬季换气之用。

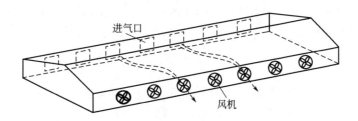

图 2-14　横向通风示意图

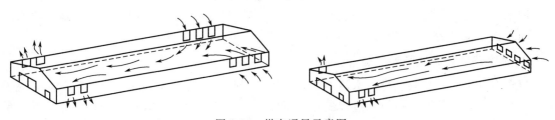

图 2-15　纵向通风示意图

无论是何种通风方式，通风设计的任务都是要保证畜舍的通风量，并合理组织气流，使之分布均匀。畜舍冬季通风换气效果主要受舍内温度的制约。由于空气含有水分，这就使得通过通风换气排除水汽成为可能。但是，空气的含水量随空气温度下降而降低。就是说，升高舍温有利于通过加大通风量以排除舍内水汽；反之，如果舍外空气温度显著低于舍内温度，换气时会引起舍温明显下降。因此，寒冷气候下如无补充热源，一般无法组织有效的通风换气。

二、通风换气量的计算

要保证有效通风，设计出合理的通风系统，必须首先确定适宜的通风换气量。通风换气量一般按下列方法确定。

1. 根据舍内二氧化碳含量计算通风换气量

二氧化碳作为家畜营养物质代谢的产物，代表着空气的污浊程度。用二氧化碳计算通风量的原理在于：根据舍内家畜产生的二氧化碳总量，求出每小时需由舍外导入多少新鲜空气，可将舍内聚积的二氧化碳冲淡至家畜环境卫生学的规定范围。其公式为：

$$L = \frac{1.2 \times m \times K}{C_1 - C_2}$$

式中，L 为畜舍每小时所需通风换气量，m^3/h；K 为每头家畜每小时的二氧化碳产量，$L/(h \cdot 头)$；m 为舍内家畜数量，头；1.2 为附加系数，考虑舍内微生物活动产生的及其他来源的二氧化碳；C_1 为舍内空气中二氧化碳允许含量，$1.5L/m^3$；C_2 为舍外大气中二氧化碳含量，$0.3L/m^3$。

通常，根据二氧化碳算得的通风换气量，往往不足以排除舍内产生的水汽，故只适用于温暖、干燥地区。在潮湿地区，尤其是寒冷地区应根据水汽和热量来计算通风换气量。

2. 根据舍内水汽含量计算通风换气量

家畜在舍内不断产生大量水汽，并且潮湿物体也有水分蒸发。所以，这些水汽如不排除就会聚积下来，导致舍内潮湿，故需借通风换气系统不断将水汽排除。用水汽计算通风换气量的依据，就是通过由舍外导入比较干燥的新鲜空气，以置换舍内的潮湿空气，根据舍内外空气中所含水分之差而求得排除舍内所产水汽所需的通风换气量。其公式为：

$$L = \frac{Q}{q_1 - q_2}$$

式中，L 为排除舍内产生水汽每小时需由舍外导入的新鲜空气量，m^3/h；Q 为家畜在舍内产生的水汽量及潮湿物体蒸发的水汽量，g/h；q_1 为舍内空气温度保持适宜范围时所含的水汽量，g/m^3；q_2 为舍外大气中所含的水汽量，g/m^3。

由潮湿物体表面蒸发的水汽，通常按家畜产生水汽总量的10%（猪舍按25%）计算。

用水汽算得的通风换气量，一般大于用二氧化碳算得的量，故在潮湿、寒冷地区用水汽计算通风换气量较为合理。

3. 根据热量计算通风换气量

家畜在呼出二氧化碳、排出水汽的同时，还在不断地向外散发热能。因此，在夏季为了防止舍温过高，必须通过通风将过多的热量驱散；而在冬季则需有效地利用这些热能维持舍内适宜温度，以保证不断地将舍内产生的水汽、有害气体、灰尘等排出，这就是根据热量计算通风量的理论依据。其公式是：

$$Q=\Delta t(L\times0.24+\sum KF)+W$$

式中，Q 为家畜产生的可感热，J/h；Δt 为舍内外空气温差，℃；L 为通风换气量，m^3/h；0.24 为空气的热容量，$J/(m^3\cdot℃)$；$\sum KF$ 为通过外围护结构散失的总热量，$J/(h\cdot℃)$，其中 K 为外围护结构的总传热系数 $[J/(m^2\cdot h\cdot℃)]$，F 为外围护结构的面积，m^2，$\sum$ 为各外围护结构失热量相加符号；W 为由地面及其他潮湿物体表面蒸发水分所消耗的热能，按家畜总产热的 10%（猪按 25%）计算。

将公式加以变化可求出通风换气量，即：

$$L=\frac{Q-\sum KF\times\Delta t-W}{0.24\times\Delta t}$$

由此看出，根据热量计算通风换气量，实际是根据舍内的余热计算通风换气量，这个通风换气量只能用于排除多余的热能，不能保证在冬季排除多余的水汽和污浊空气。

4. 根据通风换气参数计算通风换气量

近年来，一些国家为各种家畜制订了通风换气量技术参数，这就对畜舍通风换气系统的设计，尤其是对大型畜舍机械通风系统的设计提供了方便。表 2-10～表 2-12 给出了一些通风换气量的技术指标，供参考。

表 2-10　不同气候条件下各种鸡舍的最大通风换气量　单位：$m^3/(h\cdot kg)$

鸡舍种类	体重/kg	温和(27℃)	炎热(高于 27℃)	寒冷(15℃)
雏鸡	—	5.6	7.5	3.75
后备母鸡	1.15～1.18	5.6	7.5	3.75
蛋鸡	1.35～2.25	7.5	9.35	5.6
肉用仔鸡	1.35～1.8	3.75	5.6	3.75
肉用种鸡	3.15～4.5	7.5	9.35	5.6

表 2-11　各类猪舍的必需通风换气量参数　单位：$m^3/(h\cdot 头)$

猪舍种类	体重/kg	冬季(最低)	冬季(正常)	夏季
母猪(带仔)	1～9	36	132	354
商品肉猪	9～18	2.4	18	60
	18～45	4.2	18	78
	45～68	4.2	24	120
	68～91	5.4	30	138
母猪	100～113	3.6	36	204
	115～136	4.8	42	306
种公猪	136 以上	6.6	48	420

表 2-12　牛、羊、马舍通风换气量参数　单位：$m^3/(h\cdot 头)$

畜舍种类	冬季	夏季
肉用母牛	168	342
阉牛(漏缝地板)	126～138	852
乳用母牛	168	342
绵羊	36～42	66～84
育肥羔羊	18	39
马	102	270

在生产中，以夏季通风换气量为畜舍最大通风换气量，冬季通风换气量为畜舍最小通风换气量，故畜舍采用自然通风系统时，在北方寒冷地区应以最小通风换气量，即冬季通风换气量为依据确定通风口面积；采用机械通风时，必须根据最大通风换气量即夏季通风换气量确定总的风机风量。因为在最冷时期，通风系统应尽可能多地排除产生的水汽，而尽可能少地带走热量，所以应按最小通风换气量计算；在最热时期，应尽可能排除热量，并能在家畜周围造成一个舒适的气流环境，故应按最大通风换气量计算。

此外，还可根据换气次数来确定通风换气量。换气次数是指 1h 换入新鲜空气的体积为畜体容积的倍数。一般规定，畜舍冬季换气应保持 3～4 次，不超过 5 次。这种方法只能做粗略估计，不准确。

三、畜舍通风设计应注意的问题

合理的通风设计可以保证畜舍的通风换气量和风速，并合理组织气流，使之在舍内分布均匀。通风系统的设计必须遵循空气动力学的原理，从送风口尺寸、构造、送风速度与建筑形式、舍内圈栏笼架等设备的布置、排风口的排布等综合考虑。

1. 确定畜舍所需通风换气量

即按畜舍所饲养家畜的种类、数量，计算夏季、冬季所需通风换气量，再按畜舍间数求得每间畜舍夏季或冬季所需通风换气量（L）。

2. 检验采光窗夏季通风换气量能否满足要求

采光窗用作通风窗，其热压中性面位于窗高 1/2 处，窗口上部排风、下部进风，进、排风口面积各占窗口面积的 1/2。如果南、北窗面积和位置不同，应分别计算各自的通风换气量，求其和即得该间畜舍的总通风换气量。如果能满足夏季通风要求，即可着手进行冬季通风设计；如果不能满足夏季通风要求，则需增设地窗、天窗、通风屋脊、屋顶风管等，加大夏季通风换气量。

3. 地窗、天窗、通风屋脊及屋顶风管的设计

在靠近地面设置地窗作为进风口，可使畜舍热压中性面下移，从而增大排风口（采光窗）的面积，同时也增大了进、排风口中心的垂直距离（H），有利于增加热压通风换气量（L）。此外，舍外有风时，还可形成靠近地面的"穿堂风"和"扫地风"，对夏季防暑降温更为有利。

地窗一般设置在南北墙采光窗下，按采光窗面积的 70％设计。设地窗后再计算其通风量，检验能否满足夏季通风要求。为简化计算手续，排风口面积按采光窗面积计，H 值取采光窗中心至地窗中心的垂直距离，南北窗面积和位置不同时，分别计算通风换气量后求和。

如果设置地窗后仍不能满足夏季通风要求，则应在屋顶设置天窗、通风屋脊。天窗可间断设置，通风屋脊一般为沿屋脊通长设置，宽度 0.3～0.5m。一般设地窗后，即使不能满足夏季通风量，差值也一般不会太大，故设天窗和通风屋脊后也不必再进行检验。

在夏热冬冷地区，考虑冬季防寒和便于控制通风换气量，可设屋顶风管来加大夏季通风。而冬季用风管排风，则应将进风口设在墙的上部，以免冷风直接吹向畜体。

4. 机械辅助通风

采取以上自然通风设计后，如果夏季通风仍不足时，可以设置吊扇或在屋顶风管中安装风机；亦可在舍内沿长轴每隔一定距离设1台大直径风机，进行"接力式"通风，风机间距根据其排风有效距离而定。

5. 冬季通风

考虑到冬季避风防寒，畜舍常关闭采光窗和地窗，此时，对不设天窗或屋顶风管的小跨度畜舍，由于冬季通风换气量相对较小，门窗缝隙冷风渗透较多，可在南窗上部设置类似风斗的外开下悬窗作排风口，每窗设1个或隔窗设1个，酌情控制关闭和开启角度，以调节通风换气量，其面积不必再行计算。对设置天窗或屋顶风管的大跨度畜舍（跨度7～8m以上），风管要高出屋面1m以上，下端伸入舍内不少于0.6m；有天棚时下端由天棚开始，两个风管间距不小于8m、不大于12m，原则上以能设在舍内粪尿沟上方为好。管内调节阀设在屋脊下低于天棚处，可防止水汽在管壁凝结；为防倒风或雨雪，风管上口应设风帽；在严寒地区，为防止风管内凝水或结冰，风管外宜加保温层，管下口应设接水盘。

进气口面积按风管面积的70%设计。如只在背风侧墙上部设进气口，屋顶风管宜靠对面侧墙近些，以保证通风均匀。两纵墙都设进气口时，迎风墙上的进气口应有挡风装置，以免受风压影响，并须在进气口里侧装设导向控制板，以控制进气量和进气方向；进气口外侧应设防护网，以防鸟兽钻入。进气口形状以扁形为宜；当进气口的总面积一定时，其数量宜多一些，便于均匀布置。

四、机械通风系统的控制

畜禽场的机械通风大多采用人工控制和自动控制。人工控制虽然节省了控制装置的投资，但不易使舍内温度始终处于适宜范围，效果不理想。较为理想的是采用自动控制设备控制机械通风系统。该系统通常使用恒温器控制风机的开启以调节通风量的大小，工作原理是，由若干（5）个恒温器控制若干（8）台风机通风。当舍温达到预先设定的温度（如17℃）时，恒温器1启动第1台（组）风机，使舍内通风量增加，舍内水汽和其他有害气体被迅速排出，舍温下降。当舍温下降至预先设定的温度如17℃以下时，恒温器1使第1台（组）风机停止；如果舍内温度持续升高，恒温器2、3、4、5启动第2、3、（4、5）、6、（7、8）台（组）风机，全部风机启动，通风量达到最大；如果舍内温度逐渐降低，恒温器5、4、3、2、1依次关闭，第（7、8）、6、（4、5）、3、2、1台（组）风机依次关闭，如此循环。

第五节 畜舍保温隔热

畜牧业生产中，保持合理的舍温是有效利用饲料、最大限度获得畜产品的重要措施之一。畜舍温湿环境条件在很大程度上取决于畜舍的建筑形式，开放舍和半开放舍的舍内温度，一般随外界温湿环境而变化，其变化的规律及变化范围基本与舍外一致。由于这种类型的畜舍一般情况下很少使用环境调控设备，因此舍内温湿条件的可控性相对较差。在密闭舍，由于外围护结构的保温隔热性能相对较好，通常舍内温湿环境受外部的影响相对小些，而且利用各种调控设备比较容易进行环境调控，因而舍内温湿环境的可控性较好。目前生产中温度调控主要包括防暑降温、防寒保温与采暖以及湿度调控等。

一、畜舍防暑降温

（一）畜舍外围护结构的隔热设计

在炎热地区造成舍内过热的原因是：过高的大气温度、强烈的太阳辐射及家畜在舍内产生的热。加强畜舍外围护结构的隔热设计可以防止或削弱高温与太阳辐射对舍温的影响。

1. 屋顶隔热

强烈的太阳辐射和过高的大气温度，可使屋面温度高达 $60\sim70℃$ 甚至更高。屋顶隔热好坏对舍温控制影响很大。屋顶隔热设计可采取下列措施。

（1）选用热导率小的材料

（2）确定合理结构　在实践中，往往一种材料不可能保证最有效的隔热，所以，人们常常利用几种材料修建多层结构屋顶。其原则是：在屋面的最下层铺设热导率小的材料，其上为蓄热系数较大的材料，再上为热导率大的材料。采用这种结构，当屋面受太阳照射变热后，热传到蓄热系数大的材料层而蓄积起来，再向下传导受到阻抑，从而延缓了热量向舍内传播。当夜晚来临时，被蓄积的热又通过上层热导率大的材料迅速散失。这样，白天可避免舍温升高而导致过热。但是，这种结构只适用于夏热冬暖地区。在夏热冬冷的北方，则应将上层热导率大的材料换成热导率小的材料。

（3）充分利用空气的隔热特性　空气的热导率小，它不仅可作保温材料，亦可作隔热材料。空气用于屋面隔热时，通常采用通风屋顶来实现。所谓通风屋顶（图 2-16），是将屋顶做成两层，间层中的空气可以流动，上层接受太阳辐射热后，间层空气升温变轻，由间层上部开口流出，外界较冷空气由间层下部开口流入，如此不断把上层接受的太阳辐射热带走，大大减少经下层向舍内的传热，此为靠热压形式的间层通风。在外界有风的情况下，空气由迎风面间层开口流入，由上部和背风侧开口流出，不断将上层传递的热量带走，此为靠风压的间层通风。一般间层适宜的高度：坡屋顶可取 $120\sim200mm$，平屋顶可取 $200mm$ 左右。夏热冬冷地区不宜采用通风屋顶，因其冬季会促使屋顶散热不利于保温。但可以采用双坡屋顶设置天棚，在两山墙上设风口，夏季也能起到通风屋顶的部分作用，冬季可将山墙风口堵严，以利于天棚保温。

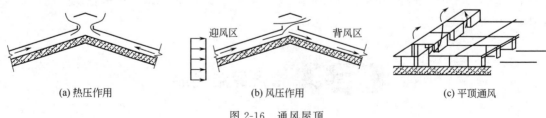

(a) 热压作用　　　　　(b) 风压作用　　　　　(c) 平顶通风

图 2-16　通风屋顶

（4）采用浅色（如用石灰将屋顶刷白）、光滑外表面　增强屋面反射，以减少太阳辐射热。

2. 墙壁隔热

在炎热地区畜舍多采用开放舍或半开放舍，墙壁的隔热没有实际意义。但在夏热冬冷地区，必须兼顾冬季保温，故墙壁必须具备适宜的隔热要求，既要有利于冬季保温，又要有利于夏季防暑。如现行的组装式畜舍，冬季组装成保温封闭舍，夏季可拆卸成半开放舍，冬夏两用，十分符合卫生学要求。炎热地区封闭舍的墙壁隔热，应按其屋顶的隔热设计来进行处理，特别是受太阳强烈照射的西墙或南墙。

（二）舍内通风设计

通风是畜舍夏季降温的重要手段之一，若舍外温度低于舍内温度，通风能驱散舍内热能，从而不至于导致舍温过高。在自然通风畜舍建筑中应设置地窗、天窗、通风屋脊、屋顶风管等，这些都是加强畜舍通风的有效措施。舍外有风时，设置的地窗加大了通风面积，并形成"扫地风""穿堂风"。无风天气，舍内通风量取决于进排风口的面积、进排风口之间的垂直距离和舍内外温差。因此，设天窗、通风屋脊或屋顶风管作为排气口，窗和地窗作为进气口，可以加大进、排风口之间的垂直距离，从而增加了通风量。在冬冷夏热地区，宜采用屋顶风管，管内设翻板调节阀，以便冬季控制风量或关闭风管。地窗应做保温窗，冬季关严以利防寒。应当指出，夏季炎热地区，舍内外温差很小，中午前后，舍外气温甚至高于舍内，因此，加强通风的目的主要不在于降低舍温，而在于促进畜体蒸发散热和对流散热。

（三）遮阳与绿化

遮阳是指阻挡阳光直接射进舍内的措施。绿化是指种草种树，覆盖裸露地面以缓和或遮挡太阳辐射。

1. 遮阳

通过遮阳可使在不同方向上通过外围结构传入舍内的热量减少17%～35%。畜舍遮阳有以下几种办法。

① 挡板遮阳，即阻挡正射到窗口的阳光，适于西向、东向和接近这个朝向的窗口。

② 水平遮阳，即阻挡由窗口上方射来的阳光，适于南向及接近南向的窗口。

③ 综合式遮阳，即用水平挡板阻挡由窗口上方射来的阳光和用垂直挡板阻挡由窗口两侧射来的阳光，适于南向、东南向、西南向及接近此朝向的窗口。

此外，加宽畜舍挑檐、挂竹帘、搭凉棚、悬挂遮阳网以及种草种树和搭架种植攀缘植物等绿化措施都是简便易行、经济实用的遮阳方法。

2. 绿化

绿化可以明显改善畜牧场的温热、湿度、气流等状况。在夏季，一部分太阳辐射热被树木稠密的树冠所吸收，而树木所吸收的辐射热量，又绝大部分用于蒸腾和光合作用，所以温度的提高并不很大。此外，通过植物根部所保持的水分，可以从地面吸取大量热能而降温。因此，绿化使其周围空气"冷却"，使地面温度降低，一般的绿地夏季气温比非绿地低3～5℃，草地的地温比空旷裸露地表温度低得多。植树和绿化使辐射到外墙、屋面和门、窗的热量减少，并通过树木遮阳阻挡阳光透入舍内，降低了舍内温度。在冬季，绿地的平均温度及最高温度均比没有树木低，但最低温度较高，因而缓和了冬季严寒时的温度日较差，使气温变化不致太大。

绿化可增加空气的湿度，绿化区风速较小，空气交换较弱，土壤和树木蒸发的水分不易扩散，空气中绝对湿度普遍高于未绿化地区，由于绝对湿度大，平均气温较低，因而相对湿度高于未绿化地区10%～20%甚至可达30%。绿化树木对风速有明显的减弱作用，因气流在穿过树木时经阻截、摩擦和过筛等作用，被分成许多小涡流，这些小涡流方向不一、彼此摩擦可消耗气流的能量，即使冬季也能降低风速20%，其他季节可达50%～80%。

此外，适当降低家畜饲养密度也可缓和夏季舍内过热，对防暑降温有一定的作用。虽然通过隔热、通风、遮阳及绿化等，在一定程度上能加快舍内热量散发，使畜体散热过程变得容易些，但当气温过高时，往往达不到很好的降温目的。当大气气温接近家畜体温时，为缓和高温对家畜健康和生产力的不良影响，还必须采取其他降温措施。

图 2-17　猪舍喷雾降温

（四）畜舍降温技术

1. 喷雾降温

如图 2-17 所示，喷雾降温是指用高压喷嘴将低温的水喷成雾状，利用水的蒸发吸热，以降低空气温度。采取喷雾降温时，水温越低，降温效果越好；空气越干燥，降温效果也越好。但喷雾能使空气湿度提高，故在湿热天气和地区不宜使用。

喷雾降温的一种形式是用高压水泵通过喷头将水喷成直径小于 $100\mu m$ 的雾粒。雾粒在畜舍内飘浮时吸收空气的热量而汽化，使舍温降低。当舍温上升到所设定的最高温度时，开始喷雾，1.5～2.5min 后间歇10～20min再继续喷雾。当舍温下降至设定的最低温度时则停止喷雾。常用的喷雾降温系统主要由水箱、水泵、过滤器、喷头、管路及自动控制装置等组成。喷头采用旋芯式喷头，其主要参数是：喷雾量 60～100g/min；喷雾锥角大于 70°；雾粒直径小于 $100\mu m$；喷雾压力为 265kPa。

喷雾降温系统有以下优点：①投资低。在美国其价格仅为湿帘风机降温系统的一半左右。②适应范围广。不仅适用于密闭式畜舍，也适用于开放式畜舍；既适合于机械负压通风，也适合于自然通风。③在水箱中添加消毒药物后，还可对畜舍进行消毒。

另外，在负压机械通风畜舍的进气口处设置喷雾装置，可进行集中式喷雾降温。该降温系统喷出的雾滴方向与进气气流呈相反方向（逆流式）。这样，未蒸发的雾滴在下落的过程中受到气流的挟带而向上运动，从而可延长雾滴与空气的接触时间，增加热质交换。与普通的喷雾降温系统相比，集中式喷雾降温系统对泵及喷雾装置的要求较低，而且由于雾化彻底，其蒸发降温效率较高。

2. 湿帘风机降温系统

湿帘风机降温系统一般由湿帘、风机循环水路和控制装置组成。湿帘可以用麻布、刨花或专用蜂窝状纸等吸水、透风材料制作。

（1）工作原理　水泵将水箱中的水经过上水管送至喷水管中，喷水管的喷水孔把水喷向反水板（喷水孔要面向上），从反水板上流下的水再经过特制的疏水湿帘确保水均匀地淋湿整个降温湿帘墙，从而保证与空气接触的湿帘表面完全湿透。剩余的水经集水槽和回水管又流回到水箱中。安装在畜舍另一端的轴流风机向外排风，使舍内形成负压区，舍外空气穿过湿帘被吸入舍内。空气通过湿润的湿帘表面导致水分蒸发而使温度降低，湿度增大（图 2-18）。湿帘风机降温系统在鸡舍中的试验表明，可使舍温降低 5～7℃，在舍外气温高达 35℃时，舍内平均温度不超过 30℃。

湿帘风机降温系统的控制一般由恒温器控制装置来完成。当舍温高于设定温度范围的上限时，控制装置启动水泵向湿帘供水，随后启动风机排风，湿帘风机降温系统处于工作状态。当舍温降低至低于设定温度范围的下限时，控制装置首先关闭水泵，再经过一段时间的延时（通常为30min）后，将风机关闭，整个系统停止工作。延时关闭风机的目的是使湿帘完全晾干，以利于控制藻类等的滋生。

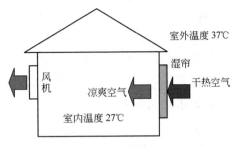

图 2-18　湿帘降温示意图

根据畜舍负压机械通风的方式不同，湿帘、风机的位置有不同的布置方式（图2-19）。湿帘应安装在迎着夏季主导风向的墙面上，以增加气流速度，提高蒸发降温效果。在布置湿帘时，应尽量减少通风死角，确保舍内通风均匀、温度一致。

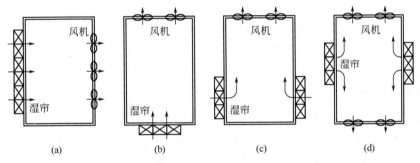

图 2-19　风机、湿帘安装布置示意图

（2）湿帘风机降温系统设计　增大湿帘厚度，使气流经过湿帘时与其接触时间加长，有利于提高蒸发降温效率。但过厚的湿帘使气流所受阻力增大，进而使空气流量相对减少，同时空气经过这一厚度时，蒸汽压力差减少，使其蒸发量增加缓慢甚至不能增加。因此合适的湿帘厚度是本系统设计的关键。干燥地区因空气相对湿度低，增加湿帘与气流的接触时间会使蒸发量增加，有利于提高蒸发降温效率，因此可选择较厚的湿帘。潮湿地区的空气相对湿度高，延长接触时间也不会使蒸发量增加多少，但会使气流阻力增加许多，故厚度应适当减小。进行系统设计时，可参照供货商所提供的规格进行，一般情况下，湿帘厚度以 100～300mm 为宜。在湿帘风机降温系统中，风机的计算可参照"畜舍通风控制"部分进行，湿帘设计则需要确定其面积和厚度。

湿帘的总面积根据下式计算：

$$F_{湿帘} = \frac{L}{3600v}$$

式中，$F_{湿帘}$ 为湿帘的总面积，m^2；L 为畜舍夏季所需的最大通风换气量，m^3/h；v 为空气通过湿帘时的流速（即湿帘的正面速度或称为迎风速度），m/s，一般取湿帘的正面速度为 1.0～1.5m/s，潮湿地区取较小值、干燥地区取较大值。

可根据湿帘的实际高度和宽度，拼成所需的面积。每侧湿帘可拼成一块，或根据墙的结构制成数块，然后用上、回水管路连成一个统一的系统。与系统配套的水箱容积按每平方米湿帘 30L 计算。一般情况下，水箱容积在 1.5m³ 左右即可满足畜舍降温需求。

（3）安装、使用注意事项　①湿帘底部要有支撑，其面积不少于底部面积的 50%，底部不得浸渍于集水槽中；②若安装的位置能被畜禽触及，则必须用粗铁丝网加以隔离；③应使用 pH 为 6～9 的水；④应当使用井水或自来水，不可使用未经处理的地面水，以防止藻类滋生；⑤至少每周彻底清洗一次整个供水系统；⑥在不使用时要将湿帘晾干（停水后30min 再停风机即可晾干湿帘）；⑦当舍外空气相对湿度大于 85％时，停止使用湿帘降温；⑧不可用高压水或蒸汽冲洗湿帘，应该用软毛刷上下轻刷，不要横刷。

3. 喷淋降温系统

在猪舍、牛舍粪沟或畜床上方，设喷头或钻孔水管，定时或不定时为家畜淋浴。系统中，喷头的喷淋直径约为 3m。水温低时，喷水可直接从畜体及舍内空气中吸收热量，同时，水分蒸发可加强畜体蒸发散热，并吸收空气中的热量，从而达到降温的目的。与喷雾降温系统不同，喷淋降温系统不需要较高的压力，可直接将降温喷头安装在自来水系统中，因此成本较低。该系统在密闭式或开放式畜舍中均可使用。系统管中的水在水压的作用下通过降温喷头的一个很细的喷孔喷向反水板，然后被溅成小水滴向四周喷洒。淋在猪、牛表皮上的水一般经过 1h 左右才能全部蒸发，因此系统运行应间歇进行，建议每隔 45～60min 喷淋2min，采用时间继电器控制。使用喷淋降温系统时，应注意避免在畜体的躺卧区和采食区喷淋，以保持这些区域的干燥；系统运行时不应造成地面积水或汇流。实际生产中，使用喷淋降温系统一般都与机械通风相结合，从而可获得更好的降温效果。

4. 滴水降温系统

滴水降温系统的组成与喷淋降温系统相似，只是将降温喷头换成滴水器。通常，滴水器安装在家畜肩颈部上方 300mm 处。滴水降温是一种直接降温的方法，即将滴水器水滴直接滴到家畜的肩颈部，达到降温的目的。目前，该系统主要应用于分娩猪舍中。由于刚出生的仔猪不能淋水和仔猪保温箱需要防潮，采用喷淋降温不太适宜，且母猪多采用定位饲养，其活动受到限制，因此可利用滴水为其降温。由于猪颈部对温度较为敏感，在肩颈部实施滴水，猪会感到特别凉爽。此外，水滴在猪背部体表时，有利于机体蒸发散热，且不影响仔猪的生长及仔猪保温箱的使用。滴水降温可使母猪在哺乳期间的体重下降少，仔猪断奶体重明显增加。此外，此系统也适合在定位饲养的妊娠母猪舍中使用。

滴水降温也应采用间歇进行方式。滴水时间可根据滴水器的流量调节，以既使猪颈部和肩部都湿润又不使水滴到地上为宜。比较适宜的时间间歇为 45～60min。

二、畜舍防寒与采暖

我国东北、西北、华北等寒冷地区，由于冬季气温低，持续时间长，在设计、修建畜舍时必须关注畜舍的防寒保温与采暖。

1. 畜舍外围护保温隔热设计

良好的隔热设计是寒冷季节畜舍获得较为适宜环境温度的最有效和最节能的措施之一。因此，畜舍建设中都非常重视畜舍保温隔热设计。

（1）**屋顶、天棚的保温隔热** 畜舍外围护结构中，屋顶、天棚失热最多。这是因为其散热面积一般大于墙壁，且由于热压作用，热量容易通过屋顶散失。为此，加强屋顶的保温隔热设计，对保持舍温具有重要意义。

设置天棚可在屋顶与畜舍空间之间形成一个相对静止的空气缓冲层，由于空气良好的绝热特性，可大大提高屋顶的保温能力。天棚可采用炉灰、锯末、玻璃棉、膨胀珍珠岩、矿棉、泡沫等材料铺设成一定厚度，以提高屋顶热阻值。屋顶、天棚必须严密、不透气，否则会破坏缓冲层空气的稳定性，而且水汽容易侵入，使保温层变潮或在屋顶处形成挂霜、结冰，从而使屋顶导热性加大，保温性能降低，对建筑物也有一定的破坏作用。

目前，一些轻型高效的合成隔热材料如玻璃棉、聚苯乙烯泡沫塑料、聚氨酯板等，已在畜舍天棚中得以应用，使得屋顶保温能力进一步提高，为解决寒冷地区冬季保温问题提供了可能。

（2）墙壁的保温隔热 墙壁的失热仅次于屋顶。为提高畜舍墙壁的保温能力，可通过选择热导率小的材料、确定合理的隔热结构、提高施工质量等加以实现。如采用空心砖（39mm×19mm×19mm）替代普通红砖，可使墙的热阻值提高 41%，用加气混凝土块，则可提高 6 倍以上；利用空心墙体或在空心内充填隔热材料，墙的热阻值会进一步提高；透气、变潮都可导致墙体对流和传导失热增加，降低保温隔热效果。目前，国外广泛采用的典型隔热墙总厚度不到 12cm，但总热阻可达 3.81。其外侧为波型铝板，内侧为防水胶合板（10mm）；在防水胶合板的里面贴一层 0.1mm 的聚乙烯防水层，铝板与胶合板间充以100mm 玻璃棉。该墙体具有热导率小、不透气、保温隔热好等特点，经过防水处理，克服了吸水和透气的缺陷。使用此墙体，外界气温对舍内温度影响较小，有利于保持舍温的相对稳定，其隔热层不易受潮，温度变化平缓，一般不会形成水汽凝结。国内近年来也研制了一些新型经济的保温材料，如全塑复合板、夹层保温复合板等，除了具有较好的保温隔热特性外，还有一定的防腐、防燃、防潮、防虫功能，比较适合于用作周围非承重结构墙体材料。此外，由聚苯板及无纺布作基本材料经防水强化处理的复合聚苯板，其热导率为 0.033～0.037，可用于组装式拱形屋面和侧墙材料。

实际生产中，还可通过铺设保温地面、提高地面保温性能，适当降低畜舍净高、减少外墙面积和舍内空间，在外门加门斗、设双层窗或临时加塑料薄膜、窗帘等，在受冷风侵袭的北墙、西墙少设窗、门等方法，加强畜舍的冬季保温。

2. 畜舍建筑形式、朝向

选择畜舍形式应考虑冬季寒冷程度、饲养畜禽的种类、饲养阶段和饲养工艺。如严寒地区宜选择有窗或无窗密闭式；冬冷夏热地区可选用半开放式，天气较冷时可搭设塑料棚或设塑料薄膜窗保温。畜舍隔热设计相同的前提下，大跨度畜舍因外围护结构面积相对小，有利于冬季保温；南向小跨度畜舍较之大跨度畜舍能更充分利用太阳辐射热，因而白天的舍温相对高些。一些寒冷地区修建的多层畜舍，因屋顶隔热和地面保温效果较好，不但有利于畜舍小气候控制，且节约建筑材料和土地，不失为解决保温与节能的好办法。

畜舍朝向不仅影响采光，且与冷风侵袭有关。寒冷地区由于冬春季多偏西或偏北风，故实践中畜舍以南向为好。

3. 防寒管理

适当增加饲养密度、地面铺设垫料，有利于提高舍温。水的热导率为空气的 25 倍，潮湿空气、地面、墙壁、天棚等的热导率一般比干燥状态下增大若干倍，从而降低畜舍外围护结构的保温隔热性能，且为避免舍内空气湿度过高，还需加大换气量，使舍温进一步下降。因此在寒冷地区应加强防潮设计，及时清除粪尿，减少清洁用水，控制舍内水分蒸发。加强畜舍入冬前的维修保养，包括封门、封窗，设置挡风障、粉刷、抹墙等，有利于畜舍防寒保温。

4. 畜舍采暖

在各种防寒措施仍不能满足舍温需要时，可通过集中采暖和局部采暖等方式加以解决，使用时应根据畜禽需求、饲料计划及设备投资、能源消耗等综合考虑。集中采暖是通过一个热源（如锅炉房）将热媒由管道送至各房舍的散热器（暖气片等），对整个畜舍进行全面供暖，使舍温达到适宜的程度。

集中采暖方式主要有以下几种：①利用热水输送到舍内的散热器。②利用热空气（热风）通过管道直接送到舍内。③在地面下铺设热水管道，利用热水将地面加热。④电力充足地区，在地面下埋设电热线加热地面。

集中采暖设备投资大、能耗高，而且有时不能同时满足要求。如猪场分娩舍中，初生仔猪要求环境温度为 32～34℃，以后随日龄而降低，1 月龄时为 20～25℃，母猪则要求环境温度在 20～25℃。若在保证母猪所需温度后，对仔猪进行局部采暖，这样既节约设备投资和降低能耗，又便于局部温度控制。下面介绍几种常用的采暖方式。

(1) 热水散热器采暖 主要由热水锅炉、管道和散热器三部分组成。我国采暖工程中常用的散热器一般为铸铁或钢，按其形状可分为管型、翼型、柱型和平板型四种。其中铸铁柱型散热器传热系数较大，不易集灰，比较适合畜舍使用。散热器布置时应尽可能使舍内温度分布均匀，同时考虑缩短管路长度。散热器可分成多组，每组片数一般不超过 10 片。柱型散热器因只有靠边两片的外侧能把热量有效地辐射出去，应尽量减少每组片数，以增加散热器有效散热面积。散热器一般布置在窗下或喂饲通道上。

(2) 热水管地面采暖 热水管地面采暖在国外养猪场中已得到普遍应用，即将热水管埋设在畜舍地面的混凝土层内或其下面的土层中，热水管下面铺设防潮隔热层以阻止热量向下传递。热水通过管道将地面加热，为家畜生活区域提供适宜的温度环境。采暖热水可由统一的热水锅炉供应，也可在每个需要采暖的舍内安装一台电热水加热器。水温由恒温控制器控制，温度调节范围为 45～80℃。与其他采暖系统相比，热水管地面采暖有如下优点：①节省能源。它只是将猪活动的地面及其附近区域加热到适宜的温度，而不是加热整个猪舍空间。②保持地面干燥，减少痢疾等疾病发生。③供热均匀。④利用地面高贮热能力，使温度保持较长的时间。但应注意，热水管地面采暖的一次性投资比其他采暖设备投资大 2～4 倍；一旦地面裂缝，极易破坏采暖系统而不易修复；同时地面加热到达设定温度所需的时间较长，对突然的温度变化调节能力差。

(3) 热风采暖 热风采暖利用热源将空气加热到要求的温度，然后将该空气通过管道送入畜舍进行加热。热风采暖设备投资低，可与冬季通风相结合。在为畜舍提供热量的同时，也提供了新鲜空气，降低了能源消耗；热风进入畜舍可以显著降低畜舍空气的相对湿度；便于实现自动控制。热风采暖系统的最大缺陷就是不宜远距离输送，这是因为空气的贮热能力很低，远距离输送会使温度递降很快。热风采暖主要有热风炉式、空气加热器式和暖风机式三种。

热风采暖时，送风管道直径及风速对采暖效果有很大影响。管径过大或管内风速过小，采暖成本增加；相反，管径过小或管内风速过大，会加大气体管内流动阻力，增加电机耗电量。当阻力大于风机所能提供的动压时，会导致热风热量达不到所规定的值。通常要求送风管内的风速为 2～10m/s。

热空气从侧向送风孔向舍内送风，以非等温受限射流形式喷出。这种方式可使畜禽活动区温度和气流比较均匀，且气流速度不致太大。送风孔直径一般取 20～50mm，孔距为

1.0～2.0m。为使舍内温度更加均匀，风管上的风孔应沿热风流动方向由疏而密布置。

采用热风炉采暖时，应注意：①每个畜舍最好独立使用一台热风炉；②排风口应设在畜舍下部；③对三角形屋架结构畜舍，应加吊顶；④对于双列及多列布置的畜舍，最好用两根送风管往中间对吹，以确保舍温更加均匀；⑤采用侧向送风，使热风吹出方向与地面平行，避免热风直接吹向畜体；⑥舍内送风管末端不能封闭。

（4）太阳能集热——贮热石床采暖 此种方式为太阳能采暖方式中的一种，由太阳能接受室和风机组成。冷空气经进气口进入太阳能接受室后，被太阳能加热，由石床将热能贮存起来，夜间用风机将经过加热后的空气送入畜舍，使舍温升高。太阳能接受室一般建在畜舍南墙外侧，用双层塑料薄膜或双层玻璃作采光面，两层之间用方木骨架固定，使之形成静止空气层，以增加保温性能。太阳能接受室内设有由涂黑漆的铝板（或其他吸热材料）制成的集热器，内部由带空隙的石子形成的贮热石床，石床下面及南侧用泡沫塑料和塑料薄膜制成防潮隔热层，白天，通过采光面进入到接受室的太阳能被集热器和石床接受并贮存。为减少集热器和石床的热损失，夜间和阴天可在采光面上铺盖保温被或草苫。由于太阳能采暖受气候条件影响较大，较难实现完全的人工控制环境，因此，为确保畜舍供暖要求，太阳能采暖一般只作为其他采暖设备的辅助装置使用。

（5）局部采暖 局部采暖是利用采暖设备对畜舍进行局部加热，使局部区域达到较高温度。局部采暖主要用于幼畜保温，可通过火炉、火炕、火墙、烟道以及保温伞、红外加热设备、热风机、保温箱或局部安装加温地板等对局部区域实施供暖。在我国，初生仔猪和雏鸡舍多用局部供暖：在仔猪栏铺设红外电热板或仔猪栏上方悬挂红外线保温伞；在雏鸡舍用火炉、电热育雏笼、保温伞等设备供暖。利用红外线照射仔猪，一般一窝一盏（125W）；采用保温伞育雏，一般每800～1000只雏一个。

第六节 畜舍给水与排水

一、给水工程

1. 给水系统组成

给水系统由取水、净水、输配水三部分组成，包括水源、水处理设施与设备、输水管道、配水管道。大部分畜牧场的建设位置均远离城镇，不能利用城镇给水系统，所以都需要独立的水源，一般是自己打井和建设水泵房、水处理车间、水塔、输配水管道等。

2. 用水量估算

畜牧场用水包括生活用水、生产用水及消防和灌溉等其他用水。

（1）生活用水 生活用水指平均每一职工每日所消耗的水，包括饮用、洗衣、洗澡及卫生用水，其水质要求较高，要满足国家的各项标准。用水量因生活水平、卫生设备、季节与气候等而不同，一般可按每人每日40～60L计算。

（2）生产用水 生产用水包括畜禽饮用、饲料调制、畜体清洁、饲槽与用具刷洗、畜舍清扫等所消耗的水。各种畜禽的需水量参见表2-13、表2-14。采用水冲清粪系统时清粪耗水量大，一般按生产用水的120%计算。新建场不提倡水冲清粪方式。

表 2-13　各种畜禽的每日需水量

畜禽类别	需水量/{L/[天·头(只)]}	畜禽类别	需水量/{L/[天·头(只)]}	畜禽类别	需水量/{L/[天·头(只)]}
泌乳牛	80～100	哺乳母猪	30～60	种公马	70
公牛及后备牛	40～60	断奶仔猪	5	1.5 岁以下马驹	45
犊牛	20～30	育成育肥猪	10～15	鸡、火鸡①	1
肉牛	45	成年绵羊	10	鸭、鹅①	1.25
公猪、空怀及妊娠母猪	20～30	羔羊	3	兔	3
		成年母马	45～60		

① 雏禽用水量减半。

表 2-14　放牧家畜需水量　　　　　　　单位：L/(天·头)

家畜种类	在场旁草地放牧	在草原上放牧	
		夏季	冬季
牛	30～60	30～60	25～35
羊	3～8	2.5～6	1～3
马	30～60	25～50	20～35
驼	60～80	50	40

（3）其他用水　其他用水包括消防、灌溉、不可预见用水等。消防用水是一种突发用水，可利用畜牧场内外的江河湖塘等水面，也可停止其他用水，保证消防。绿地灌溉用水可以利用经过处理后的污水，在管道计算时也可不考虑。不可预见用水包括给水系统损失、新建项目用水等，可按总用水量的 10%～15% 考虑。

（4）总水量　总用水量为上述用水量总和，但用水量并非是均衡的，在每个季度、每天的各个时间内都有变化。夏季用水量远比冬季多；上班后清洁畜舍与畜体时用水量骤增，夜间用水量很少。因此，为了充分地保证用水，在计算畜牧场用水量及设计给水设施时，必须按单位时间内最大用水量来计算。

3. 水质标准

水质标准中目前尚无畜用标准，可以按《生活饮用水卫生标准》（GB 5749—2006）执行。

4. 管网布置

因规模较小，畜牧场管网布置可以采用树枝状管网。干管布置方向应与给水的主要方向一致，以最短距离向用水量最大的畜禽舍供水；管线长度尽量短，减少造价；管线布置时充分利用地形，利用重力自流；管网尽量沿道路布置。

二、排水工程

1. 排水系统组成

排水系统应由排水管网、污水处理站、出水口组成。畜牧场的粪污量大且极容易对周边环境造成污染，因此畜牧场的粪污无害化处理与资源化利用是一项关系着全场经济、社会、生态效益的关键工程，粪污处理与利用详见第四章，此处排水工程仅指排水量的估算、排水方式选择与排水管网布置。

2. 排水量估算

排水包括雨（雪）水、生活污水、生产污水（畜禽粪污和清洗废水）等。雨水量估算根据当地降雨强度、汇水面积、径流系数计算，具体参见城乡规划中的排水工程估算法。生活污水主要是来自职工的食堂和浴厕，其流量不大，一般不需计算，管道可采用最小管径150～200mm。畜牧场最大的污水量是畜禽生产过程中的生产污水，生产污水量因饲养畜禽种类、饲养工艺与模式、生产管理水平、地区气候条件等的差异而不同；其估算是以在不同饲养工艺模式下，单位规模的畜禽饲养量在一个生长生产周期内所产生的各种生产污水量为基础定额，乘以饲养规模和生产批数，再考虑地区气候因素加以调整。

3. 排水方式选择

畜牧场排水方式应采用雨污分流。粪污需要专门的设施、设备与工艺来处理与利用，投资大、负担重，因此应尽量减少粪污的产生与排放。在源头上主要采用干清粪等工艺，而在排放过程中应采用分流排放方式，即雨水和生产、生活污水分别采用两个独立系统。生产与生活污水采用暗埋管渠，将污水集中排到场区的粪污处理站；专设雨水排水管渠，不要将雨水排入需要专门处理的粪污系统中。

4. 水管渠布置

场内排水系统多设置在各种道路的两旁及家畜运动场的周边。采用斜坡式排水管沟，以尽量减少污物积存及被人畜损坏。为了整个场区的环境卫生和防疫需要，生产污水一般应采用暗埋管沟排放。暗埋管沟排水系统如果超过200m，中间应增设沉淀井，以免污物淤塞，影响排水。沉淀井不应设在运动场中或交通频繁的干道附近。沉淀井距供水水源至少应有200m以上的间距。暗埋管沟应埋在冻土层以下，以免因受冻而阻塞。雨水中也有些场地中的零星粪污，有条件也宜采用暗埋管沟，如采用方形明沟，其最深处不应超过30cm，沟底应有1％～2％的坡度，上口宽30～60cm。

第七节 畜舍有害物质控制

在集约化、规模化畜牧业生产中，会产生大量的有害气体、噪声及微粒、微生物等有害物质，严重污染畜舍空气环境，影响家畜健康和生产力。采取各种措施消除畜舍中的有害物质是改善畜舍空气环境的重要措施。

一、微粒

1. 微粒的来源

微粒是空气中存在的微小的固体和液体颗粒的统称，一般可以分为尘、烟和雾三类。尘是指粒径大于$1\mu m$的固体颗粒。其中粒径大于$10\mu m$的固体颗粒，因为自身的重力作用可以迅速降落到地面，所以称为降尘；粒径小于$10\mu m$的固体颗粒，由于能长时间飘浮在空气中，故称其为飘尘。烟是指粒径小于$1\mu m$的固体颗粒。雾是指粒径小于$10\mu m$的液体颗粒。

动物舍内的微粒，一方面来自外界环境，另一方面来自饲养管理过程中。对动物进行饲养管理时产生微粒的途径较多，如分发干草和粉料、刷拭畜体、翻动垫草、打扫畜床和舍内地面；舍内机械的运转；动物的活动、咳嗽、鸣叫等。

动物舍内空气中微粒的多少，可以采用密度法和质量法来衡量。密度法是指每立方米空气中的微粒数，用每立方米所含的微粒数目表示（粒数/m³）。质量法是指每立方米空气中所有微粒的质量（mg），用 mg/m³ 表示。根据测定，动物舍内空气中的微粒一般在$10^3 \sim 10^6$ 粒/m³，而在铺垫草或清除垫草时，微粒数量比平时可增加数十倍。

2. 微粒的危害

微粒直接危害皮肤、眼结膜和呼吸道黏膜。

微粒降落在动物体表后，与皮肤、汗液、皮屑、细毛及微生物等混合在一起并对皮肤产生刺激作用，导致发痒、发炎，同时造成皮脂、汗液排出口堵塞，皮脂、汗液排出不畅，导致皮肤干燥、龟裂，散热能力降低。

大量微粒落在眼结膜上，可以导致结膜炎。

微粒可以被动物吸入其呼吸道内。大于 $10\mu m$ 的微粒一般滞留在鼻腔内，对鼻黏膜产生刺激作用，若微粒上有病原微生物，可能导致动物感染。$5 \sim 10\mu m$ 的微粒可以到达气管、支气管内，可能导致动物发生气管炎和支气管炎。小于 $5\mu m$ 的微粒可以直接达到肺泡内，可能导致动物发生肺炎。停留在肺组织的微粒，可以通过肺泡间隙，侵入周围结缔组织的淋巴间隙和淋巴管内，并导致淋巴管阻塞，引起尘肺病。

如果动物舍内空气湿度较大，微粒可以吸收空气中的水汽，也可以吸附氨和硫化氢，此类微粒附着在呼吸道黏膜上，可以引起黏膜损伤，为病原微生物侵入机体创造了条件。

此外，空气中的花粉，能引起动物过敏性反应；动物舍内空气中的微粒会导致牛乳质量的下降。

3. 减少空气中微粒的措施

消除或减少畜舍内和畜牧场中空气微粒的主要措施有：①在畜牧场内与牧场周围种植防护林带，可减少外界微粒的侵入；②在畜牧场内一切空地上种植牧草或饲料作物，可减少场内尘土飞扬；③粉碎精饲料与堆放、粉碎干草的场所，均应远离畜舍；④分发干草时动作要轻且尽量少抖动；⑤有条件的最好改粉料为颗粒饲料；⑥应趁家畜不在舍内时，翻动或更换垫草；⑦禁止干扫地面和拍打舍内各种设备；⑧禁止在舍内刷拭畜体；⑨保证畜舍通风系统性能良好，及时排出舍内的微粒，如采用机械通风，可在进气口安装空气过滤器。

二、微生物

空气中的微生物大体可分三类：一类是舍外空气中的常见微生物。如芽孢杆菌属、无色杆菌属、八叠球菌属、细球菌属、酵母菌属等，它们在扩散过程中逐渐被稀释，致病力渐弱，亦可随风飘向很远的地方；有时被雨水或降雪带到地面。第二类是舍内空气中的病原微生物。病原微生物随空气经呼吸道侵入畜体内的机会最多，除能引起各种呼吸道疾病外，还可经呼吸道而引起全身感染等。病原微生物在空气中的生存，受温度、湿度、日光紫外线的影响。例如流行性感冒和猪传染性胃肠炎多发生在冬季，口蹄疫在湿度较高时也容易流行。

第三类是空气变应原微生物。所谓变应原微生物是一种能激发变态反应的抗原性物质，常见的空气变应原污染物有饲料粉末、花粉、皮垢、毛屑、各种真菌孢子等。此类污染物进入畜体内可引起相应的反应性疾患。舍内空气中，活的微生物数量很多，原因有以下几个方面：其一为空气湿度较大；其二为空气中微粒较多；其三为舍内紫外线极弱；其四为舍内空气流动较慢等。

1. 微生物的来源

凡是能使畜舍内空气中微粒增多的因素，皆能导致微生物数量的增加。

2. 微生物的危害

如果空气中有病原微生物存在，其可附着在微粒（飞沫、尘埃）上，造成疾病传播。

(1) 飞沫传染 患病动物在打喷嚏、咳嗽、鸣叫时，可以从其口腔、鼻腔内喷射出大量的飞沫小滴，相应的病原菌可以存在其中。直径较大的飞沫（大于 $5\mu m$ 的）很快降落到地面上，90%以上的飞沫直径小于 $5\mu m$，可以长时间飘浮在空气中，从而导致相应病原菌的传播。

(2) 飞沫滴核传染 患病动物产生的飞沫小滴干燥后，形成飞沫小核。由于飞沫小核直径（$1\sim2\mu m$）很小，所以可长时间飘浮在空气中，气流可以将其带至很远的地方，导致更广泛的传播。

(3) 尘埃传染 各种尘粒上皆可附着病原微生物，如清扫畜舍地面时产生的灰尘，分发干粉料时飞扬的粉尘，刷拭畜体时产生的皮屑和毛屑以及患病动物粪便干燥后形成的尘粒，都能造成尘埃传播。一般刚飞扬起来的尘粒致病性较强。

3. 减少畜牧场微生物的措施

①选择牧场场址时，应远离传染病源，如医院、兽医院以及各种加工厂，避免引起灰尘传播。牧场一般要求天然屏障，以防污染。在牧场周围应设置防疫沟、防疫墙，防止狗、猫、鼠等动物携带病原菌进入场内。畜牧场大门应设车辆和行人进出的消毒池。②畜牧场投入使用之前，需经过全面彻底消毒，才能转入家畜。家畜进入畜舍之前，须经严格检疫。③采用"全进全出"的畜群周转制度，家畜出场后对畜舍进行彻底消毒，并间隔两周后，再转入新的一批家畜。④场外人员、车辆一律禁止进入畜舍区，饲养人员、技术人员进入时，必须在专设的消毒室内彻底消毒。场内有关车辆入内时，须在专设的消毒池内彻底消毒。特别是应当注意人的鞋底和车轮的消毒。⑤保证畜舍良好的通风换气，使舍内空气经常保持清洁状态。⑥有条件时，在舍内的某些部位定期用紫外线照射杀菌。⑦注意畜舍的防潮，干燥的环境条件不利于微生物的生长和繁殖。⑧采取各种措施减少畜舍空气中灰尘的含量，以使舍内病原微生物失去附着物而难以生存。⑨及时清除粪便和污浊垫料，搞好畜舍的环境卫生。⑩种草种树，全面绿化。

三、有害气体

畜舍内空气中的有害气体主要为氨、硫化氢和二氧化碳。它们是由舍内有机物质（饲料、垫料及粪尿等）分解和动物呼吸产生。其直接危害是可以导致动物生产力和防卫机能降低。有害气体浓度的高低，与饲养管理密切相关，若畜舍内通风换气良好、粪尿清理方法得当等，其浓度就较低；反之，其浓度会较高。

1. 氨

氨（NH_3）为气体，具有刺激性臭味，极易溶于水。常温下，1 体积的水可以溶解 700 体积的氨；0℃时，1L 水可以溶解 907g 氨。

（1）来源 畜舍内空气中的氨，主要是各种含氮有机物（饲料、垫料、粪尿等）分解形成。据测定，氨浓度低者为 $4.56\sim26.6mg/m^3$，而浓度高者可以达到 $114\sim380mg/m^3$。其浓度的高低，取决于动物的密集程度、舍内地面结构、舍内通风换气和管理水平等。舍内地面结构不良或有裂缝，污物清理不及时，通风、排水不合理等都可以导致畜舍内空气中氨的浓度增高。氨产生于地面，越靠近地面，浓度越高，故对动物的危害极大。

（2）危害 氨极易溶于水，常溶解或吸附在动物呼吸道黏膜、眼结膜上，并对其产生刺激作用，导致眼结膜和呼吸道黏膜充血、水肿，分泌物增多，喉头水肿，严重者可以引起支气管炎、肺水肿、肺出血等。氨在肺部被吸收后进入机体，与血红蛋白结合形成碱性高铁血红素，使血液运氧功能降低，导致动物机体缺氧。动物在低浓度氨的长期作用下，对疾病的抵抗力下降，采食量、日增重、生产力都降低。

鸡对氨比较敏感，特别是雏鸡。低浓度的氨长期作用可以导致雏鸡生长变慢，肉鸡的肉品质量降低，发病率和死亡率升高。氨可以引起蛋鸡的产蛋率、平均蛋重、蛋壳强度和饲料利用率降低。雏鸡在没有氨的环境中接触新城疫病毒仅有 40% 被感染，而在氨浓度为 $15.2mg/m^3$ 的舍内饲养 3 天的雏鸡被感染率为 100%。

（3）标准 我国畜禽场环境质量标准（NY/T 388—1999）规定，畜禽舍内氨气的最高浓度分别为雏禽舍 $10mg/m^3$，成禽舍 $15mg/m^3$；猪舍 $25mg/m^3$；牛舍 $20mg/m^3$。

知识拓展 ▶▶

鸡舍内氨的体感检测法：人进入鸡舍内若能闻到氨气味而眼、鼻无刺激感，浓度为 $7.6\sim11.4mg/m^3$；当鼻子有刺激感、眼流泪时，浓度为 $19.0\sim26.6mg/m^3$；若呼吸困难、睁不开眼且泪流不止时，浓度为 $34.2\sim49.4mg/m^3$。

2. 硫化氢

硫化氢（H_2S）是一种无色、有腐蛋臭味的刺激性气体，易挥发且易溶于水。在 0℃时，1 体积的水可以溶解 4.65 体积的硫化氢。

（1）来源 畜舍内空气中的硫化氢，主要是含硫有机物分解产生。当动物采食富含蛋白质的饲料而消化不良时，可以从肠道排出大量的硫化氢。由于硫化氢产生于地面且比空气重，故越接近地面，浓度越高。据测定，地面上方 30.5cm 处的硫化氢浓度为 $5.29mg/m^3$，而在 122cm 处浓度仅为 $0.623mg/m^3$。在产蛋鸡舍内，当破损蛋较多而不及时清除时，硫化氢浓度显著增高。

（2）危害 硫化氢易溶于动物的呼吸道黏膜和眼结膜上的水分中，对黏膜和结膜产生刺激作用，可以引起眼结膜炎，表现为流泪、角膜混浊、畏光等症状，同时可以导致呼吸道危害，如鼻炎、气管炎、喉部灼伤、肺水肿。长期处于低浓度硫化氢环境中，动物可以出现植物性神经紊乱，偶尔发生多发性神经炎，并可以导致抗病力下降，动物易发生胃肠病、心脏衰弱等。高浓度的硫化氢可以直接抑制呼吸中枢，引起动物窒息和死亡。

猪在低浓度硫化氢长期作用下，感到不舒适，生长缓慢。猪舍空气中硫化氢浓度为

$30.4mg/m^3$ 时，猪表现为畏光、食欲丧失、神经质；硫化氢浓度为 $76\sim304mg/m^3$ 时，猪表现为突然呕吐，丧失知觉，因呼吸中枢和血管运动中枢麻痹而死亡。在脱离硫化氢的影响后，猪仍然易患肺炎等呼吸道疾病。

(3) 标准　我国畜禽场环境质量标准（NY/T 388—1999）规定，畜禽舍内硫化氢的最高浓度分别为雏禽舍 $2mg/m^3$，成禽舍 $10mg/m^3$；猪舍 $10mg/m^3$；牛舍 $8mg/m^3$。

3. 二氧化碳

二氧化碳（CO_2）为无色、无臭气体，难溶于水。

(1) 来源　畜舍内空气中的二氧化碳，主要是动物自身呼出的。例如，一头体重100kg的育肥猪，每小时可以呼出二氧化碳43L；一头体重600kg、日产乳30kg的奶牛，每小时可以呼出二氧化碳200L；1000只母鸡每小时可以呼出二氧化碳1700L。因此，畜舍内空气中的二氧化碳常常比大气中高出许多倍。即使是通风良好的畜舍，其内的二氧化碳浓度也往往比大气中高出50%以上。

(2) 危害　二氧化碳对动物机体没有毒害作用，其在畜舍内空气中浓度高表明舍内缺氧。动物长期生活在缺氧的环境中，可引起精神委靡、食欲降低、体重下降、生产力降低以及抗病力减弱。

实验表明，畜舍内空气中二氧化碳浓度为2%时，猪无明显症状；为4%时，猪呼吸变为深而快，牛血液中发生二氧化碳积累，雏鸡没有明显生理反应；为5.8%时，雏鸡呈轻微痛苦状；为10%时，猪严重气喘，呈昏迷状态，牛严重气喘，雏鸡痛苦显著；为17.4%时，鸡窒息死亡；为20%时，体重68kg的猪超过1h，就有致死的危险；为25%时，牛窒息死亡。

畜舍内空气中的二氧化碳浓度很少达到有害的程度。但是它常与舍内空气中的氨、硫化氢和微生物含量成正相关。二氧化碳浓度的卫生学意义在于：它可以表明畜舍内空气的污浊程度；同时也可以表明舍内空气中很可能有其他有害气体存在。因此，二氧化碳的增减可以作为畜舍内卫生评定的一项间接指标。

(3) 标准　我国畜禽场环境质量标准（NY/T 388—1999）规定，畜禽舍内二氧化碳的最高浓度为 $1500mg/m^3$。

4. 一氧化碳

一氧化碳（CO）是无色、无臭、无味的气体，相对密度为0.967，比空气略轻，难溶于水。

(1) 来源　畜舍空气中一般没有一氧化碳。含碳物质在燃烧不完全时，才会产生一氧化碳。所以，冬季舍内若生火供暖，特别是排烟不良时，舍内一氧化碳的含量会急剧增加。

(2) 危害　吸入少量一氧化碳就可引起中毒。$625mg/m^3$ 一氧化碳在短时间内即可引起急性中毒。马吸入 $750mg/m^3$，在 $20\sim25min$ 内死亡；狗吸入 $675\sim1250mg/m^3$，在20min内死亡；小鸡在含0.2%一氧化碳的空气中，$2\sim3h$ 即中毒死亡。当空气中一氧化碳含量超过3%时，可使家禽急性中毒而窒息死亡。

一氧化碳是一种对血液和神经有害的毒物。一氧化碳随空气被吸入肺泡后，通过肺泡进入血液循环，与血红蛋白有巨大的亲和力，比氧与血红蛋白的亲和力大 $200\sim300$ 倍。因此，一氧化碳一经交换进入血液循环，即与氧结合形成碳氧血红蛋白（COHb）。这种碳氧血红蛋白不易分离，并且阻碍氧合血红蛋白的离解，使血液的带氧功能严重受阻，造成机体急性缺氧症，发生血液及神经细胞机能障碍，机体各部脏器功能失调，出现呼吸、循环和神经系统的病变。中枢神经系统对缺氧最敏感，缺氧后可发生血管壁细胞变性、渗透性增高，严重者有脑水肿，大脑及脊髓有不同程度充血、出血及血栓形成。碳氧血红蛋白的离解比氧合血红蛋白慢 3600 倍，故中毒后有持久毒害作用。

（3）标准 我国卫生标准规定一氧化碳一次最高允许浓度为 $3.0mg/m^3$，日平均最高容许浓度 $1.0mg/m^3$。

5. 有害气体的控制措施

消除畜舍中的有害气体是改善畜舍空气环境的一项重要措施。由于造成畜舍内高浓度有害气体的原因是多方面的，因此，消除舍内有害气体必须采取多方面的综合措施。

（1）及时清除畜舍内的粪尿污水 粪尿是氨和硫化氢的主要来源，应将其及时清除，不使它们在舍内分解腐烂。有些畜牧场每天定时将猪赶到舍外去排粪尿，可防止舍内空气恶化。最好设计合理的畜舍内排水系统，使污水、尿液自动流出舍外。

（2）防止畜舍潮湿 氨气和硫化氢都易溶于水，当舍温在露点以下时，水汽能够凝结在墙壁、天棚上，此时，氨、硫化氢就吸附在墙壁、天棚上，当舍温升高后，氨、硫化氢又逸散到舍内空气中，故舍内在低温季节应采取升高舍温和合理的换气措施。

（3）合理通风换气 此措施可将有害气体及时排出。如有换气设备的封闭式猪舍，氨浓度在 $27mg/m^3$ 以下，而无换气设备的可达 $1342mg/m^3$ 以上。

（4）在畜床上铺以垫料可吸收一定量的有害气体 吸收能力的大小与垫料的种类有关。麦秸、稻草或干草等对有害气体有良好的吸收能力。

（5）畜舍地面应有一定的坡度，材料不透水 以免粪尿积存，腐败分解。采用漏缝地板时，应特别注意。

当采用上述各种措施后，还未能降低畜舍内的氨浓度时，在畜舍地面上撒过磷酸钙，或在家畜日粮中添加丝兰属植物提取物或沸石，可降低畜舍内的氨浓度。应用过磷酸钙对降低鸡舍内氨浓度有良好作用，在蛋鸡舍内，每只鸡可以使用 16g，肉鸡舍内，每只鸡可以使用 10g。

知识拓展 ▶▶

在畜舍内铺放垫料、垫草可保温、吸收有害气体、改善畜舍内小气候，是寒冷地区常用的一种简便易行的防寒措施。铺放垫草可改进冷硬地面的温热特性，而且可以保持畜体清洁、健康，甚至补充维生素 B_{12}。选择垫草时应注意其可用性和经济性。

四、噪声

噪声是物体不规则、无周期性振动产生的令人讨厌和烦躁的声音。它可以影响动物正常的生理机能，引起动物生产性能降低，危害动物健康。

1. 噪声的来源

畜舍内噪声主要来源于三个方面：其一是外界传入舍内，如飞机、火车、汽车、拖拉机、雷鸣等；其二是舍内机械产生，如风机、除粪机、喂料机等；其三是动物自身产生，如争斗、鸣叫、采食等。

根据测定，舍内风机产生的噪声一般为 36～84dB，真空泵和挤奶机产生的噪声一般为 75～90dB，除粪机产生的噪声一般为 63～70dB。舍内相对安静时，噪声强度为48.5～63.9dB，而在生产管理（饲喂、挤奶、开动风机等）时，噪声强度可以达到 70～94dB。

2. 噪声的危害

噪声会使动物受到惊吓，如小鸡表现为奔跑或不动，小而急剧的头部活动，随后像睡着一样。猫和兔表现为惊厥，咬死幼仔。猪表现为狂奔，易造成损伤。噪声可以导致动物血压升高，脉搏加快；精神紧张，烦躁不安；严重者可致死。噪声可以引起动物内分泌紊乱，如促甲状腺激素、促肾上腺激素分泌增多，促性腺激素分泌减少等，导致机体内血糖、T_3、T_4 和皮质激素水平升高，性激素水平降低等。

噪声可以降低畜禽生产力。噪声强度在 110～115dB 时，可使成年奶牛的产乳量下降 10%，个别牛在 90～110dB 时产乳量可以下降 30% 以上，而妊娠奶牛会发生流产。90～100dB 的噪声可以引起蛋鸡暂时性坠蛋现象。100dB 的噪声可使鸡产蛋能力下降 9%～22%，受精率下降 6%～31%。130dB 的噪声可以导致鸡体重下降甚至死亡。日本有人用来航鸡做实验，每天用 110～120dB 的噪声刺激鸡 72～166 次，连续进行两个月，结果平均产蛋率下降 4.9%，平均蛋重下降 1.4g，产软壳蛋率提高 1.9%，血斑蛋发生率提高 1.5%。母猪在噪声影响下，受胎率下降，流产现象增多。65dB 以下的噪声对 1～10 周龄的猪无影响，而 65dB 以上的噪声则造成 1～10 周龄的猪血细胞增多，胆固醇提高，白蛋白降低。

3. 畜牧场噪声的控制措施

控制畜牧场的噪声应采取以下措施：

① 选好场址，尽量避免外界干扰。畜牧场不应建在飞机场和主要交通干线的附近。

② 合理规划畜牧场，使汽车、拖拉机等不能靠近畜舍，还可利用地形做隔声屏障，使噪声得到降低。

③ 畜牧场内应选择性能优良、噪声小的机械设备，装置机械时，应注意消声和隔音。

④ 畜牧场及畜舍周围应大量植树，可降低外来的噪声。据研究，30m 宽的林带可降低噪声 16%～18%，宽 40m 而发育良好的乔、灌木林带可降低噪声 27%。

4. 标准

我国畜禽场环境质量标准（NY/T 388—1999）规定，畜禽舍内噪声最高允许量分别为雏禽舍 60dB，成禽舍 80dB；猪舍 80dB；牛舍 75dB。

第八节　畜舍环境控制设备

一、光照设备

照明设备主要包括畜舍照明灯具和光照自动控制器。照明灯具主要有白炽灯、荧光灯、紫外灯、节能灯和便携聚光灯等，可根据需要选配。光照自动控制器主要用于自动控制开灯和关灯。目前我国已经生产出畜舍光控器，有石英钟机械控制和电子控制两种，较好的是电子显示光照控制器，它的特点是：①开关时间可任意设定，控时准确；②光照强度可以调整，光照时间内日光强度不足，自动启动补充光照系统；③灯光渐亮和渐暗；④停电程序不乱等。

二、通风设备

通风设备的作用是将畜舍内的污浊空气、湿气和多余的热量排出，同时补充新鲜空气。一般畜舍采用大直径、低转速的轴流风机（图 2-20）。目前我国生产的纵向通风的轴流风机的主要技术参数是：流量 31400m³/h，风压 39.2Pa，叶片转速 352r/min，电机功率 0.75W，噪声不大于 74dB。

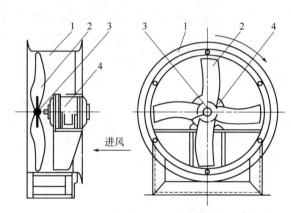

图 2-20　轴流风机

1—外壳；2—叶片；3—电动机转轴；4—电动机

三、湿帘风机降温系统

湿帘风机降温系统的主要作用是夏季空气通过湿帘进入畜舍，可以降低进入畜舍空气的温度，起到降温的效果。湿帘风机降温系统由纸质波纹多孔湿帘、湿帘冷风机、水循环系统及控制装置组成（图 2-21）。在夏季，空气经过湿帘进入畜舍，可降低舍内温度 5～8℃。该系统具有设备简单、成本低廉、降温效果好、运行经济等特点，比较适合高温干燥地区。湿帘的厚度以 100～200mm 为宜，干燥地区应选择较厚的湿帘，潮湿地区所用湿帘不宜过厚。

图 2-21　湿帘降温系统

四、热风炉供暖系统

热风炉供暖系统主要由热风炉、轴流风机、有孔塑料管和调节风门等设备组成（图2-22）。它是以空气为介质、煤为燃料，为空间提供无污染的洁净热空气，用于畜舍的加温。该设备结构简单，热效率高，送热快，成本低。

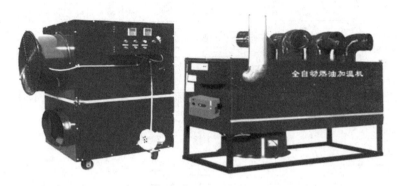

图 2-22 热风炉外形

五、畜舍的清洗消毒设备

畜舍的清洗消毒设备主要有消毒池、淋浴间、紫外线消毒灯、高压清洗机和火焰消毒器等。其中高压清洗机可产生 6～7MPa 的水压，用于畜牧场内用具、地面、畜栏等的清洗，进水管如与盛消毒液的容器相连，还可进行畜舍的消毒。火焰消毒器是利用煤油燃烧产生的高温火焰对畜舍设备及建筑物表面进行烧扫，以达到彻底消毒的目的。火焰消毒器的杀菌率可达 97%。

复习思考题

1. 名词解释

采光系数　入射角　透光角　隔热材料

2. 作为畜舍地面应满足哪些要求？

3. 不同类型畜舍各自有哪些特点？

4. 南方畜舍如何防暑降温？北方畜舍如何防寒保暖？

5. 畜舍的通风设计应考虑哪些要求？自然通风设计时应如何考虑加强夏季通风？

6. 纵向通风和横向通风有何不同，如何选择和应用？

7. 怎样控制畜舍湿度？

8. 畜牧场常用环境控制设备都有哪些？

9. 简述家禽光照制度。

10. 自然采光和人工照明的要求是什么？生产中如何进行畜舍采光的控制？

11. 在饲养管理过程中如何减少空气中的微粒？

12. 畜牧场有害气体是如何产生的？它们对人和家畜的健康有何危害？

13. 畜禽舍湿帘安装时应注意哪些问题？

【本章小结】

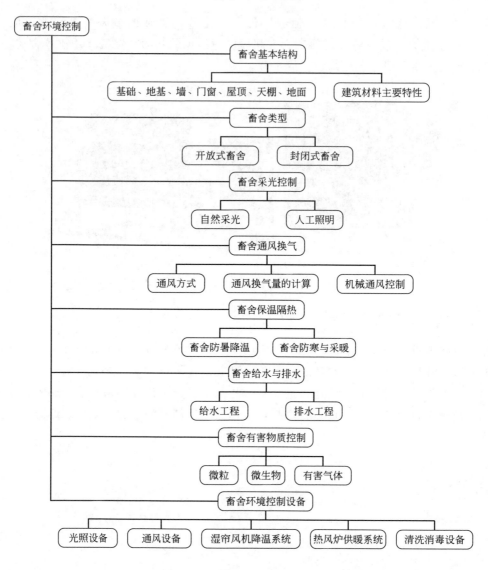

第三章　畜牧场总体设计

本章要点

本章主要介绍畜牧场场址选择应考虑的因素、畜牧场规划布局及公共卫生设施。列举了猪、鸡、牛的生产工艺并详细介绍了畜舍的设计方法。

技能目标

- 能初步设计畜禽场总平面图。
- 能绘制建筑物布局平面图。
- 具备根据畜禽生产工艺流程初步设计畜舍的能力。
- 会对畜牧场设计进行评价。

现代畜牧生产已普遍采用了现代科学技术和生产方式，具有生产专业化、品种专门化、产品上市均衡化和生产过程机械化的特点。在这种大规模、高密度、高水平的生产过程中，只有采用现代的环境管理技术，从畜禽生长发育不同时期对湿热环境、空气质量环境、光环境、社会环境以及动物福利等的不同需求出发，对畜舍环境进行合理的调控，才能生产出优质合格的畜产品，获得最佳的生产效益。而畜牧场的科学设计，是实现上述目标的保证。它可以使建设投资较少、生产流程通畅、劳动效率最高、生产潜能得以发挥、生产成本较低。反之，不合理的规划设计将导致生产指标无法实现、畜牧场直接亏损甚至破产。现代畜牧生产中，畜牧场总体设计的内容可归结为场址选择、畜牧场工艺设计、畜牧场场地规划布局、畜舍设计四个方面。

第一节　场址选择

安全的防疫卫生条件和减少对周围环境的污染是现代集约化畜牧场规划建设与生产经营面临最严峻的问题，同时现代化的畜牧生产必须考虑占地规模、场区内外环境、市场与交通运输条件、生产与饲养管理水平等因素。场址选择不当，可导致整个畜牧场在运营过程中不但得不到理想的经济效益，还有可能因为对周围的大气、水、土壤等环境污染而遭到周边企业或居民的反对甚至被诉诸法律。因此场址选择是畜牧场建设必须面对的首要问题，无论是新建畜牧场，还是在现有设施的基础上进行改建或扩建，选址时必须综合考虑自然环境、社会经济状况、畜群的生理和行为需求、卫生防疫条件、生产流通及组织管理等各种因素，科学和因地制宜地处理好相互之间的关系。

一、自然条件

1. 地势、地形

（1）**地势** 地势指场地的高低起伏状况。畜牧场的场地应选在地势较高、干燥平坦、排水良好和向阳背风的地方。

① 平原地区一般场地比较平坦、开阔，场地应注意选择在较周围地段稍高的地方，以利排水。地下水位要低，距地表 2m 以上。

② 靠近河流、湖泊的地区，场地要选择在较高的地方，应比当地水文资料中最高水位高 1～2m，以防涨水时被水淹没。

③ 山区建场应选择在稍平缓坡上，坡面向阳，总坡度不超过 25%，建筑区坡度应在 2.5% 以内。坡度过大，不但在施工中需要大量填挖土方，增加工程投资，而且在建成投产后也会给场内运输和管理工作造成不便。山区建场还要注意地质构造情况，避开断层、滑坡、塌方的地段，也要避开坡底和谷地以及风口，以免受山洪和暴风雪的袭击。

（2）**地形** 地形指场地形状、大小和地物（场地上的房屋、树木、河流、沟坎等）情况。作为牧场场地，要求地形整齐、开阔、有足够面积。地形整齐便于合理布置牧场建筑和各种设施，并有利于充分利用场地。地形狭长影响建筑物合理布局，拉长了生产作业线，并给场内运输和管理造成不便。地形不规则或边角太多，使建筑物布局零乱，增加生产组织和卫生防疫的困难，且边角部分无法利用。

2. 水源

畜牧场家畜需要大量的水，水质好坏直接影响畜牧场人、畜健康及畜产品质量。因此，必须有一个可靠的水源。

（1）**了解水源水量情况** 如地面水（河流、湖泊）的流量，汛期水位，地下水的初见水位和最高水位，含水层的层次、厚度和流向。了解水源水量状况是为了便于计算拟建场地地段范围内的水资源和供水能力，以确定能否满足畜牧场生产、生活、消防用水要求。在干燥或冻结期也要满足场内全部用水需要。在仅有地下水源地区建场，第一步应先打一眼井。如果打井时出现任何意外，如流速慢、泥沙或水质问题，最好另选场址，这样可减少损失。对畜牧场而言，建立自己的水源，确保供水是十分必要的。

（2）**了解水质情况** 需了解酸碱度、硬度、透明度、有无污染源和有害化学物质等，并应提取水样做水质的物理、化学、细菌学、毒理学等方面的化验分析。

水质要清洁，不含细菌、寄生虫卵及矿物毒物。国家在 NY 5027—2008《无公害食品 畜禽饮用水水质》、NY 5028—2008《无公害食品 畜禽产品加工用水水质》中明确规定了无公害畜牧生产中的水质要求。水源不符合饮用水卫生标准时，必须经净化消毒处理，达到标准后方能使用。

3. 土壤地质

适合于建立畜牧场的土壤，应该是透气透水性强、毛细管作用弱、吸湿性和导热性小、质地均匀、抗压性强的土壤。在沙土、黏土和沙壤土三种类型土壤中，以沙壤土最为理想。

（1）**黏土类** 黏土透气性和透水性不良、吸湿性大，毛细管作用强，降水后易潮湿、泥泞，若受粪尿等污染以后，往往在厌氧条件下进行分解，产生氨和硫化氢等有害气体，使场区空气受到污染。此外，土壤中的污染物还易于通过土壤孔隙或毛细管而被带到浅层地下水中，或被降水冲刷到地面水源里，从而使水源受到污染。

潮湿的土壤是微生物得以生存的条件，也是病原微生物、寄生虫卵以及蝇蛆等存活和孳生的良好场所。吸湿性强、含水量大的土壤，因抗压性低，易使建筑物的基础变形，缩短建筑物的使用寿命，同时也会降低畜舍的保温隔热性能。

（2）沙土类 沙土及沙石土的透气、透水性好，易干燥，受有机物污染后自净能力强，场区空气卫生状况好，抗压能力一般较强，不易冻胀；但其热容量小，场区昼夜温差大。

（3）沙壤土 沙壤土由于沙粒和黏粒的比例比较适宜，兼具沙土和黏土的优点，既克服了沙土导热性强、热容量小的缺点，又弥补了黏土透气透水性差、吸湿性强的不足。沙壤土抗压性较好，膨胀性小，适于做畜舍地基。尽管沙壤土是建立畜牧场较为理想的土壤，但在一定地区内，由于客观条件的限制，选择最理想的土壤是不容易的。这就需要在畜舍的设计、施工、使用和其他日常管理上，设法弥补当地土壤缺陷。

对施工地段工程地质状况的了解，主要是收集工地附近的地质勘察资料，了解地层的构造状况，如断层、陷落、塌方及地下泥沼地层。对土层土壤的了解也很重要，如土层土壤的承载力，是否是膨胀土或回填土。膨胀土遇水后膨胀，导致基础破坏，不能直接作为建筑物基础的受力层；回填土土质松紧不均，会造成建筑物基础不均匀沉降，使建筑物倾斜或遭破坏。遇到这样的土层，需要做好加固处理，严重的、不便处理的或需投资过大的则应放弃选用。此外，了解拟建地段附近土质情况，对施工用材也有意义，如沙层可以作为砂浆、垫层的骨料，可以就地取材、节省投资。

二、社会条件

1. 城乡建设规划

目前及在今后很长的一段时间内，城乡建设呈现和保持迅猛的发展态势。因此，畜牧场选址应考虑城镇和乡村居民点的长远发展，不要在城镇建设发展方向上选址，以免造成频繁的搬迁和重建。应在城镇郊区建场，距大城市 20km，距小城镇 10km。

2. 畜牧场与居民点的关系

畜牧场场址的选择，必须遵循社会公共卫生准则，使畜牧场不致成为周围社会的污染源，同时也应注意不被周围环境污染。因此，畜牧场的位置应选择在居民点的下风处，地势低于居民点，但要离开居民点污水排出口，更不应选在化工厂、屠宰场、制药厂等容易造成环境污染企业的下风处或附近。畜牧场与居民点之间应保持适当的卫生间距，一般小场200m 以上；鸡、兔和羊场 500m 以上；大型牛场 500m 以上；大型猪、鸡场 1500m 以上。与其他畜牧场之间也应有一定的卫生间距，一般牧场应不少于 150～300m（禽、兔等小家畜之间距离宜大些），大型牧场之间应不少于 1000～1500m。

3. 交通运输条件

畜牧场要求交通便利，特别是大型集约化的商品牧场，饲料、产品、粪污废弃物运输量很大，应保证交通方便。交通干线又往往是疫病传播的途径，因此选择场址时既要考虑交通方便，又要使牧场与交通干线保持适当的距离。按照畜牧场建设标准，要求距离国道、省际公路 500m；距离省道、区际公路 300m；一般道路 100m。畜牧场要修建专用道路与主要公路相连。

4. 畜牧场供电条件的选择

选择场址时，还应重视供电条件。特别是集约化程度较高的畜牧场，必须具备可靠的电力供应。因此，需了解供电电源的位置，与畜牧场的距离，最大供电允许量，是否经常停电，有无可能双路供电等。通常建设畜牧场要求有Ⅱ级供电电源。Ⅲ级以下电源供电时，则需自备发电机，以保证场内供电的稳定可靠。为了减少供电投资，应靠近输电线路，尽量缩短新线的铺设距离。

5. 土地征用需要

场址选择必须符合本地区农牧业生产发展总体规划、土地利用发展规划和城乡建设发展规划的用地要求，必须遵守十分珍惜和合理利用土地的原则，不得占用基本农田，尽量利用荒地和劣地建场。大型畜牧企业分期建设时，场址选择应一次完成，分期征地。近期工程应集中布置，征用土地满足本期工程所需面积（表 3-1），确定场地面积应本着节约用地的原则。我国牧场建筑物一般采取密集型布置方式，建筑系数一般为 20％～35％。建筑系数是指畜牧场总建筑面积占场地面积的百分数。远期工程可预留用地，随建随征。征用土地可按场区总平面设计图计算实际占地面积。以下地区或地段的土地不宜征用：①规定的自然保护区、生活饮用水水源保护区、风景旅游区；②受洪水或山洪威胁及泥石流、滑坡等自然灾害多发地带；③自然环境污染严重的地区。

表 3-1　土地征用面积估算表

场别	饲养规模	占地面积/（m²/头或只）
奶牛场	100～400 头成乳牛	160～180
肉牛场	年出栏育肥牛 1 万头	16～20
种猪场	200～600 头基础母猪	75～100
商品猪场	600～3000 头基础母猪	5～6
绵羊场	200～500 只母羊	10～15
奶山羊场	200 只母羊	15～20
种鸡场	1 万～5 万只种鸡	0.6～1.0
蛋鸡场	10 万～20 万只产蛋鸡	0.5～0.8
肉鸡场	年出栏肉鸡 100 万只	0.2～0.3

注：引自李如治. 家畜环境卫生学. 中国农业出版社，2003。

6. 畜牧场饲料供应条件的选择

饲料是畜牧生产的物质基础，饲料费一般可占畜产品成本的 80％ 左右。因此，选择场址时还应考虑饲料的就近供应，草食家畜的青饲料应尽量由当地供应，或本场计划出饲料地自行种植，以避免因大量粗饲料长途运输而提高成本。

7. 协调的周边环境

选择和利用树林或自然山丘作建筑背景，外加修整良好的草坪和车道，给人一种在美化环境的感觉。在畜舍建筑周围嵌上一些碎石，既能接住屋顶流下的水（比建屋顶水槽更为经济和简便），又能防止啮齿类动物的侵入。

畜牧场的辅助设施特别是蓄粪池，应尽可能远离周围住宅区，并要采取防范措施，建立良好的邻里关系。可能的话，利用树木等将其遮挡起来，建设安全护栏，防止儿童进入，并为蓄粪池配备永久性的盖罩。多风地区的夏秋季节，良好的通风有利于畜牧场及周围难闻气味的扩散，但也易对大气环境造成不良影响。因此，应仔细核算粪便和污水的排放量，以准确计算粪便的贮存能力，并在粪便最易向环境扩散的季节里，贮存好所产生的所有粪便，防止深秋至来年春天因积雪、冻土或涝地使粪便发生流失和扩散。建场的同时，最好规划一个粪便综合处理利用厂，化害为益。

8. 其他社会条件的选择

场址选择还应考虑产品的就近销售，以缩短距离，降低成本和减少产品损耗。禁止在旅游区、病畜区建场。不同畜牧场，尤其是具有共患传染病的畜种，两场间必须保持安全距离。

知识拓展 ▶▶

"木桶原理"

"木桶原理"又称为"约束理论""瓶颈理论"，是指一只木桶盛水容量的多少，并不取决于其最长木板的高度，或全部木板高度的平均值，而是取决于其最短木板的高度。根据这一核心内容，"木桶理论"还有两个推论：其一，只有桶壁上的所有木板都足够高，木桶才能盛满水。其二，只要这个木桶里有一块不够高度，木桶里的水就不可能是满的。

第二节 畜牧场工艺设计

畜牧生产与一般工业生产不同（产品为活物），有其独特的工艺流程。畜牧场的工艺设计应根据饲养品种、经济条件、技术力量和社会需求，并结合环境保护对生产工艺进行合理设计。

畜牧场工艺设计包括生产工艺设计和工程工艺设计两部分。生产工艺设计主要根据场区所在地的自然和社会经济条件，对畜牧场的性质和规模、畜群组成、生产工艺流程、饲养管理方式、水电和饲料等消耗定额、劳动定额、生产设备的选型配套等加以确定，进而提出恰当的生产指标、耗料标准等工艺参数。工程工艺设计是根据畜牧生产所要求的环境条件和生产工艺设计所提出的方案，利用工程技术手段，按照安全和经济的原则，提出畜舍的基本尺寸、环境控制措施、场区布局方案、工程防疫设施等，为畜牧场工程设计提供必要的依据。

一、生产工艺设计

（一）基本原则

畜牧生产工艺涉及整体、长远利益，其正确与否，对建成后的正常运转、生产管理和经济效益都将产生极大的影响。良好的畜牧生产工艺设计可以很好地解决各个生产环节的衔接关系，以充分发挥其品种的生产潜力、促进品种改良。现代畜牧生产工艺设计在满足畜禽生命活动和生产对环境的要求，以及实施畜牧生产技术和兽医卫生防疫要求的前提下，还应符合以下原则。

① 必须是现代化的、科学的畜牧生产企业。

② 通过环境调控措施，消除不同季节气候差异，实现全年均衡生产；采用工程技术手

段，保证做到环境自净，确保安全生产。

③ 建立专业场、专业车间，实行专业化生产，以便更好地发挥技术专长和管理。

④ 畜舍设置符合畜禽生产工艺流程和饲养规模，各阶段畜禽数量、栏位数、设备应按比例配套，尽可能使畜舍得到充分的利用。

⑤ 全场或小区或整舍采用全进全出的运转方式，以切断病原微生物的繁殖途径。

⑥ 分工明确，责任到人，落实定额，与畜舍分栋配套，以群划分，以人定责，以舍定岗。

（二）畜牧场生产工艺设计的内容和方法

1. 畜牧场的性质与任务

（1）畜牧场的性质 一般按繁育体系分为原种场（曾祖代场）、祖代场、父母代场和商品代场。不同性质的牧场，不仅畜群组成和周转方式不同，对饲养管理和环境条件的要求不同，而且所采取的畜牧兽医技术措施也不同。

（2）畜牧场的任务

① 原种场的任务是生产配套的品系，向外提供祖代种畜、种蛋、精液、胚胎等。原种场由于育种工作的严格要求，必须单独建场，不允许进行纯系繁育以外的任何生产活动，一般由专门的育种机构承担。

② 祖代场的任务是改良品种，运用从原种场获得的祖代产品，用科学的方法繁殖培育下级场所需的优良品种。通常培育一个品种，需要有大量的资金和较长的时间，并且要有一定数量的畜牧技术人员，现代家畜品种的祖代场一般饲养 4 个品系。

③ 父母代场的任务是利用从祖代场获得的品种，生产商品场所需的种源。

④ 商品代场则是利用从父母代场获得的种源专门从事商品代畜产品的生产。

通常，祖代场、父母代场和商品代场往往以一业为主，兼营其他性质的生产活动。如祖代鸡场在生产父母代种蛋、种鸡的同时，也可生产一些商品代蛋鸡或鸡蛋供应市场。商品代猪场为了解决本场所需的种源，往往也饲养相当数量的父母代种猪。

奶牛场一般区分不明显，因为在选育中一定会产生商品奶。故表现出同时向外供应鲜奶和良种牛的双重任务，但各场的侧重点不同，有的以供奶为主，有的则着重于选育良种。

2. 畜牧场的规模

畜牧场的规模尚无规范的描述方法。有的按存栏头（只）数计，有的则按年出栏商品畜禽数计。如商品猪场和肉鸡场、肉牛场按年出栏量计，种猪场亦可按基础母猪数计，种鸡场则多按种鸡套数计，奶牛场则按成乳牛头数计（表 3-2、表 3-3）。

表 3-2 养猪场种类及规模划分（以年出栏商品猪头数定类型）

类型	年出栏商品猪头数	年饲养种母猪头数
小型场	≤5000	≤300
中型场	5000～10 000	300～600
大型场	＞10 000	＞600

畜牧场性质和规模的确定，必须根据市场需求，并考虑技术水平、投资能力和各方面条件。种畜禽场应尽可能纳入国家或地区的繁育体系，其性质和规模应与国家或地区的需求相适应，建场时应慎重考虑。盲目追求高层次、大规模很易导致失败。

表 3-3　养鸡场种类及规模划分

类别	大型场	中型场	小型场
祖代鸡场	≥1.0	0.5～1.0	<0.5
父母代蛋鸡场	≥3.0	1.0～3.0	<1.0
父母代肉鸡场	≥5.0	1.0～5.0	<1.0
蛋鸡场	≥20.0	5.0～20.0	<5.0
肉鸡场	≥100.0	50.0～100.0	<50.0

注：规模单位种鸡为存栏万套、商品鸡为存栏万只（羽）；肉鸡规模为年出栏数。

3. 畜牧场生产工艺流程

畜牧场生产工艺方案的确定，应满足以下原则：①符合畜牧生产技术要求；②有利于畜牧场防疫卫生要求；③达到减少粪污排放量及无害化处理的技术要求；④节水、节能；⑤提高劳动生产效率。

(1) 猪场生产工艺流程　现代化养猪场普遍采用分段式饲养、全进全出的生产工艺（图3-1），它是适应集约养猪生产要求、提高养猪生产效率的保证。同样它也需要根据当地的经济、气候、能源、交通等综合条件因地制宜地确定饲养模式。

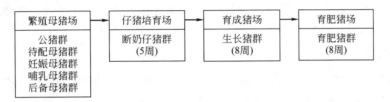

图 3-1　以场为单位全进全出的饲养工艺

需要指出，生产工艺流程中，饲养阶段的划分不是固定不变的，须根据猪场的性质、规模，以提高生产力水平为前提加以确定。

(2) 鸡场生产工艺流程　在现代化养鸡场中首先要确定饲养模式，通常一个饲养周期分育雏、育成和成年鸡三个阶段。即0～6周龄为育雏期，7～20周龄为育成期，21～76周龄为产蛋期。商品肉鸡场由于肉鸡上市时间在6～8周龄，一般采用地面或网上平养。一般的鸡场饲养工艺流程如图3-2所示。

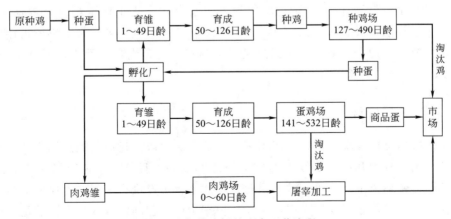

图 3-2　各种鸡场的生产工艺流程

由图3-2可以看出，工艺流程确定之后，需要建什么样的鸡舍也就随之确定下来了。例如，图中凡标明日龄的就是要建立的相应鸡舍，如种鸡场，要建育雏舍，该舍饲养1～49日龄鸡雏；要建育成舍，该舍接受由育雏舍转来的50日龄雏鸡，从50～126日龄在育成舍饲养；还需建种鸡舍，饲养从127～490日龄的种鸡。

（3）牛场生产工艺流程 奶牛生产工艺流程中，将牛的一生划分为犊牛期（0～6月龄）、青年牛期（7～15月龄）、后备牛期（16月龄至第1胎产犊前）及成年牛期（第1胎至淘汰）。成年牛期又可根据繁殖阶段进一步划分为妊娠期、泌乳期、干乳期。其牛群结构包括犊牛、生长牛、后备牛、成年母牛。整个生产基本按如下工艺流程进行：

初生犊牛（2～6月龄断奶）→1.5岁左右性成熟→2～3岁体成熟（18～24月龄第1次配种或采精）→妊娠（10个月）→第1次分娩、泌乳→分娩后2个月，发情、第2次配种→分娩前2个月干奶→第2次分娩、泌乳→……→淘汰。

肉牛生产工艺一般按初生犊牛（2～6月龄断奶）→幼牛→生长牛（架子牛）→育肥牛→上市进行划分。8～10月龄时，须对公牛进行去势。

4. 各种环境参数

工艺设计中，应提供温度、湿度、通风量、风速、光照时间和强度、有害气体浓度、微粒、微生物的含量等舍内环境参数和标准。畜牧场及各类畜舍详细的环境参数要求可参见本书附录及其他章节相关内容。

5. 饲养方式

畜禽的饲养方式会直接影响设备选型、畜舍建筑设计和职工劳动强度与生产效率。饲养方式的选择应根据畜禽种类、畜牧场性质、地区经济条件和生产技术水平等综合确定。

6. 畜群结构和畜群周转

任何一个畜牧场，在明确了生产性质、规模、生产工艺以及相应的各种参数后，即可确定各类畜群及其饲养天数，将畜群划分成若干阶段，然后对每个阶段的存栏数量进行计算，确定畜群结构组成。根据畜禽组成以及各类畜禽之间的功能关系，可制订出相应的生产计划和周转流程。为更形象地表达畜群组成和周转过程，可按照规定的工艺流程和繁殖节律，结合场地情况、管理定额、设备规格等，确定畜舍种类和数量，并绘制成周转流程图。

例如：一个10万只笼位商品蛋鸡场，每隔1.5个月淘汰1批蛋鸡。假定育雏、育成、成鸡的饲养天数加消毒天数分别为52天、104天、416天，则饲养一批成鸡所占用成鸡舍的时间恰好是育雏鸡舍饲养8批育雏鸡、育成鸡舍饲养4批育成鸡。因此，可设8栋成鸡舍、2栋育成舍、1栋育雏鸡舍（图3-3）。

二、工程工艺设计

畜牧工程技术是保证现代畜牧生产正常进行的重要手段。建场前期的场区规划与建筑设计、设备选型与工程配套以及建设中的施工等需要依靠工程技术，畜牧场建成后的饲养管理、环境控制等依然离不开工程技术。因此，现代畜牧生产没有工程技术保障就难以正常运转。而要使工程技术能真正发挥作用，必须从根据生产工艺确定技术方案、满足饲养条件的技术需求、做好工程设施与装备配套等各方面做到工程技术到位，这也是畜牧场工程工艺设计的目的和主要内容。

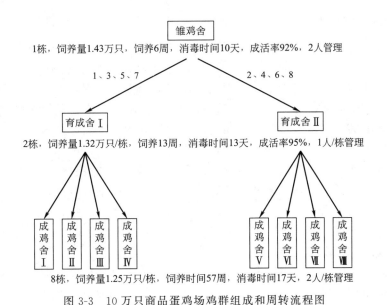

图 3-3　10 万只商品蛋鸡场鸡群组成和周转流程图

1. 工程工艺设计的原则

规模化畜牧生产的饲养密度高，技术规范严，实行企业化管理。为使畜牧场有良好效益，在进行工程工艺设计时应注意以下原则。

(1) 节约用地　我国国土面积虽大，但耕地有限，可利用耕地人均不到 $0.1hm^2$。因此，新建畜禽场选址规划和建设应充分考虑节约用地，不占良田，不占或少占耕地，多利用沙荒地、故河道、山坡地等。

(2) 有节能意识　尽管现代畜禽生产离不开电，但设计良好可大幅度节电。如集约化养殖场是否利用自然通风、自然采光，其用电量可相差 $10\sim20$ 倍。以一个 20 万只蛋鸡场为例，每个鸡位的平均年耗电量，全封闭型鸡舍为 $7\sim10kW \cdot h$，全开放型鸡舍为 $0.6kW \cdot h$，半开放型鸡舍视开放程度为 $2\sim5kW \cdot h$。又如，在密闭型鸡舍中，改横向通风为纵向通风、以农用风机代替工业风机，可节电 $40\%\sim70\%$。可见，在畜牧场工程工艺设计中确立这一观点是十分必要的。

(3) 关注动物需求　善待动物，善待生命。从生产工艺到设施设备，都应充分考虑动物的生物学特点和行为需要，将动物福利落到实处。

(4) 人-机工程　人-机工程是指研究如何使工作环境和机具设备设计得能符合人的生理和心理要求而又不超过人的能力和感官能适应的范围。我国大型鸡场设备大部分从国外引进，并未考虑中国人的人体特征及国情，需要积极改进，使之适应当地环境。

(5) 清洁生产　畜禽规模化生产必然带来大量的粪便、污水和其他畜产废弃物，从而造成环境污染。因此，在进行总体规划时，生活区、生产区、污染区必须分明，建场开始就得处理好环境保护问题，要严格执行"三同时"的环保要求，在设计、施工、生产中对"三废"须有有效的处理和利用方案及相关的配套措施，对粪便及废弃物进行无害化处理，使之变废为宝。

(6) 工程防疫　在贯彻正常防疫程序的同时，采用良好的工程防疫技术手段，可有效地防止交叉感染。主要手段包括：利用合理的场区功能分区；顺畅的生产功能联系；良好的建筑设施布局；完备的雨、污水分流排放系统；因地制宜的绿化隔离等。

2. 主要设计内容和方法

畜牧生产有自身的工艺流程、环境要求和厂房装备，这些属于养殖行业的工程投入，涵盖了资金、能源、技术三个方面。良好的工程配套技术，对充分发挥优良品种的遗传潜力、提高饲料营养成分的利用率极为重要；而且，可以充分发挥工程防疫的综合防治效果，大大减少疫病的发生率。因此，在进行工程工艺设计时，需根据生产工艺提出的饲养规模、饲养方式、饲养管理定额、环境参数等，对相关的工程设施和设备加以推敲，以确保工程技术的可行性和合理性。在此基础上，来确定各种畜舍的种类和数量，选择畜禽舍建筑形式、建设标准和配套设备，确定单体建筑平面图、剖面图的基本尺寸和畜舍环境控制工程技术方案。

（1）畜禽舍的种类、数量和基本尺寸确定 畜禽舍的种类和数量是根据生产工艺流程中畜群组成、占栏天数、饲养方式、饲养密度和劳动定额计算确定的，并综合考虑场地、设备规格等情况。因畜禽种类、生产工艺、饲养方式、饲养定额等不同，其计算结果也不同，特别是鸡场和猪场的计算比较复杂。

畜舍的平面基本尺寸设计是根据上述已经确定的工艺设计参数、饲养管理和当地气候条件等，合理安排和布置畜栏、通道、粪尿沟、食槽等设备与设施，然后按照建筑模数需要，调整畜舍跨度和长度。确定畜舍的跨度时，必须考虑通风、采光、建筑结构（屋架或梁的尺寸）的要求。自然采光和自然通风的畜舍，其跨度不宜大于 8～10m；机械通风和人工照明时，畜舍跨度可以加大；如圈栏列数过多或采用单元式畜舍，其跨度大于 20m 时，将使畜舍构造和结构处理难度加大，可考虑采用纵向或横向的多跨连栋畜舍。确定畜舍的长度时，要综合考虑场地的地形、道路布置、管沟设置、建筑周边绿化等，长度过大则须考虑纵向通风效果、清粪和排水难度（落差太大）以及建筑物不均匀沉降和变形等。此外，通过确定畜舍合理的平面尺寸，使畜舍的构、配件能与工业与民用建筑常用的构（配）件通用，提高畜舍建筑的通用化和装配化程度，利于缩短建筑周期、减少投资、增加效益。影响畜舍建筑平面尺寸确定的因素见图 3-4。

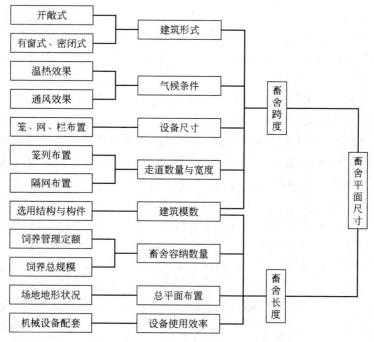

图 3-4　影响畜舍建筑平面尺寸的因素

知识拓展 ▶▶

建筑模数

建筑模数是选定的标准尺度单位，作为建筑物、建筑构配件、建筑制品以及有关设备尺寸相互间协调的基础。根据国家制订的《建筑统一模数制》，我国采用的基本模数 1M＝100mm，同时由于建筑设计中建筑部位、构件尺寸、构造节点以及断面、缝隙等尺寸的不同要求，还分别采用分模数和扩大模数。分模数 M/2（50mm）、M/5（20mm）、M/10（10mm）适用于成材的厚度、直径、缝隙、构造的细小尺寸以及建筑制品的公偏差等。基本模数 1M 和扩大模数 3M（300mm）、6M（600mm）等适用于门窗洞口、构配件、建筑制品及建筑物的跨度（进深）、柱距（开间）和层高的尺寸等。例如，畜舍跨度采用6M、9M、12M……，间距采用 3M、3.3M……，就符合扩大模数，便于采用梁、屋架等标准图和标准构件。

(2) 设备选型与配套　畜舍设备是畜牧工程设计中十分重要的内容，须根据研究确定的定型养殖工程工艺要求，尽可能地做到工程配套。畜牧场设备主要包括饲养设备（栏圈、笼具、畜床、地板等）、饲喂及饮水设备、清粪设备、通风设备、加热降温设备、照明设备、环境自动控制设备等，选型时应着重考虑以下几个方面：①畜禽生物学特点和行为需要以及对环境的要求；②生产工艺确定的饲养、喂料、饮水、清粪等饲养管理方式；③畜舍通风、加热、降温、照明等环境调控方式；④设备厂家提供的有关参数及设备的性能价格比；⑤设备的配套。

在对设备进行选择后，还应对全场设备的投资总额和动力配置、燃料消耗等分别进行计算。

(3) 畜舍建筑类型与型式选择　畜舍建筑过去通常采用砖混结构，其建筑形式也主要参考工业与民用建筑规范进行设计。20 世纪 80 年代以后，又出现了一些适合于畜牧场生产且较为经济节能的其他一些建筑，如简易节能开放型畜舍、大棚式畜舍、拱板结构畜舍、复合聚苯板组装式畜舍、被动式太阳能猪舍、菜畜互补畜舍等。与传统的畜舍相比，这些建筑具有低造价、节能效果显著等优点，基建费用低、建设速度快等特点，对推动现代畜牧生产起到了很好的作用。

由于各地的气候条件、饲养的家畜种类、生产目标以及经济状况及建筑习惯等的不同，选择什么样的畜舍建筑型式，应视具体情况而定，不要一味求新型、上档次。

(4) 畜舍环境控制技术方案制定　工程工艺设计中的环境控制工程技术方案是根据经济、安全、适用的原则，想方设法利用工程技术来满足生产工艺所提出的环境要求，包括场区环境参数和畜舍内的光照、温度、湿度、风速、有害气体等环境因子与畜禽生长发育间相关的各种参数，为畜禽的生长发育创造适宜的生长环境条件。畜禽环境控制技术是畜牧工程技术的核心，主要包括通风方式和通风量的确定、保温与隔热材料的选择、光照方式与光照量的计算等。

(5) 工程防疫设施规划　严格的卫生防疫制度是保证畜牧生产顺利进行的关键之一。畜牧生产必须切实落实"预防为主、防重于治"的方针，严格执行国务院发布的《家畜家禽防疫条例》和农业部制定的《家畜家禽防疫条例实施细则》。工艺设计时，应按照防疫要求，从场址选择、场区规划、建筑布局、道路设置、绿化隔离、生产工艺、环境管理、粪污处理等方面全面加强卫生防疫，并加以详细说明。有关卫生防疫设施与设备配置如消毒更衣淋浴室、隔离舍、兽医室、装卸台、消毒池等应尽可能合理和完备，并保证在生产中能方便、正常运行。

（6）粪污处理与资源化利用技术选择 畜禽场的粪污处理与利用是关系畜禽场乃至整个农业生产的可持续发展问题，也是世界性面临的一个比较突出的问题。畜牧场粪污处理应遵循生产过程使污染物减量化、处理过程要无害化，并最终将这些处理后的物料能达到排放标准和综合利用这一原则。

畜牧场粪污处理技术选择主要考虑以下几个方面：①要处理达标；②要针对有机物、氮、磷含量高的特点；③注重资源化利用；④考虑经济实用性，包括处理设施的占地面积、二次污染、运行成本等；⑤注重生物技术与生态工程原理的应用。

第三节 畜牧场场地规划布局

一、畜牧场规划

场地规划是指将畜牧场内划分成几个区，并合理安排相互间的关系。

1. 畜牧场规划的目的

① 合理利用场地。
② 便于卫生防疫。
③ 便于组织生产，提高劳动生产率。

2. 功能分区与总体布局

畜牧场的功能分区是指将功能相同或相似的建筑物集中在场地一定范围内。畜牧场的功能分区是否合理，各区建筑物布局是否恰当，不仅影响基建投资、经营管理、组织生产、劳动生产率和经济效益，而且影响场区的环境状况和防疫卫生。因此，务必认真做好畜牧场的分区规划，确定场区各种建筑物的合理布局。

（1）分区规划应遵循的原则

① 在体现建场方针、任务的前提下，做到节约用地。
② 应全面考虑家畜粪尿、污水的处理利用。
③ 合理利用地形地物，有效利用原有道路、供水、供电线路及原有建筑物等，以减少投资，降低成本。
④ 为场区今后的发展留有余地。

（2）畜牧场建筑设施组成 畜牧场建筑与设施因家畜不同而异，大体归纳见表 3-4～表 3-6。

表 3-4　鸡场建筑设施

类型	生产建筑设施	辅助生产建筑设施	生活与管理建筑设施
种鸡场	育雏舍、育成舍、种鸡舍、孵化厅	消毒门廊、消毒沐浴室、兽医化验室、急宰间和焚烧间、饲料加工间、饲料库、蛋库、汽车库、修理间、变配电室、发电机房、水塔、蓄水池和压力罐、水泵房、物料库、污水及粪便处理设施	办公用房、食堂、宿舍、文化娱乐用房、围墙、大门、门卫室、厕所、场区其他工程
蛋鸡场	育雏舍、育成舍、蛋鸡舍		
肉鸡场	育雏舍、肉鸡舍		

表 3-5　猪场建筑设施

生产建筑设施	辅助生产建筑设施	生活与管理建筑设施
配种、妊娠舍 分娩哺乳舍 仔猪培育舍 育肥猪舍 病猪隔离舍 病死猪无害化处理设施 装卸猪台	消毒沐浴室、兽医化验室、急宰间和焚烧间、饲料加工间、饲料库、汽车库、修理间、变配电室、发电机房、水塔、蓄水池和压力罐、水泵房、物料库、污水及粪便处理设施	办公用房、食堂、宿舍、文化娱乐用房、围墙、大门、门卫室、厕所、场区其他工程

表 3-6　牛场建筑设施

类型	生产建筑设施	辅助生产建筑设施	生活与管理建筑设施
奶牛场	成乳牛舍、青年牛舍、育成牛舍、犊牛舍或犊牛岛、产房、挤奶厅	消毒沐浴室、兽医化验室、急宰间和焚烧间、饲料加工间、饲料库、青贮窖、干草房、汽车库、修理间、变配电室、发电机房、水塔、蓄水池和压力罐、水泵房、物料库、污水及粪便处理设施	办公用房、食堂、宿舍、文化娱乐用房、围墙、大门、门卫室、厕所、场区其他工程
肉牛场	母牛舍、后备牛舍、育肥牛舍、犊牛舍		

(3) 畜牧场功能分区　根据生产功能，畜牧场通常分为生产区、辅助生产区、管理区和隔离区。

① 生产区。主要布置不同类型的畜禽舍及蛋库、孵化厅、挤奶厅、乳品处理间、羊剪毛间、家畜采精室、人工授精室、家畜装车台、销售展示厅等建筑，是畜禽场的核心。规模较小的畜牧场可根据不同畜群的特点，统一安排各种畜舍。大型的畜牧场则可划分为种畜、幼畜、育成畜、商品畜等小区，以方便管理和有利于防疫。孵化厅是一个主要的污染源，而挤奶厅需要洁净，因此这两类建筑也应与畜舍保持一定距离或有明显分区。

以鸡场为例，鸡舍的布局根据主风向应当按下列顺序配置，即孵化室、幼雏舍、中雏舍、后备鸡舍、成鸡舍。即孵化室在上风向，成鸡舍在下风向，这样能使雏鸡舍得到新鲜空气，从而减少发病机会，同时，也能避免由成鸡舍排出的污浊空气造成疫病传播。

鸡场内部设备与
鸡场规划布局

不同畜群间，彼此应有较大的卫生间距。有些场可达 200m 之远。

② 辅助生产区。主要是由饲料库、饲料加工车间和供水、供电、供热、维修、仓库等建筑设施组成。

③ 管理区。畜牧场管理区主要包括办公室、接待室、会议室、技术资料室、化验室、食堂餐厅、职工值班宿舍、厕所、传达室、警卫值班室、围墙和大门，以及外来人员第一次更衣消毒室和车辆消毒设施等办公管理用房和生活用房。有家属宿舍时，应单设生活区。

④ 隔离区。包括兽医诊疗室、病畜隔离舍、尸体解剖室、病尸高压灭菌或焚烧处理设备及粪便和污水储存与处理设施等。

(4) 平面总体布局　进行畜牧场平面总体布局时，首先应考虑人的工作条件和生活环境，其次是保证畜（禽）群不受污染源的影响。因此应遵循以下要求。

① 生活管理区和生产辅助区应位于场区常年主导风向的上风处和地势较高处，隔离区位于场区常年主导风向的下风处和地势较低处（图 3-5）。地势与主导风向不

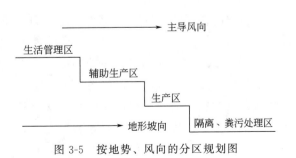

图 3-5　按地势、风向的分区规划图

是同一个方向，而按防疫要求又不好处理时，则应以风向为主，地势的矛盾可以通过挖沟设障等工程设施和利用偏角（与主导风向垂直的两个偏角）等措施来解决。

② 生产区与生活管理区、辅助生产区应设置围墙或树篱严格分开，在生产区入口处设置第二次更衣消毒室和车辆消毒设施。这些设施一端的出入口开在生活管理区内，另一端的出入口开在生产区内。生产区内与场外运输、物品交流较为频繁的有关设施，如蛋库、孵化厅出雏间、挤奶厅乳品处理间、羊的剪毛间、家畜采精室、人工授精室、家畜装车台、销售展示厅等，必须布置在靠近场外道路的地方。

③ 辅助生产区的设施要紧靠生产区布置。对于饲料仓库，则要求卸料口开在辅助生产区内，取料口开在生产区内，杜绝外来车辆进入生产区，保证生产区内外运料车互不交叉使用。青贮、干草、块根等多汁饲料及垫草等大宗物料的贮存场地，应按照贮用合一的原则，布置在靠近畜禽舍的边缘地带，并且要求贮存场地排水良好，便于机械化装卸、粉碎加工和运输。干草常堆于最大风向的下风处，与周围建筑物的距离要符合国家现行的防火规范要求。

④ 管理区应在靠近场区大门内侧集中布置。

⑤ 隔离区与生产区之间应设置适当的卫生间距和绿化隔离带。区内的粪污处理设施也应与其他设施保持适当的卫生间距，与生产区有专用道路相连，与场区外有专用大门和道路相通。

二、畜牧场建筑设施布局

畜牧场规划

畜牧场建筑设施的规划布局就是合理设计各种房舍建筑物及设施的排列方式和次序，确定每栋建筑物和每种设施的位置、朝向和相互之间的间距。布局合理与否，不仅关系到畜牧场生产联系和管理工作、劳动强度和生产效率，也关系到场区和畜舍小气候以及卫生防疫、防火等。

1. 根据生产环节确定建筑物之间的最佳生产联系

（1）建筑物的排列 畜牧场建筑物一般横向成排（东西），竖向成列（南北）。排列的合理与否，关系到场区小气候、畜舍的光照、通风、道路和管线铺设的长短、场地的利用率等。应根据当地气候、场地地形、地势、建筑物种类和数量，尽量做到合理、整齐、紧凑、美观。

畜牧场畜舍布置主要有单列式、双列式和多列式等形式（图3-6）。

① 单列式。单列式布置使场区的净污道路分工明确，但道路和工程管线线路过长。适用于小规模和场地狭长的畜牧场。

② 双列式。双列式布置是各种畜牧场采用的最经济实用的布置方式，其优点是既能保证场区净污道路分工明确，又能缩短道路和工程管线的长度。

③ 多列式。多列式布置在一些大型畜牧场使用，但应避免因线路交叉而引起互相污染。

如果场地允许，应尽量避免将生产区建筑物布置成横向狭长或竖向狭长，因为狭长形布置势必造成饲料、粪污运输距离加大，管理和工作联系不便，道路、管线加长，建筑物投资增加，如将生产区按方形或近似方形布置，则可避免上述缺点。因此，要根据场地形状、畜舍的数量和每栋畜舍的长度酌情布置为单列、双列或多列式。

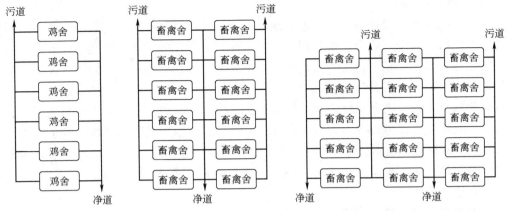

图 3-6　单列布置式鸡舍、双列布置式畜舍、多列布置式畜舍示意图

（2）建筑物的位置

① 功能关系。功能关系是指房舍建筑物及设施之间，在畜牧生产中的相互关系。畜牧生产过程由许多生产环节组成，这些生产环节在不同的建筑物中进行。畜牧场建筑物的布局应按彼此间的功能联系统筹安排，将联系密切的建筑物和设施相互靠近安置，以便生产，否则将影响生产的顺利进行甚至造成无法克服的后果。例如，商品猪场的工艺流程是种猪配种—妊娠—分娩哺乳—育肥—上市，因此，应按种公猪舍、空怀母猪舍、产房、断奶仔猪舍、育肥猪舍、装猪台等建筑物和设施，按顺序靠近安排。饲料库、贮粪场等与每栋猪舍都发生联系，应尽量使其至各栋猪舍的线路最短，距离相差不大，净道（运送饲料）与污道（运送粪污）分开布置，互不交叉。

② 卫生防疫。为便于卫生防疫，场地地势与当地主风向恰好一致时较易安排，管理区和生产区内的建筑物在上风口和地势高处，病畜管理区内的建筑物在下风口和地势低处。这种情况并不多见，往往出现地势高处正是下风向的情况，此时，可利用与主风向垂直的对角线上的两个"安全角"，来安置防疫要求较高的建筑。例如，主风向为西北而地势南高北低时，场地的西南角和东北角均为安全角。养禽场的孵化室和育雏舍，对卫生防疫要求较高，因为孵化箱的温湿度较高，是微生物的最佳培养环境；且孵化室排出的绒毛蛋壳、死雏常污染周围环境。因此，对于孵化室的位置应主要考虑防疫，不能强调其与种鸡、育雏的功能关系。大型养禽场最好单设孵化场，小型养禽场也应将孵化室安置在防疫较好又不污染全场的地方，并设围墙或隔离绿化带。

2. 为减轻劳动强度、提高劳动效率创造条件

为减轻劳动强度、提高劳动效率创造条件，应当在遵守兽医卫生和防火要求的基础上，按建筑物之间的功能联系，尽量使建筑物配置紧凑，以保证最短的运输、供电和供水线路，并为实现生产过程机械化，减少基建投资、管理费用和生产成本创造条件。例如，饲料库、青贮建筑物、饲料加工调制间等，不仅可以集中一地，且相距各畜舍的总距离应最小或靠近消耗饲料最多的畜舍。畜舍应与饲料调制间保持最近的联系。当畜舍呈两行布局时，饲料调制间应位于两行畜舍端墙间的运料主干线上。贮粪场的设置在遵守兽医卫生要求的前提下，当畜舍呈一行布局时，可只设一个，位于与饲料调制间相反的一侧；当畜舍呈两行布局时，应设两个，分别位于畜舍远端一侧，应靠近各行畜舍中部，以保证最短的运输距离，并避免与饲料道交叉。

3. 畜舍朝向选择

畜舍朝向的选择与当地的地理纬度、地段环境、局部气候特征及建筑用地条件等因素有关。适宜的朝向一方面可以合理地利用太阳辐射能，避免夏季过多的热量进入舍内，而冬季则最大限度地允许太阳辐射能进入舍内提高舍温；另一方面，可以合理利用主风向，改善通风条件，以获得良好的畜舍环境。

（1）朝向与光照 光照是促进家畜正常生长、发育、繁殖等不可缺少的环境因子。自然光照的合理利用，不仅可以改善舍内光温条件，还可起到很好的杀菌作用，利于舍内小气候环境的净化。我国地处北纬 20°～50°，太阳高度角冬季小、夏季大，为确保冬季舍内获得较多的太阳辐射热，防止夏季太阳过分照射，畜舍宜采用东西走向或南偏东（或西）15°左右朝向较为合适。

（2）朝向与通风及冷风渗透 畜舍布置与场区所处地区的主导风向关系密切，主导风向直接影响冬季畜舍的热量损耗和夏季畜舍的舍内和场区的通风，特别是在采用自然通风系统时。如果畜舍纵墙与冬季主风向垂直，则通过门窗缝隙和孔洞进入舍内的冷风量（冷风渗透量）很大，对保温不利。如纵墙与冬季主风向平行或形成 0°～45°角，则冷风渗透量大为减少，有利于保温。如果畜舍纵墙与夏季主风向垂直，则舍内通风不均匀，窗间墙造成的涡风区较大；如果纵墙与主风向形成 30°～45°角，则涡风区减小，通风均匀，有利于防暑，排除污染空气效果也好。因此，畜舍朝向要求要综合考虑当地的气象、地形等特点，抓住主要矛盾，兼顾次要矛盾和其他因素，来合理确定（图 3-7、图 3-8）。

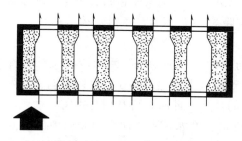 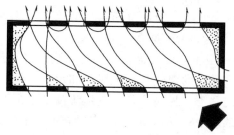

(a) 主风向与畜舍长轴垂直，舍内涡风区大　　　　(b) 主风向与畜舍长轴呈 30°～45°角，舍内涡风区小

图 3-7　畜舍朝向与夏季舍内通风效果的关系

（引自：李震钟. 家畜环境卫生学附牧场设计. 中国农业出版社，1994）

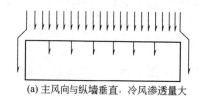 

(a) 主风向与纵墙垂直，冷风渗透量大　　　　(b) 主风向与纵墙成 0°～45°角，冷风渗透量小

图 3-8　畜舍朝向与冬季冷风渗透量的关系

（引自：李震钟. 家畜环境卫生学附牧场设计. 中国农业出版社，1994）

4. 畜舍间距的确定

具有一定规模的畜牧场，除个别采用连栋形式的畜舍外，生产区内都有一定数量而不同用途的畜舍。排列时畜舍与畜舍之间均有一定的距离要求。若距离过大，则会造成占地太多、浪费土地，而且会增加道路、管线等基础设施长度，增加投资，管理也不方便。但若距

离过小，会加大各舍间的干扰，对畜舍采光、通风、防疫、防火等不利。适宜的畜舍间距应根据采光、通风、防疫和消防几点综合考虑。

在我国采光间距 L 应根据当地的纬度、日照要求以及畜舍檐口高度 H 求得，采光间距一般取 $(1.5\sim2)H$ 即可满足要求。纬度高的地区，系数取大值。

畜禽舍经常排放有害气体，这些气体会随着通风气流影响相邻畜禽舍。通风与防疫间距要求一般取 $(3\sim5)H$（图 3-9），可避免前栋排出的有害气体对后栋的影响，减少互相感染的机会。

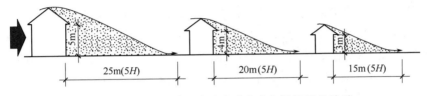

图 3-9　风向垂直于纵墙时畜舍高度与涡风区的关系

（引自：冯春霞．家畜环境卫生．中国农业出版社，2001）

防火间距要求设有专门针对农业建筑的防火规范，但现代畜禽舍的建筑大多采用砖混结构、钢筋混凝土结构和新型建材围护结构，其耐火等级在二级至三级，所以可参照民用建筑的标准设置。防火间距为 $(3\sim5)H$ 可以满足上述各项要求。

为保证防疫安全，畜舍与畜舍之间需保持的最短距离称为卫生间距，各种畜舍的卫生间距为 $30\sim50\mathrm{m}$。为防止火势蔓延，畜舍与畜舍之间需保持的最短距离，称为防火间距。一般规定防火间距为 $15\sim20\mathrm{m}$。随着畜牧生产集约化程度的提高，由于采用全封闭畜舍，人工控制环境以及地价不断上涨，大型畜牧场的畜舍卫生间距大大缩小，但畜舍卫生间距不少于 $20\mathrm{m}$ 是合理的。

畜禽舍的间距主要由防疫间距来决定。间距的设计可按表 3-7、表 3-8 参考选用。

表 3-7　鸡舍防疫间距　　　　　　　　　　单位：m

类别		同类鸡舍	不同类鸡舍	距孵化场
祖代鸡场	种鸡舍	30~40	40~50	100
	育雏、育成舍	20~30	40~50	50 以上
父母代鸡场	种鸡舍	15~20	30~40	100
	育雏、育成舍	15~20	30~40	50 以上
商品场	蛋鸡舍	10~15	15~20	300 以上
	肉鸡舍	10~15	15~20	300 以上

表 3-8　猪、牛舍防疫间距　　　　　　　　单位：m

类别	同类畜舍	不同类畜舍
猪场	10~15	15~20
牛场	12~15	15~20

三、畜牧场的公共卫生设施

1. 防护设施

为保证畜牧场防疫安全，避免一切可能的污染和干扰，畜牧场四周应建较高的围墙或较深的防疫沟，以防止场外人员及其他动物进入场区。

在场内各区域间，也可设较小的防疫沟或围墙，或种植隔离林带。不同年龄的畜群，最好不集中在一个区域内，并应使它们之间留有足够的卫生防疫距离（100～200m）。

在畜牧场大门及各区域入口处，应设消毒设施，如车辆消毒池、人的脚踏消毒槽或喷雾消毒室、更衣换鞋间等。装设紫外线灭菌灯，应强调照射时间（3～5min）。

2. 家畜运动场的设置

（1）运动场的位置　舍外运动场应选在背风向阳的地方，一般利用畜舍间距，也可在畜舍两侧分别设置。如受地形限制，也可在场内比较开阔的地方单设运动场。

（2）运动场的面积及要求　运动场的面积应能保证家畜自由活动，又要节约用地，一般家畜运动场的面积按每头家畜所占舍内平均面积的3～5倍计算，家畜的舍外运动场面积可参考下列数据：成年乳牛 20m²/头，青年牛 15m²/头，带仔母猪 12～15m²/头，种公猪 30m²/头，2～6月龄仔猪 4～7m²/头，后备猪 5m²/头，羊 4m²/只。

（3）运动场地势　运动场要平坦，稍有坡度，便于排水和保持干燥。四周应该设围墙或围栏，其高度为：马 1.6m，牛 1.2m，羊 1.1m，猪 1.1m。各种畜运动场的围栏高度，可再增加 20～30cm，也可用电围栏。

在运动场的西侧及南侧，应设遮阳棚或种植树木，以遮挡夏季烈日。运动场围栏外应设排水沟。

3. 道路规划

畜牧场道路包括与外部交通道路联系的场外干道和场区内部道路。场外干道担负着全场的货物和人员的运输任务，其路面最小宽度应能保证两辆中型运输车辆的顺利错车，为 6.0～7.0m。场内道路的功能不仅是运输，同时也具有卫生防疫作用，因此道路规划设计要满足分流与分工、联系简洁、路面质量、路面宽度、绿化防疫等要求。

（1）道路分类　按功能分为人员出入、运输饲料用的清洁道（净道）和运输粪污、病死畜禽的污物道（污道），有些场还设置供畜禽转群和装车外运的专用通道。按道路担负的作用分为主要道路、次要道路和支道。

（2）道路设计标准　清洁道一般是场区的主干道，路面最小宽度要保证饲料运输车辆的通行，单车道宽度 3.5m、双车道 6.0m，宜用水泥混凝土路面，也可选用整齐石块或条石路面，路面横坡（路面横断方向的坡度，即高度与水平距离之比）为 1.0%～1.5%、纵坡（路面纵向的坡度）为 0.3%～8.0%。污道宽度 3.0～3.5m，路面宜用水泥混凝土路面，也可用碎石、砾石、石灰渣土路面，但这类路面横坡为 2.0%～4.0%、纵坡 0.3%～8.0%。与畜舍、饲料库、产品库、兽医建筑物、贮粪场等连接的次要干道与支道，宽度一般为 2.0～3.5m。

（3）道路规划设计要求　一是要求净污分开与分流明确，尽可能互不交叉，兽医建筑物须有单独的道路；二是要求路线简洁，以保证畜牧场各生产环节联系最方便；三是路面质量好，要求坚实、排水良好，以沙石路面和混凝土路面为佳，保证晴雨通车和防尘；四是道路的设置应不妨碍场内排水，路两侧也应有排水沟，并应植树；五是道路一般与建筑物长轴平行或垂直布置，在无出入口时，道路与建筑物外墙应保持 1.5m 的最小距离；有出入口时，则为 3.0m。

4. 场内的排水设施

场区排水设施是为了排除雨水、雪水，保持场地干燥卫生。为了减少投资，一般可在道路一侧或两侧设明沟排水，沟壁、沟底可砌砖、石，也可将土夯实做成梯形或三角形断面。

5. 贮粪池的设置

贮粪池应设在生产区的下风向，与畜舍至少保持100m的卫生间距（有围墙及防护设施，可缩小为50m），并便于运往农田。

贮粪池一般深为1m，宽9～10m，长30～50m。底部用黏土夯实或做成水泥池底。各种家畜所需贮粪池的面积，可参考下列数据：牛2.5m²/头，羊0.4m²/只，猪0.4m²/头。

6. 畜牧场的绿化

畜牧场植树、种草绿化，对改善场区小气候、防疫、防火具有重要意义。在进行场地规划时必须规划出绿化地，场区绿化率（指绿化占地面积与总占地面积的百分比）不低于20%，其中包括防风林、隔离林、行道绿化、遮阳绿化、绿地等。

(1) 防风林　应设在冬季上风向，沿围墙种植。最好是落叶树和常绿树搭配，高矮树种搭配，植树密度可稍大些，乔木行株距为2～3m，灌木绿篱行距为1～2m，乔木应棋盘式种植，一般种植3～5行。

(2) 隔离林　主要设在各场区之间及围墙内外，夏季上风向的隔离林，应选择树干高、树冠大的乔木，如杨树、柳树或榆树等，行株距应稍大些，一般植树1～3行。

(3) 行道绿化　指道路两旁和排水沟边的绿化，起到路面遮阳和排水沟护坡作用。路面两侧可种植柏、冬青及其他矮科树种，达到绿化、美化效果。

(4) 遮阳绿化　一般设于畜舍南侧和西侧，或设于运动场周围和中央，起到为畜舍墙、屋顶、门窗或运动场遮阳的作用。遮阳绿化一般应选择树干高而树冠大的落叶乔木，如杨树、槐、枫等树种。遮阳绿化也可以搭架种植藤蔓植物。

(5) 场地绿化　是指牧场内裸露地面的绿化，可植树、种花、种草，也可种植有饲用价值或经济价值的植物，如苜蓿、草坪、果树等。

第四节　畜舍设计

畜舍的设计必须满足工艺设计要求，即满足畜禽的生活和生产需要，并尽可能满足动物对福利的需求，同时又便于饲养管理等，还要考虑当地气候、建材等因素。

一、畜舍设计概述

(一) 畜舍设计原则

畜舍是畜牧场主要的生产场所，其设计合理与否，不仅关系到畜舍的安全和使用年限，而且对畜禽生产性能能否最大程度发挥、舍内小气候以及畜牧场工程投资等都具有重要影响。设计畜舍时，应遵循以下原则。

1. 满足畜禽的生活和福利需要

畜舍建筑应充分考虑畜禽的生物学特性，为畜禽生长发育和生产创造适宜的环境条件，以确保畜禽健康和正常生产性能的发挥。

2. 保证建筑牢固稳定和各种技术措施的实施

正确选择和运用建筑材料，根据建筑空间特点，确定合理的建筑形式、构造和施工方案，使畜舍坚固耐久，建造方便。同时，畜舍建筑要有利于环境调控技术的实施，以保证畜禽良好的健康状况和高产。

3. 符合畜禽生产工艺要求

规模化畜牧场通常按照流水式生产工艺流程，进行高效率、高密度、高品质生产，这就使得畜舍建筑在建筑空间、建筑构造及总体布置上，与普通民用建筑、工业建筑有很大不同。而且，现代畜牧生产工艺因畜禽品种、年龄、生长发育强度、生理状况、生产方式的差异而对环境条件、设施与设备、技术要求等有所不同。因此，畜舍建筑设计应符合畜禽生产工艺要求，便于生产操作及提高劳动生产率，利于集约化经营与管理，满足机械化、自动化所需条件，同时为发展留有余地。

4. 经济适用

在畜舍设计和建造过程中，应根据当地的技术经济条件和气候条件，因地制宜、就地取材，尽量做到节省劳动力，节约建筑材料，减少投资。在满足先进的生产工艺的前提下，尽可能做到经济适用。

5. 符合总体规划和建筑美观的需要

畜舍建筑是畜牧场总体规划的组成部分，建筑设计要充分考虑与周围环境的关系，如原建筑物状况、道路走向、环境绿化、场区布局、畜禽生产对周围环境的污染等，使其与周围环境在功能和生产上建立最方便的关系。尽量注意畜舍的形体、立面、色调等与周围环境相协调，建造出朴素明朗、简洁大方的建筑形象。

（二）畜舍设计的依据

1. 满足人体工作空间和畜禽生活空间需要

为操作方便和提高劳动效率，人体尺度和人体操作所需要的空间范围是畜舍建筑空间设计的基本依据之一。此外，为了保证畜禽生活、生产和福利的需要，还必须考虑畜禽的体形尺寸和活动空间。

2. 畜舍面积标准和设备尺寸

（1）畜舍面积标准

① 鸡舍面积标准与设备参数。鸡舍的建筑面积因鸡品种、体形以及饲养工艺的不同而差异很大。目前国内没有统一标准，在鸡舍设计的时候要依据实际情况灵活进行。表 3-9 的数据仅供参考。

② 猪舍面积标准。1999 年，我国颁布了中、小型集约化养猪场建设标准，2008 年进行了修订，有关猪舍的面积可以参照此标准进行设计（表 3-10）。

③ 牛舍面积标准与设备参数。散放饲养时，成乳牛占地面积 $5 \sim 6 m^2 /$ 头。拴系式饲养和散栏式饲养时牛床尺寸如表 3-11 所示。肉牛用饲槽采食宽度设计参数：限食时，成年母牛 $600 \sim 760 mm$，育肥牛 $56 \sim 71 mm$，犊牛 $46 \sim 56 mm$；自由采食时，粗饲料槽 $15 \sim 20 mm$，精饲料槽 $10 \sim 15 mm$。自动饮水器 $50 \sim 75$ 头/个。

表 3-9 鸡舍面积标准及设备参数

项目		参数		
		轻型		重型
蛋鸡	地面平养建筑面积/(m²/只)	0.12～0.13		0.14～0.24
	笼养建筑面积/(m²/只)	0.02～0.07		0.03～0.09
	饲槽长度/(mm/只)	75		100
	饮水槽长度/(mm/只)	19		25
	产蛋箱/(只/个)	4～5		4～5
		0～4 周龄	4～10 周龄	10～20 周龄
肉仔鸡及育成母鸡	开放舍建筑面积/(m²/只)	0.05	0.08	0.19
	密闭舍建筑面积/(m²/只)	0.05	0.07	0.12
	饲槽长度/(mm/只)	25	50	100
	饮水槽长度/(mm/只)	5	10	25
		种火鸡		生长火鸡
火鸡	开放舍建筑面积/(m²/只)	0.7～0.9		0.6
	环控舍建筑面积/(m²/只)	0.5～0.7		0.4
	饲槽长度/(mm/只)	100		100
	饮水槽长度/(mm/只)	100		100
	产蛋箱/(只/个)	20～25		
	栖架/(mm/只)	300～375		300～375

表 3-10 猪只饲养密度

猪群类别	每栏饲养头数	每头占床面积/(m²/头)
种公猪	1	9.0～12.0
后备公猪	1～2	4.0～5.0
后备母猪	5～6	1.0～1.5
空怀妊娠母猪	4～5	2.5～3.0
哺乳仔猪	1	4.2～5.0
保育仔猪	9～11	0.3～0.5
生长育肥猪	9～10	0.8～1.2

表 3-11 牛床尺寸参数

牛的类别	拴系式饲养			牛的类别	散栏式饲养		
	长度/m	宽度/m	坡度/%		长度/m	宽度/m	坡度/%
种公牛	2.2	1.5	1.0～1.5	大牛种	2.1～2.2	1.22～1.27	1.0～4.0
成乳牛	1.7～1.9	1.1～1.3	1.0～1.5	中牛种	2.0～2.1	1.12～1.22	1.0～4.0
临产牛	2.2	1.5	1.0～1.5	小牛种	1.8～2.0	1.02～1.12	1.0～4.0
产房	3.0	2.0	1.0～1.5	青年牛	1.8～2.0	1.0～1.15	1.0～4.0
青年牛	1.6～1.8	1.0～1.1	1.0～1.5	8～18 月龄	1.6～1.8	0.9～1.0	1.0～3.0
育成牛	1.5～1.6	0.8	1.0～1.5	5～7 月龄	0.75	1.5	1.0～2.0
犊牛	1.2～1.5	0.5	1.0～1.5	1.5～4 月龄	0.65	1.4	1.0～2.0

（2）采食宽度标准　采食宽度因畜禽种类、体形、年龄以及采食设备不同而异，具体参考表 3-12。

表 3-12　各类畜禽的采食宽度

畜禽种类	采食宽度/cm	畜禽种类	采食宽度/cm
牛：拴系饲养		成年公猪	35～45
3～6月龄犊牛	30～50	蛋鸡：	
青年牛	60～100	0～4周龄	2.5
泌乳牛	110～125	5～10周龄	5
散放饲养		11～20周龄	7.5～10
成年乳牛	50～60	20周龄以上	12～14
猪：		肉鸡：	
20～30kg	18～22	0～3周龄	3
30～50kg	22～27	3～8周龄	8
50～100kg	27～35	8～16周龄	12
自动饲槽自由采食群养	10	16～22周龄	15
成年母猪	35～40	产蛋母鸡	15

注：引自冯春霞. 家畜环境卫生. 中国农业出版社，2001。

（3）通道设置标准　畜舍沿长轴纵向布置畜栏时，纵向管理通道宽度可参考表3-13。较长的双列或多列式畜舍，每隔30～40m，沿跨度方向设横向通道，宽度一般为1.5m，马舍、牛舍为1.8～2.0m。

表 3-13　畜舍纵向通道宽度

畜舍种类	通道用途	使用工具及操作特点	宽度/cm
牛舍	饲喂	用手工或推车饲喂精、粗饲料	120～140
	清粪及管理	手推车清粪，放奶桶，放洗乳房的水桶等	140～180
猪舍	饲喂	手推车喂料	100～120
	清粪及管理	清粪（幼猪舍窄、成年猪舍宽）、接产等	100～150
鸡舍	饲喂、捡蛋、清粪、管理	用特制手推车送料、捡蛋时，可采用一个通用车盘	笼养80～90 平养100～120

注：引自冯春霞. 家畜环境卫生. 中国农业出版社，2001。

（4）畜舍及其内部设施高度标准

① 畜舍高度。畜舍高度的确定主要取决于自然采光和通风要求，同时考虑当地气候条件。寒冷地区畜舍高度一般以2.2～2.7m为宜，跨度9.0m以上的畜舍可适当加高。炎热地区为了有利于通风，畜舍高度不宜过低，一般以2.7～3.3m为宜。

② 门的高度。见第二章。

③ 窗的高度。畜舍窗的高低、形状、大小等，由畜舍的采光与通风设计要求决定。

④ 舍内外高差。为防止雨水倒灌，畜舍室内外地面一般应有300mm左右的高差，场地低洼时应提高到450～600mm。供畜、车出入的大门，门前不设台阶而设15%以下的坡道。舍内地面应有0.5%～1.0%的坡度。

⑤ 畜舍内部设施高度。饲槽、水槽、饮水器安置高度及畜舍隔栏（墙）高度，因畜禽种类、品种、年龄不同而异。

a. 饲槽、水槽设置。鸡饲槽、水槽的设置高度一般应使槽上缘与鸡背同高；猪、牛的饲槽和水槽底可与地面同高或稍高于地面；猪用饮水器距地面的高度，仔猪为10～15cm，育成猪为25～35cm，肥猪为30～40cm，成年母猪为45～55cm，成年公猪为50～60cm。如将饮水器装成与水平呈45°～60°角，则距地面高度10～15cm，即可供各种年龄的猪使用。

b. 隔栏（墙）的设置。平养成年鸡舍隔栏高度不应低于2.5m，用铁丝网或竹竿制作；猪栏高度一般为：哺乳仔猪0.4～0.5m，育成猪0.6～0.8m，育肥猪0.8～1.0m，空怀母猪1.0～1.1m，怀孕后期及哺乳母猪0.8～1.0m，公猪1.3m；成年母牛隔栏高度为1.3～1.5m。

（三）畜舍设计内容

畜舍设计是一项综合性的工作，其任务是以工艺设计资料为主要依据。其主要内容包括：畜舍类型选择、畜舍平面设计、畜舍剖面设计、畜舍立面设计等。

1. 畜舍平面设计内容

其内容主要包括圈栏、舍内通道、门、窗、排水系统、粪尿沟、环境调控设备、附属用房以及畜舍建筑的平面尺寸确定等。

（1）圈栏的布置　根据工艺设计确定每栋畜舍应容纳的畜禽占栏头（只）数、饲养工艺、设备选型、劳动定额、场地尺寸、结构形式、通风方式等，选择栏圈排列方式（单列、双列或多列）并进行圈栏布置。单列和双列布置使建筑跨度小，有利于自然采光、通风和减少梁、屋架等建筑结构尺寸，但在长度一定的情况下，单栋舍的容纳量有限，且不利于冬季保温。多列式布置使畜舍跨度较大，可节约建筑用地，减少建筑外围护结构面积，利于保温隔热，但不利于自然通风和采光。南方炎热地区为了自然通风的需要，常采用小跨度畜舍，而北方寒冷地区为保温的需要，常采用大跨度畜舍。

（2）舍内通道的布置　舍内通道包括饲喂道、清粪道和横向通道。饲喂道和清粪道一般沿畜栏平行布置，两者不应混用；横向通道与前两者垂直布置，一般是在畜舍较长时为管理方便而设的。通道的宽度也是影响畜舍跨度和长度的重要因素，为节省建筑面积，降低工程造价，在工艺允许的前提下，应尽量减少通道的数量。不同类型畜舍、采用不同饲喂方式（人工、机械、自动），其通道的宽度要求不同。

（3）排水系统的布置　畜舍一般沿畜栏布置方向设置粪尿沟以排出污水，宽度一般为0.3～0.5m，如不兼作清粪沟，其上可设箅子，沟底坡度根据其长度可设为0.5%～2%（过长时可分段设坡），在沟的最低处应设沟底地漏或侧壁地漏，通过地下管道排至舍内的沉淀池，然后经污水管排至舍外的检查井，再通过场区的支管、干管排至粪污处理池。畜舍内的饲

刮粪板的安装

喂通道不靠粪尿沟时，宜单独设0.1～0.15m宽的专用排水沟，排除清洗畜舍的水。值班室、饲料间、集乳室等附属用房也应设地漏和其他排水设施。

（4）附属用房和设施布置　一般在靠场区净道的一侧设值班室、饲料间等，有的幼畜舍需要设置热风炉房。在靠场区污道一侧设畜体消毒间。在舍内挤奶的乳牛舍一般还设置真空泵、集乳间等。这些附属用房，应按其作用和要求设计位置及尺寸。大跨度的畜舍，值班室和饲料间可分设在南、北相对位置；跨度较小时，可靠南侧并排布置。真空泵房、青贮饲料和块根饲料间、热风炉房等，可以突出设在畜舍北侧。

（5）畜舍平面尺寸确定　畜舍平面尺寸主要是指跨度和长度。影响畜舍平面尺寸的因素有很多，如建筑形式、气候条件、设备尺寸、走道、畜禽饲养密度、饲养定额等。通常，需首先确定圈栏或笼具、畜床等主要设备的尺寸。如果设备是定型产品，可直接按排列方式计算其所占的总长度和跨度；如果是非定型设备，则须按每圈（笼）容畜头（只）数、畜禽占栏面积和采食宽度标准，确定其宽度（长度方向）和深度（跨度方向）。然后考虑通道、粪尿沟、食槽、附属房间等的设置，即可初步确定畜舍的跨度与长度。

（6）**水、暖、电、通风等设备布置** 根据畜禽圈栏、饲喂通道、排水沟、粪尿沟、清粪通道、附属用房等的布置，分别进行水、暖、电、通风等设备工程设计。饮水器、水龙头、冲水水箱、减压水箱等用水设备的位置，应按圈栏、粪尿沟、附属用房等的位置来设计，在满足技术需要的前提下力求管线最短。照明灯具一般沿饲喂通道设置，产房的照明须方便接产；育雏伞、仔猪保温箱等电热设备的设计则需根据其安装位置、相应功率来设置插座，尽量缩短线路。通风设备的设置，应在计算通风量的基础上进行。

（7）**门窗和各种预留孔洞的布置** 畜舍大门可根据气候条件、圈栏布置及工作需要，设于畜舍两端山墙或南北纵墙上。西、北墙设门不利于冬季防风，应设置缓冲用的门斗。畜舍大门、值班室门、圈栏门等的位置和尺寸，应根据畜种、用途等决定。窗的尺寸设计应根据采光、通风等要求经计算确定，并考虑其所在墙的承重情况和结构柱间距进行合理布置。除门窗洞外，上下水管道、穿墙电线、通风进出风口、排污口等，也应该按需要的尺寸和位置在平面设计时统一安排。

2. 畜舍剖面设计内容

畜舍剖面设计主要是确定畜舍各部位、各种构（配）件及舍内的设备、设施的高度尺寸。

（1）**确定舍内地平标高** 一般情况下，舍内饲喂通道的标高应高于舍外地平 0.30m，并以此作为舍内地平 ±0.000 标高。场地低洼或当地雨量较大时，可适当提高饲喂通道高度。有车和畜禽出入的畜舍大门，门前应设坡度不大于 15% 的坡道，而不能设置台阶。舍内地面坡度，一般在畜床部分应保证 2%～3%，以防畜床积水潮湿；地面应向排水沟有 1%～2% 的坡度。

（2）**确定畜舍的高度** 畜舍的高度是指舍内地平面（标高±0.000）到屋顶承重结构下表面的距离。畜舍高度不仅影响土建投资，而且影响舍内小气候调节，除取决于自然采光和通风设计外，还应考虑当地气候和防寒与防暑要求，也取决于畜舍的跨度。寒冷地区一般以 2.2～2.7m 为宜，跨度 9.0m 以上时可适当加高；炎热地区为有利通风，畜舍不宜过低，一般以 2.7～3.3m 为宜。

（3）**确定畜舍内部设备及设施的高度尺寸** 主要是指畜栏、笼具、食槽、水槽、饮水器等的安置高度，因畜种、品种、年龄不同而异。

（4）**确定畜舍结构构件高度** 屋顶中的屋架和梁为承重构件，在建筑设计阶段可以按照构造要求进行构件尺寸的估算，最终的构件尺寸须经结构计算确定。

（5）**门窗与通风洞口设置** 门的竖向高度根据人、畜和机械通行需要综合考虑。确定窗的竖向位置和尺寸时，要考虑夏季直射光对畜舍的影响，应按入射角、透光角计算窗的上下沿高度。

在高密度饲养的畜舍里，会产生大量有害气体和粉尘微粒，因此畜舍通风是舍内环境调控的主要手段。风机洞口、进排风口等通风洞口的垂直位置和尺寸，应结合畜舍通风系统设计统一考虑。畜舍通风方式分为机械通风、自然通风及机械自然混合通风。

机械通风的通风量根据畜群类别和不同季节由工艺设计提出，风机洞口和进排风洞口的大小、形状与位置等需要在剖面设计中考虑。与湿帘配套的畜舍纵向机械通风系统具有风流均匀、旋涡区小、有利于防疫、风机台数少、土建造价低、管理方便等一系列优点，目前已成为国内外大多数畜舍（特别是鸡舍）采用机械通风系统时的主要通风方式。

自然通风虽然受外界气候条件影响较大，通风不稳定，但经济实用。为了充分和有效地利用自然通风，在畜舍剖面设计中，根据通风要求选择适宜的剖面形式和合理布置通风口的位置。

资料卡："正负零"（±0.000）

　　"正负零"（±0.000）：指建筑物上的一个标高（可以理解为"高度"），是设计部门根据规划单位及建设单位的要求，为避免使用绝对高程计算建筑物的高度和深度所带来的麻烦，人为规定的一个该建筑物统一的、方便测量与计算的高程控制基准点，其数值自0.000起算，与该基准点相比较，比之高者为正数，比之低者为负数。一般指建筑物底层地面的"高度"，建筑施工到±0.000就表示已经把基础结构施工完了，通常说已经"出地面"了。建筑物其他标高均以±0.000为准，标相对标高，例如一层建筑标高为正3m，地下室底板结构标高为负5m等。

---

3. 畜舍立面设计

　　畜舍立面设计是在平面设计与剖面设计的基础上进行的，主要表示畜舍前、后、左、右各方向的外貌、重要构配件的标高和装饰情况。立面设计包括屋顶、墙面、门窗、进排风口、屋顶风帽、台阶、坡道、雨罩、勒脚、散水及其他外部构件与设备的形状、位置、材料、尺寸和标高。

二、猪舍设计

1. 猪舍平面设计

猪场内部设备与猪场规划布局

　　猪舍建筑平面设计主要解决的问题是：根据不同的猪舍特点，合理布置猪栏、走道和门窗，精心组织饲料路线和清粪路线。

　　（1）平面布置形式　圈栏排列方式（单列、双列或多列）选择及其布置要综合考虑饲养工艺、设备选型、每栋应容纳头数、饲养定额、场地地形等情况。选用定型设备时，可以根据设备尺寸及圈栏排列计算猪舍长度和跨度。若选用非定型设备，则需要根据每圈容纳头数、猪只占栏面积标准和采食宽度标准来确定；若饲槽沿猪舍长度布置，则应按照采食宽度确定每个圈栏的宽度。走道面积一般占猪舍面积的20%～30%，因此饲喂走道宽度一般为1.2～1.5m，清粪通道一般宽1～1.2m。一般情况下，采用机械喂料和清粪，走道宽度可以小一些，而采用人工送料和清粪，则走道需要宽一些。

　　图3-10是黑龙江某父母代猪场平面布置实例。该场占地约9.3hm²，建筑面积7680m²，其中生产建筑面积6750m²。一期工程设计规模为300头核心母猪，年产种猪2400头、育肥猪2900头。该地区夏季主导风向为南风和西南风，冬季主导风向为西北风。场区总体布局是南侧为主入口、门卫室①、选猪舍③、办公楼②等，其中选猪舍位于东南角，外部选购种猪的人员和车辆不用进入场内；中部为生产区，猪舍采用双列布置，中间为净道，东西两侧为污道，东列按生产工艺流程从北往南依次排列公猪及配种舍⑧、母猪舍⑦、分娩舍⑥、仔猪舍⑤、种猪育成舍④，西侧主要是育肥舍⑨和预留发展用地⑩；场区最北端是临时堆粪场⑫，与生产区有围墙和50m的绿化隔离带隔开；兽医室及病猪舍⑪位于场区东侧不好利用的三角形地带。

　　（2）猪舍跨度和长度计算　猪舍跨度主要由圈栏尺寸及其布置方式、走道尺寸及其数量、清粪方式与粪沟尺寸、建筑类型及其构件尺寸等决定。而猪舍长度根据工艺流程、饲养

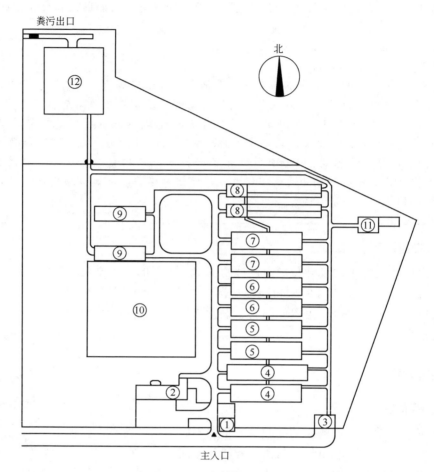

图 3-10 某种猪场平面布置图

①门卫室；②办公楼；③选猪舍；④种猪育成舍；⑤仔猪舍；⑥分娩舍；⑦母猪舍；
⑧公猪及配种舍；⑨育肥舍；⑩预留发展用地；⑪兽医室及病猪舍；⑫堆粪场

规模、饲养定额、机械设备利用率、场地地形等来综合决定，一般为 70m。采用砖混合钢筋混凝土结构的猪舍要满足建筑伸缩缝和沉降缝的设置要求。值班室、饲料间等附属空间一般设在猪舍一端，这样有利于场区规划布局时满足净污分离。

选用标准设施和定型设备时，可以根据设施与设备尺寸及其排列计算猪舍跨度和长度。若选用非标准设施和非定型设备，则需要根据具体设施设备的布置来综合考虑确定。例如饲槽沿猪舍（开间方向）布置，则先按照采食宽度计算每个圈栏的宽度（开间方向），然后根据每圈容纳的猪只数量和猪只占栏面积标准定额计算单个圈栏的长度（进深方向）。

下面以一个育肥猪舍为例说明如何确定猪舍跨度与长度。根据工艺设计，采用整体单元式转群，每个单元 12 圈，每圈饲养 1 窝猪，共设有 6 个单元；每窝育肥栏宽度 2.8m，栏长度 3.23m（2.03m 的实体猪床和 1.2m 的漏缝地板）。每个单元采用双列布置，每列 6 圈，中间饲喂走道 1.0m，两侧清粪通道各 0.6m，粪尿沟各 0.3m，猪舍内外墙厚度均为240mm，猪舍平面布局采用单廊式，北侧走廊宽度 1.5m，南侧横向通道 0.62m。经排列布置和计算得单元长向间距 9.5m，猪舍长度 57m，跨度 19.4m，如图 3-11 所示。

在设计实践中，猪舍长度一般在 70～100m 内，此长度符合我国饲养人员饲养管理定额。

（3）门窗及通风洞口的平面布置　门的位置主要根据饲养人员的工作和猪只转群线路需要设置，供人、猪、手推车出入的门宽度1.2～1.5m，门外设坡道，外门设置时应避开冬季主导风向或加门斗；双列猪舍的中间过道应用双扇门，宽度不小于1.5m；圈栏门宽度不小于0.8m，一律向外开启。

窗的设置应考虑采光和通风要求，面积大，采光多，换气好，但冬季散热和夏季传热多，不利于保温和防暑。采光标准以采光系数来衡量，种猪舍要求1/10～1/8，育肥舍要求1/20～1/15；通风口的设计应根据当地的气候条件，计算夏季最大通风量和冬季最小通风量需求，组织室内通风流线，决定其大小、数量和位置。

2. 猪舍的剖面设计

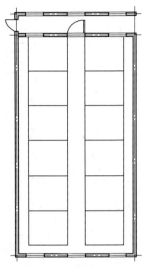

图3-11　单元式育肥
猪舍平面布置

猪舍的剖面设计主要解决剖面形式、建筑高度、室内外高差及采光通风洞口设置等问题。根据工艺、区域气候、地方经济技术水平等选择单坡、双坡或其他剖面形式。在进行剖面设计时，需要考虑猪舍净高、窗台高度、室内外地面高差以及猪舍内部设施与设备高度、门窗与通风洞口的设置等。

猪舍净高是指室内地面到屋架下弦、结构梁板底或天花板底的高度，一般单层猪舍的净高取2.4～2.7m，炎热地区为了有利于通风，可取2.7m，寒冷地区为了利于防寒，可取2.4m，通常，窗台的高度不低于靠墙布置的栏位高度。公、母猪猪栏高度分别不小于1.2m和1.0m，采用定型产品则根据其产品说明书设计；饮水器安装高度为0.6m。

一般情况下室内外地面高度差为150～600mm，取值要考虑当地的降雨情况，室外坡道坡度1/10～1/8。值班室、饲料间的地面应高于送料道20～50mm，送料道比猪床高20～50mm。

此外，猪床、清粪通道、清粪沟、漏缝地板等处的标高应根据清粪工艺与设备需要来确定。一般漏缝地板猪舍的粪尿沟最浅处为600mm，普通地面猪舍的粪尿沟最浅处为200mm，坡度为1.5%～3.0%。

门洞口底标高一般同所处的地平面标高，猪舍外门一般高2.0～2.4m，双列猪舍中间过道上设门时，高度不小于2.0m。南侧墙上窗底标高一般取0.8～0.9m，窗下设置的风机洞口底标高一般要高出地面0.06m左右；北侧墙上窗底标高一般取1.1～1.2m，其下设置的地窗底标高一般也取0.06m。

三、鸡舍设计

1. 鸡舍平面设计

（1）平面布置形式　根据走道与饲养区的布置形式，平养鸡舍平面布置可分为无走道平养、单走道平养、中走道双列式平养、双走道双列式平养、双走道四列式平养等形式。

根据笼架配置和排列方式上的差异，笼养鸡舍平面布置分为无走道式和有走道式两大类。

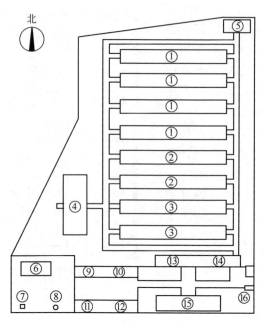

图 3-12 某原种鸡场平面布置图

图 3-12 所示是某原种鸡场平面布置规划。饲养规模为 10 000 套曾祖代成年种鸡。

该场地处北京郊区平原地区，全场占地面积约 2.67hm²，建筑面积约 8000m²，其中生产建筑面积 6400m²。根据场地地势平整，形状基本规则，南北长、东西短的地形特点，结合该地区夏季主导风向为南风和西南风、冬季主导风向为西北风的气候条件，场区的总体规划布局是北侧为生产区，布置原种鸡舍①、测定鸡舍②、育成鸡舍③、育雏舍④。禽舍排列采用单列式，西侧为净道，东侧为污道，最东北端设临时粪污场⑤。育雏舍④单独置于生产区西侧，有道路和绿化隔离。南侧为办公与生产辅助区，设置锅炉房⑥、水泵房⑦、水塔⑧、浴室⑨、维修室⑩、车库⑪、食堂⑫、孵化厅⑬、更衣消毒室⑭、办公楼⑮、门卫室⑯，其中锅炉房⑥位于场区的西南角，对生产区和辅助生产区影响最小。

（2）平面尺寸确定

① 鸡舍跨度确定。平养鸡舍跨度≈n 个饲养区宽度＋m 个走道宽度。种鸡平养饲养区宽度一般在 10m 左右，走道宽度一般取 0.6～1.0m。笼养鸡舍跨度≈n 个鸡笼架宽度＋m 个走道宽度。

通风方式与鸡舍跨度也有关系。开敞式鸡舍采用横向通风，跨度在 6m 左右通风效果较好，不宜超过 9m；而从防疫和通风效果看，目前密闭式鸡舍均应采用纵向通风技术，对鸡舍跨度要求并不严格，但应考虑应急状态下应急窗的横向通风，故鸡舍跨度也不能一味扩大。生产中，三层全阶梯蛋鸡笼架的横向宽度在 2100～2200mm，走道净距一般不小于 600mm，若鸡舍跨度 9m，一般可布置三列四走道，跨度 12m 则可布置四列五走道，跨度 15m 时则可布置五列六走道。

② 鸡舍长度确定。鸡舍长度确定主要考虑以下几个方面：饲养量、选用的饲喂设备和清粪设备的布置要求及其使用效率、场区的地形条件与总体布置等。

平养鸡舍鸡饲养量与鸡舍长度关系可按下式计算：

平养鸡舍饲养区面积(A)＝单栋鸡舍每批饲养量(Q)/饲养密度(q)

鸡舍初拟长度(L)＝$A/(B+nB_1)+L_1+2b$

式中，L 为鸡舍初拟长度；B 为初拟饲养区宽度；n 为走道数量；B_1 为走道宽度；L_1 为工作管理间宽度（开间），b 为墙的厚度。

以 10 万只蛋鸡场为例，根据饲养工艺，育成鸡饲养量 $Q=9800$ 只/批，网上平养饲养密度 $q=12$ 只/m²，平面布置为二列双走道，$B=10$m，$n=2$，$B_1=0.8$m，$L_1=3.6$m，$b=0.12$m，则：

$$A=Q/q=9800/12\approx816.7(\text{m}^2)$$

$$L=A/(B+nB_1)+L_1+2b=816.7/(10+2\times0.8)+3.6+2\times0.12\approx74.2(\text{m})$$

笼养鸡舍的鸡舍长度，则根据所选择笼具容纳鸡的数量，结合笼具尺寸，再适当考虑设备、工作空间等来确定。以一个 10 万只蛋鸡场为例，根据工艺设计，单栋蛋鸡舍饲养量为 0.88 万只/批，采用 9LTZ 型三层全阶梯中型鸡笼，单元鸡笼长度 2078mm，共饲养 96 只蛋鸡，三列四走道布置形式，则所需鸡笼单元数＝饲养量/单元饲养量＝8800/96≈92（个），采用三列布置，实际取 93 组；每列单元数＝93/3＝31（个），鸡笼安装长度 L_1＝单元鸡笼长度×每列单元数＝2078×31＝64 418mm＝64.418m。鸡舍净长还需要加上设备安装和两端走道长度，包括：①工作间开间（如取 3.6m）；②鸡笼架头架尺寸 1.01m；③头架过渡食槽长度 0.27m；④尾架尺寸 0.5m；⑤尾架过渡食槽长度 0.195m；⑥两端走道各取 1.5m。则

鸡舍净长度(L)＝64.418＋3.6＋1.01＋0.27＋0.5＋0.195＋2×1.5≈73.0(m)

2. 鸡舍的剖面设计

鸡舍的剖面设计内容包括剖面形式的选择、剖面尺寸确定和窗洞、通风口的形式与设置。

（1）剖面形式的选择　根据工艺、区域气候、地方经济技术水平等选择单坡、双坡或其他剖面形式。

（2）剖面尺寸确定　一般剖面的高跨比取（1：4）～（1：5），炎热地区及采用自然通风的鸡舍跨度要求大些，寒冷地区和采用机械通风系统的鸡舍要求小些。

通常，敞开式平养鸡舍高度取 2.4～2.8m，密闭式平养鸡舍取 1.9～2.4m。

决定笼养鸡舍剖面尺寸的因素主要有设备高度、清粪方式以及环境要求等。如三层阶梯鸡笼，采用链式喂料器，若为人工拣蛋，则可选用低架笼，笼架高度 1615mm；若为机械集蛋，则选用高架笼，笼架高度 1815mm。清粪方式对鸡舍剖面尺寸的影响如图 3-13 所示。鸡舍内上层笼顶之上须留有一定的空间，以利于通风换气。无吊顶时，上层笼顶面距屋顶结构下表面不小于 0.4m，有吊顶时则距吊顶不小于 0.8m。

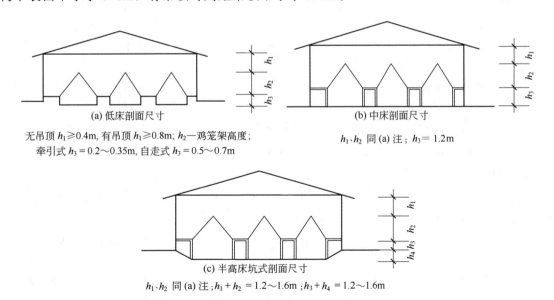

(a) 低床剖面尺寸

无吊顶 $h_1 \geqslant 0.4$m，有吊顶 $h_1 \geqslant 0.8$m；h_2—鸡笼架高度；
牵引式 $h_3 = 0.2 \sim 0.35$m，自走式 $h_3 = 0.5 \sim 0.7$m

(b) 中床剖面尺寸

h_1、h_2 同 (a) 注；$h_3 = 1.2$m

(c) 半高床坑式剖面尺寸

h_1、h_2 同 (a) 注；$h_1 + h_2 = 1.2 \sim 1.6$m；$h_3 + h_4 = 1.2 \sim 1.6$m

图 3-13　笼养鸡舍剖面图

（3）窗洞、通风口的形式与设置　开放式和有窗式鸡舍的窗洞口设置以满足舍内光线均匀为原则。开放舍中设置的采光带，以上下布置两条为宜；有窗舍的窗洞开口应每开间设立

式窗，或采用上下层卧式窗，这样可获得较好的光照效果。

鸡舍通风洞口设置应使自然气流通过鸡只的饲养层面，以利于夏季降低舍温和鸡只温度。平养鸡舍的进风口下标高应与网面相平或略高于网面，笼养鸡舍为 0.3～0.5m，上标高最好高出笼架。

四、牛舍设计

（一）奶牛舍设计

1. 平面设计

奶牛舍一般由饲养间和辅助用房组成。其中辅助用房包括饲料间、更衣室、机器间、干草间、奶具间和值班室等。

（1）牛床 牛床是奶牛采食、挤奶和休息的地方。牛床宽度取决于奶牛的体型和是否在牛舍内挤奶。一般奶牛的肚宽为 75cm 左右，如果在牛舍内挤奶，牛床不宜太窄，常采用 1.2～1.3m 宽的牛床。

拴系饲养条件下，牛床长度可根据牛的体型和拴系方式的不同分为长牛床和短牛床两种。散栏饲养方式下，牛床主要由隔栏、床面和铺垫物组成。通常，1 头体重为 600kg 的荷斯坦牛，静卧时需要的牛床长度约为 2140mm，为确保牛冲起时所占用的空间，一般设置的前冲空间幅度为 260～560mm，因此，散栏牛床长度取 2450mm；如采用侧冲空间则牛床长度为 2100～2200mm。

（2）饲喂设备

① 饲料通道：一般人工送料时通道宽 1.2m 左右，机械送料时宽 2.8m 左右。饲料通道要高出牛床床面 10～20cm，以便于饲料分发。

② 食槽尺寸：拴系饲养生产工艺一般都通过人工送料，将精料、粗料、青贮料等分开饲喂，食槽多为一般的固定食槽，其长度和牛床宽度相同。食槽的上沿宽度为 70～80cm，底部宽度 60～70cm，前沿高 60cm（靠走道一侧），后沿高 30cm（靠牛床一侧）。散栏饲养工艺也可选择基础日粮加补料方式。

（3）清粪通道与粪沟 清粪通道应根据清粪工艺不同进行具体设计。对头式双列式牛舍，通道宽度以饲料车能通过为原则。人工推车饲喂，中间饲喂通道宽度以 1.4～1.8m（不含料槽）为宜。TMR 日料车饲喂，采用道槽合一式，道宽 4m 为宜（含料槽宽），粪沟宽以常规铁锹推行宽度为宜，宽 0.25～0.3m，深 0.15～0.3m，坡度 1%～2%。

2. 各种牛舍的平面设计

（1）成乳牛舍 成乳牛舍对环境的要求相对较高。拴系、散栏成乳牛舍的平面形式可以根据牛床排列形式分为以下四种。

① 单列式牛舍：只有一排牛床，前为饲料道，后为清粪道。适用于饲养 25 头奶牛以下的小型牛舍。

② 双列式牛舍：两排牛床并列布置，稍具规模的奶牛场大都为双列式牛舍。建筑跨度，拴养式为 12m、隔栏式为 15m 即能满足要求。按两列牛床相对位置的不同又分为对尾式和对头式，如图 3-14 所示。

③ 多列式牛舍：也分对头式或对尾式布置，适用于大型牛舍。

④ 散栏式牛舍：中间是饲喂通道，两侧布置饲槽及颈枷，与双列对头式不同的是牛床

与清粪通道之间增加宽度为 2.5m 的自由卧床，牛舍的跨度根据饲养头数，单列卧床需 15m，双列卧床需 27m。

（2）产牛舍　产牛舍包括产床、产房、难产室、保育间及饲料间等部分。

产床常排成单列、双列对尾式，采用长牛床 2.2～2.4m，宽度也稍宽为 1.4～1.5m，以便接产操作。大的产牛舍还设有单独的产房和难产室，以供个别精神紧张牛只需要。

待产母牛可以在通栏中饲养，每头牛占地

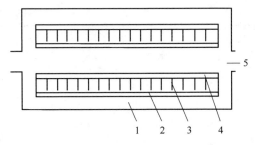

图 3-14　双列对尾式乳牛舍平面图
1—饲喂通道；2—饲槽；3—隔栏；
4—粪尿沟；5—清粪通道

8m² ，但每个产栏最好不要超过 30 头牛；对于每头分娩奶牛，可以在产栏设置 10m² 左右的单栏（最小尺寸要求：长 3m，宽 3m，高 1.3m）。产栏地面要防滑，并设置独立的排尿系统。

初生牛犊饲养在专设保育间的犊牛单栏内，犊牛单栏为箱形栏栅，长 1.1～1.4m，宽 0.8～1.2m，高 0.9～1m，底栏离地 150～300mm。最好制成活动式犊牛栏，以便可推到户外进行日光浴，此时也便于舍内清扫。

（3）犊牛舍　犊牛在舍内按月龄分群饲养。

① 单栏。0.5～2 月龄可在单栏中饲喂，但 2 月龄之后最好采用群栏饲养。在采用单栏饲养时，最好让其能够相互看见和听见。犊牛栏与栏之间的隔墙应为敞开式或半敞开式，竖杆间距 8～10cm，为清洗方便，底部 20cm 可做成实体隔栏。犊牛栏尺寸见表 3-14。

表 3-14　犊牛栏尺寸

体重/kg	建议面积 /m²	犊牛栏最小 面积/m²	犊牛栏最小 长度/m	犊牛栏最小 宽度/m	犊牛栏最小 侧面高度/m
60 以下	1.70	1.20	1.20	1.00	1.00
60 以上	2.00	1.40	1.40	1.00	1.00

② 群栏。2～6 月龄犊牛可养于群栏中，舍内和舍外均要有适当的活动场地。犊牛通栏布置亦有单排栏、双排栏等，最好采用三条通道对头式，把饲料通道和清粪通道分开来。中间饲料通道宽以 90～120cm 为宜。清粪通道兼供犊牛出入运动场的通道，以 140～150cm 为宜。群栏大小按每群饲养量决定，每群 2～3 头，3.0m²/头；每群 45 头，1.8～2.5m²/头；围栏高度 1.2m。

（4）青年牛舍、育成牛舍　6～12 月龄青年牛养于通栏中，为了训练育成牛上槽饲养，育成牛采用与成乳牛相同的颈枷。这两类牛由于体形尚未完全成熟并且在牛床上没有挤奶操作过程，故牛床可小于成乳牛床，因此青年牛舍和育成牛舍比成乳牛舍稍小，通常采用单列或双列对头式饲养。每头牛占 4～5m²，牛床、饲槽和粪沟大小比成乳牛稍小或采用成乳牛的底限。其平面布置与成乳牛舍相同，床位尺寸略小于成乳牛舍（表 3-15）。

图 3-15 是某 500 头成乳牛群的良种繁育场总平面布置实例，场区占地 8hm²。

场区内不设青贮设施，所需的青贮饲料由场外配送，精料也由场外饲料厂提供成品，场区只设精料成品库（即饲料库⑧）。挤奶厅⑤中设胚胎生产技术室，主要进行种牛超排、取卵及鲜胚分割等技术处理。场区内的道路分净道、污道。为确保消防需要，整个场区道路

表 3-15　牛床尺寸和坡度

牛的类别	拴系式饲养			牛的类别	散栏式饲养		
	长度/m	宽度/m	坡度/%		长度/m	宽度/m	坡度/%
成乳牛	1.7～1.9	1.1～1.3	1.0～1.5	大牛种 中牛种 小牛种	2.1～2.2 2.0～2.1 1.8～2.0	1.22～1.27 1.12～1.22 1.02～1.12	1.4～2.2 1.0～4.0 1.0～4.0
青年牛 育成牛	1.6～1.8 1.5～1.6	1.0～1.1 0.8	1.0～1.5 1.0～1.5	青年牛种 8～18 月龄	1.8～2.0 1.6～1.8	1.0～1.15 0.9～1.0	1.0～4.0 1.0～3.0
犊牛	1.2～1.5	0.5	1.0～1.5	5～7 月龄 1.5～4 月龄	0.75 0.65	1.5 1.4	1.0～2.0 1.0～2.0

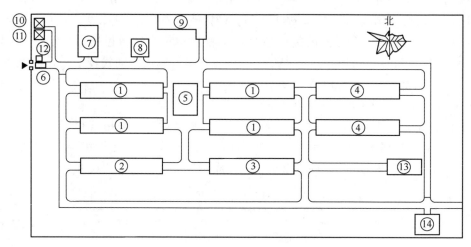

图 3-15　某乳牛良种繁育中心平面布置图

①成乳牛舍；②干奶牛舍；③产房；④育成牛舍；⑤挤奶厅；⑥消毒池；⑦草料棚；⑧饲料库；
⑨办公楼；⑩配电房；⑪水泵房；⑫门卫室；⑬兽医室；⑭堆粪场

形成环行通道，平时，采用隔离栏杆保证净污道严格分开。运送饲草饲料、牛奶及其他场区所需物品的车辆由与净道相通的西门出入，粪污及牛只由与污道相连的东门出入。工作人员则通过办公楼⑨的消毒更衣室进入场区。

3. 牛舍的剖面设计

牛舍的剖面设计需要考虑牛舍净高、窗台高度、室内外地面高度差以及牛舍内部设施与设备高度、门窗的设置等。

（1）牛舍高度　砖混结构双坡式奶牛舍脊高 4.0～4.5m，前后檐高 3.0～3.5m。温暖地区砖墙的厚度为 24cm，寒冷地区砖墙厚度前墙为 37cm、后墙为 50cm。

（2）门窗高度　门高 2.1～2.2m，宽 2～2.5m，高寒地区一般设保温推拉门或双开门。封闭式牛舍窗应大一些，宽 1.5m，高 1.5m，窗台高距地面 1.5m 为宜。

（二）肉牛舍设计

与奶牛舍相似，肉牛舍分为双列式和单列式两种。双列式跨度为 10～12m，高 2.8～3m；单列式跨度为 6.0m，高 2.8～3m。每 25 头牛设一个门，其大小为 (2～2.2)m×(2～

2.3)m，不设门槛。窗面积占地面面积的 1/16～1/10，窗台距地面 1.2m 以上，其大小为 1.2m×(1.0～1.2)m。母牛床（1.8～2.0)m×(1.2～1.3)m，育成牛床（1.7～1.8)m× 1.2m；送料通道宽 1.2～2.0m，除粪通道宽 1.4～2.0m，两端通道宽 1.2m。

最好建成粗糙的防滑水泥地面，向排粪沟方向倾斜 1%。牛床前面设固定水泥槽，饲槽宽 60～70cm，槽底为 U 字形。排粪沟宽 30～35cm，深 10～15cm，并向暗沟倾斜，通向粪池。

（三）塑料暖棚牛舍

塑料暖棚牛舍是北方常用的一种经济实用的单列式半封闭牛舍，采用坐北向南、东西走向的半拱圆式塑料暖棚。棚舍中梁高 2.5m，后墙高 1.8m，前墙高 1.2m，前后跨度 5m，后坡角度以 30°左右为宜，左右宽 8m。一般情况下高跨比为（2.4：10)～（3.0：10)，在雨雪较少的地区，高跨比可以小一些；在雨雪较多的地区，高跨比可以大一些。中梁和后墙之间用木椽等材料搭成屋面，中梁与前沿墙之间用竹片和塑料膜搭成拱形棚膜面。中梁下面沿圈舍走向设饲槽，将牛与人行道隔开，后墙距中梁 3m，前沿墙距中梁 2m。在一端山墙上留两道门，一道通牛舍，供牛出入和清粪，另一道通人行道，供饲养人员出入。

知识拓展 ▶▶

保温比

暖棚的保温比是指畜床面积与围护面积之比。保温比越大，热效能越好。暖棚需要保温，也要求白天有充分的光照。在晴朗天气下，暖棚的保温和采光无疑是统一的，而刮风下雪天，特别是夜间，暖棚的采光面越大，对保温越不利，保温和采光便发生矛盾。为兼顾采光和保温，暖棚应有合适的保温比，一般以 0.6～0.7 为宜。

复习思考题

1. 名词解释

功能关系　间距　生产工艺设计

2. 结合畜牧场场址选择的要求，说明选择场址时应注意的问题。

3. 良好的畜牧生产工艺设计可解决各个生产环节的衔接关系，促进品种改良。请问，其设计应符合哪些基本原则？牧场生产工艺的主要内容包括哪些？

4. 为使畜牧场有良好的经济效益，在进行工程工艺设计时应注意哪些原则？

5. 畜牧场规划布局是否合理，不仅影响基建投资、经营管理、劳动生产率和经济效益，而且影响场区环境卫生。请问，该如何规划场地？畜牧场建筑物布局应注意哪些问题？畜牧场的功能分区及配置应注意哪些方面？

6. 如何确定建筑物的朝向与间距？

7. 畜舍设计合理与否，关系到畜舍的安全和使用年限等问题。请说明设计畜舍的原则。

8. 请说明牛场、猪场和鸡场的主要建筑设施都有哪些不同。

9. 结合家乡的气候特点和自然状况，请设计出万头猪场示意图。

【本章小结】

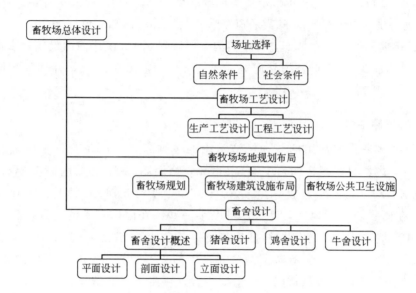

第四章　畜牧场环境保护

本章要点 📖

本章分析了畜牧场环境污染的原因、途径及危害，着重介绍了加强畜牧场环境保护的各种措施。

技能目标 📚

- 知道畜牧场环境污染的原因、途径及危害。
- 具备调查和评价畜牧场环境状况的初步能力。
- 懂得粪污处理设施、设备的基本工作原理，会维护粪污处理设施和设备。
- 能选定适用的畜牧场环境消毒方法。
- 能够制订畜牧场废弃物无害化处理方案，科学地资源化利用畜禽粪便。
- 能够根据地区特点设计合理的生态养殖模式。

第一节　畜牧场环境污染

20 世纪 90 年代以来，规模化畜禽业的发展在解决了畜产品供给和带动农村经济发展的同时也带来了日益严重的环境污染问题。目前，全国大中型畜禽养殖场已达 14000 多家，每年排放的粪水及粪便总量超过 19 亿吨，据国家对全国 23 个省（区）、市畜禽养殖业污染状况调查表明，畜禽粪便产生量为同期工业固体废弃物产生量的 2.4 倍。由于种养的分离，有 80％以上的集约化养殖场没有足够数量的配套耕地以消纳其产生的畜禽粪尿。畜禽养殖产生的氮（以 N 计）、磷（以 P_2O_5 计）量最大已达到 $1721kg/hm^2$ 和 $639kg/hm^2$，大大超过了许多国家规定的农田可承载的畜禽粪便的最大负荷 [$150kg/hm^2$（以 N 计）]。某些地区，养殖场废水的 COD 超标 $50\sim60$ 倍，BOD_5 超标 $70\sim80$ 倍，SS 超标 $12\sim20$ 倍，若未经处理就地排放，则将在城市周围形成严重的面源污染。

> **资料卡：畜产公害**
> 畜牧生产过程中产生的多种有害气体、粪尿、尸体、鸡的死胚与蛋壳等，可对人类环境产生一定的危害；畜产品中某些元素的累积和富集及药物的残留，也可对人类健康和生命产生一定的危害，这些统称为畜产公害。

一、畜牧场环境污染原因

畜产公害是在现代畜牧生产环境下出现的新问题，它的主要起因包括以下几方面。

1. 畜牧业由分散经营转为集约化经营

20世纪80年代后，畜牧业发展迅速，畜牧业逐渐转为集约化，生产规模越来越大，从而产生了大量粪尿污水、有害气体和恶臭等。如不及时处理，随时都能对人类和畜禽环境造成严重污染。

2. 畜牧场场址选择不当

随着我国近年来城市化的发展，为便于加工和销售畜产品，目前大多数集约化畜牧场建在人口较密集、土地占有量相对较少、交通方便的城市郊区和工矿区，从而造成农牧脱节，家畜粪肥不能及时施用于农田而造成污染。

3. 化学肥料的增多

家畜粪尿体积大，使用量多，装运不方便，费力费工，农业种植生产过程更多使用肥效快速、无恶臭的化学肥料，结果使大量畜禽粪便等有机肥积压浪费，造成公害。

4. 兽药、饲料添加剂使用不当

抗生素、激素、金属微量元素等在畜产品中的残留，通过摄食转移到人体内而影响人类健康；有害物质通过畜禽的排泄，造成土壤和水源污染，对人类生存环境构成威胁。

二、畜牧场环境污染途径与危害

1. 臭气污染

畜禽粪便在厌氧的环境条件下可分解成氨气、硫酸、乙烯醇、二甲基硫醚、硫化氢、甲胺和三甲胺等恶臭气体，有腐烂洋葱臭、腐败蛋臭和鱼臭等臭味，这些气体危害人类健康，加剧了空气污染。在恶臭物质中对人畜健康影响最大的是氨气和硫化氢。

2. 对水体造成有机污染

畜禽粪尿、畜产加工业污水的任意排放极易造成水体的富营养化，使水质恶化。粪便、污水渗入地下还可造成地下水中的硝酸盐含量过高。年产育肥猪1万头的猪场（按6个月出栏）每天排污量，相当于5万人的粪尿的 BOD_5 值，如此大量的需氧腐败有机物，不经处理排入水流缓慢的水体，如水库、湖泊等水域，水中的水生生物会大量繁殖，在水底层进行厌氧分解，产生硫代氢、氨气、硫醇等恶臭物质，使水呈黑色，即水体的"富营养化"。含腐败有机物的污水排入水体，人们使用此水，易引起过敏反应。

3. 传播人畜共患病

由动物传染给人的人畜共患病有90余种，这些人畜共患病的载体主要是畜禽粪便及其排泄物。如我国农村居民中高发的钩虫病、类丹毒病均与养殖场污染物处理不当有关，曾经爆发的主要通过畜禽粪尿和分泌物传播的禽流感更揭示出畜禽养殖场污染存在的巨大隐患。

4. 影响畜禽的自身生长，引起畜禽中毒

畜禽生产的环境卫生状况与畜禽的正常生长发育有很大关系，由粪便产生的氨、硫化氢等气体可使猪的生产性能下降，严重时会造成仔猪中毒死亡，氨还影响猪的繁殖性能。

当具有高毒性的污染物高剂量进入空气、水体、土壤和饲料中，通过呼吸道、消化道及体表接触等多种途径进入机体，可引起动物的急性中毒。

当环境中低浓度的有毒有害污染物长期反复对机体作用，可引起动物生长缓慢、抗病力下降以及毒害物质在体内残留等，称为慢性危害。有许多污染物对动物机体的影响是逐渐积累的，短期内不显示出明显的危害作用，但在这种低浓度污染环境中经过较长时间，可以逐渐引起动物生产性能和繁殖性能下降，机体逐渐消瘦，抗病能力下降，发病率增加，严重者造成慢性中毒而死亡。环境污染的慢性危害是个复杂的问题，特别是某些污染物在其低浓度长期影响下，使动物机体抗病力下降，此时更容易继发感染各种传染性疾病。

> **资料卡：生物富集**
>
> 生物个体或处于同一营养级的许多生物种群，从周围环境中吸收并积累某种元素或难分解的化合物，导致生物体内该物质的平衡浓度超过环境中浓度的现象，叫做生物富集，又称生物浓缩。
>
> 由于生物富集的作用，某些污染物的浓度可通过食物链在生物体内提高几倍、几十倍甚至成千上万倍，从无害转为有害。如重金属或类金属元素镉、汞、砷等以及性质稳定的有机氯、有机磷农药和多氯联苯等，在环境中降解缓慢，可长期残留，特别是可通过生物富集或生物转化来破坏环境。

5. 污染畜产品

畜牧生产中，滥用抗生素添加剂及饲喂霉变饲料等，会造成对畜产品的污染，继而影响人类健康。如动物食用被黄曲霉毒素污染的饲料后，在肝、肾等处可测出极微量的黄曲霉毒素 B_1 或其代谢产物，对人致癌的危险性很大。

因抗生素等饲料添加剂的使用不当，畜禽产品中药剂残留和耐药菌株的产生已成为公共卫生所长期关切的问题。WHO（世界卫生组织）早在 1963 年就通过大量调查证实，由于过分强调使用抗生素作饲料添加剂，在临床使用青霉素、链霉素、新生霉素时出现过敏反应的人增多了。

知识拓展 ▶▶

"瘦肉精"中毒事件

瘦肉精，又名盐酸克伦特罗，是一种人工合成的 β-肾上腺受体激活剂，可以提高动物的生长速度，增加瘦肉率。盐酸克伦特罗化学性质稳定，易在动物组织和畜产品中蓄积，使用蒸煮、烧烤和微波处理后，不能减少残留。人食用含有盐酸克伦特罗残留的食品后往往出现代谢加速和神经症状，主要表现为心跳加快、肌肉颤抖、肌肉疼痛、神经过敏和头疼等。在欧洲，1990 年前后应用盐酸克伦特罗作为饲料添加剂饲喂畜禽，导致了多起动物性食品集体中毒事件。其中，西班牙 1989 年有 135 人中毒，1991 年有 43 人中毒，1992 年有 232 人中毒；法国 1990 年有 26 人中毒；意大利 1996 年发生 62 人中毒事件。在中国，2002 年 3 月，苏州市 26 人食用含瘦肉精猪内脏后发病；2003 年 10 月，辽阳市 62 人瘦肉精中毒。2004 年 3 月，佛山市近百名群众中毒，罪魁祸首依然是瘦肉精。

除此之外，养殖业所造成的污染还有来自畜禽养殖场的一些废弃物，如洗刷用具、病死畜禽、孵化残余物、霉变饲料等。

第二节 畜牧场环境保护

畜牧场的环境保护，既要避免畜牧场被污染，又要防止畜牧场污染周围环境。在进行畜牧场环境保护时，必须重视畜牧场的主要污染源——畜产废弃物的处理，同时要注意场内的环境管理。

一、畜牧场废弃物的处理与利用

畜牧场的废弃物主要包括家畜粪尿、污水、废弃的草料和沉渣等。

随着畜禽养殖量的增加，畜禽的粪尿排泄量也不断增加。一个 400 头成年母牛的奶牛场，加上相应的犊牛和育成牛，每天排粪 $30\sim40t$，全年产粪 $1.1\times10^4\sim1.5\times10^4t$，如用作肥料，需要 $253.3\sim333.3hm^2$ 土地才能消纳；一个 1 万羽的蛋鸡场，若以每天产粪 $0.14\times10^4\sim0.16\times10^4kg$ 计算，全年可产粪 $51.1\times10^4\sim58.4\times10^4kg$（表 4-1），如不加处理很难有相应面积的土地来消纳数量如此巨大的粪尿，尤其在畜牧业相对比较集中的城市郊区。

表 4-1　几种主要畜禽的粪尿产量（鲜量）

种类	体重/kg	每头（只）每天排泄量/kg			平均每头（只）每年排泄量/t		
		粪量	尿量	粪尿合计	粪量	尿量	粪尿合计
泌乳牛	$500\sim600$	$30\sim50$	$15\sim25$	$45\sim75$	14.6	7.3	21.9
成年牛	$400\sim600$	$20\sim35$	$10\sim17$	$30\sim52$	10.0	4.9	15.0
育成牛	$200\sim300$	$10\sim20$	$5\sim10$	$15\sim30$	5.5	2.7	8.2
犊牛	$100\sim200$	$3\sim7$	$2\sim5$	$5\sim12$	1.8	1.3	3.1
种公猪	$200\sim300$	$2.0\sim3.0$	$4.0\sim7.0$	$6.0\sim10.0$	0.9	2.0	2.9
空怀、妊娠母猪	$160\sim300$	$2.1\sim2.8$	$4.0\sim7.0$	$6.1\sim9.8$	0.9	2.0	2.9
哺乳母猪	—	$2.5\sim4.2$	$4.0\sim7.0$	$6.5\sim11.2$	1.2	2.0	3.2
培育仔猪	30	$1.1\sim1.6$	$1.0\sim3.0$	$2.1\sim4.6$	0.5	0.7	1.2
育成猪	60	$1.9\sim2.7$	$2.0\sim5.0$	$3.9\sim7.7$	0.8	1.3	2.1
育肥猪	90	$2.3\sim3.2$	$3.0\sim7.0$	$5.3\sim10.2$	1.0	1.8	2.8
产蛋鸡	$1.4\sim1.8$	$0.14\sim0.16$			55kg		
肉用仔鸡	$0.04\sim2.8$	0.13			到 10 周龄 9.1kg		

注：引自李如治. 家畜环境卫生学. 中国农业出版社，2003。

畜牧场废弃物中，含有大量的有机物质，如不妥善处理则会引起环境污染、造成公害，危害人及畜禽的健康。另一方面，粪尿和污水中含有大量的营养物质（表 4-2），尤其是集约化程度较高的现代化牧场，所采用的饲料含有较高的营养成分，粪便中常混有一些饲料残渣，在一定程度上是一种有用的资源。如能对畜粪进行无害化处理，充分利用粪尿中的营养素，就能化害为利、变废为宝。

原国家环保总局已发布《畜禽养殖业污染物排放标准》，着手治理畜禽养殖场和养殖区的污染难题。标准中规定，要根据养殖规模，分阶段逐步控制，鼓励种养结合和生态养殖，逐步实现全国养殖业的合理布局。

表 4-2　各种畜禽粪便的主要养分含量　　　　　　　　　单位：％

种类	水分	有机物	氮(N)	磷(P$_2$O$_5$)	钾(K$_2$O)
猪粪	72.4	25.0	0.45	0.19	0.60
牛粪	77.5	20.3	0.34	0.16	0.40
马粪	71.3	25.4	0.58	0.28	0.53
羊粪	64.6	31.8	0.83	0.23	0.67
鸡粪	50.5	25.5	1.63	1.54	0.85
鸭粪	56.6	26.2	1.10	1.40	0.62
鹅粪	77.1	23.4	0.55	0.50	0.95
鸽粪	51.0	30.8	1.76	1.78	1.00

注：引自李如治．家畜环境卫生学．中国农业出版社，2003。

目前，国内外治理畜禽养殖场污染主要分为产前治理、产中治理和产后治理与利用。

(一) 产前治理

发达国家对养殖场污染物的治理主要采用源头控制的对策，因为即使在对农民有巨额补贴的欧洲国家，能够采用污水处理设备的畜禽养殖场也很少，为此畜禽场面源控制主要通过制定畜禽场农田最低配置（指畜禽场饲养量必须与周边可蓄纳畜禽粪便的农田面积相匹配）、畜禽场化粪池容量以及密封性等方面的规定进行。在日本、欧洲大部分国家，强制要求单位面积的养殖畜禽数量，使畜禽养殖数量与地表的植物及自净能力相适应。

借鉴国外的经验，我国在新建畜禽养殖场时，应进行合理的规划，以环境容量来控制养殖场的总量规模，调整养殖场布局，划定禁养区、限养区和适养区，同时应加强对新建场的严格审批制度，新建场一般都要设置隔离或绿化带，并执行新建项目的环境影响评价制度和污染治理设施建设的"三同时"（养殖场建设应与污染物的综合利用、处理与处置同时设计、同时施工和同时投入使用）制度，还可以借鉴工业污染治理中的经验，从制定工艺标准、购买设备补贴以及提高水价等方面推行节水型畜牧生产工艺，从源头上控制集约化养殖场污水量。

(二) 产中治理

1. 采取营养性环保措施

一是采用"理想蛋白质模式"，配制符合畜禽生理需要的平衡日粮，能够降低饲料粗蛋白水平，提高日粮中氮的利用率，减少粪尿中氮的排泄量；二是应用有机微量元素代替无机微量元素，提高微量元素的利用效率，降低微量元素的排出量，减少微量元素对环境的污染；三是应用酶制剂，提高畜禽对蛋白质、钙、磷、铜、锌等的利用率；四是应用微生态制剂，在动物体内创造有利于畜禽生长的微生态环境，维持肠道正常生理功能，促进动物肠道内营养物质的消化和吸收，提高饲料利用率，同时，还能抑制腐败菌的繁殖，降低肠道和血液中内毒素及尿素酶的含量，有效减少有害气体产生。

2. 多阶段饲喂

多阶段饲喂法可提高饲料转化率，猪在肥育后期，采用二阶段饲喂比采用一阶段饲喂法的氮排泄量减少8.5％。饲喂阶段分得越细，不同营养水平日粮种类分得越多，越有利于减少氮的排泄。

3. 强化管理

推广畜禽养殖场清洁生产技术，采用科学的房舍结构、生产工艺，实现固体和液体、粪与尿、雨水和污水三分离，降低污水产生量和降低污水氨、氮浓度。通过对生产过程中主要产生污染环节实行全程控制，达到控制和防治畜禽养殖可能对环境的污染。

（三）产后处理与利用

产后处理即末端治理，主要是对畜禽粪尿及污水进行资源化、无害化处理与利用。

1. 粪便的无害化处理与利用

（1）厌氧处理——生产沼气 沼气是有机物质在厌氧环境中，在适宜的温度、湿度、酸碱度、碳氮比等条件下，通过厌氧微生物发酵作用而产生的一种可燃气体，其主要成分是 CH_4（60%～70%）、CO_2（25%～40%），同时还含有少量的 CO、H_2S、H_2 等。沼气经燃烧后能产生大量热能（每立方米的发热量为 20.9～27.17MJ），可作为生活、生产用燃料，也可用于发电。在沼气生产过程中，因厌气发酵可杀灭病原微生物和寄生虫，发酵后的沼液、沼渣又是很好的肥料，因此，这是综合利用畜产废弃物、防止污染环境和开发新能源的有效措施。我国的沼气研究和推广工作发展很快，农村户用沼气技术已较普及。近年来，一些农牧场采用大中型沼气装置生产沼气，都获得较好效益。

沼气的产生需创造以下几个条件：①沼气池应密闭，保持无氧环境。②配料要适当，纤维含量多的原料（秸秆、青草等）其消化速度和产气速度慢，但产气持续期长；纤维少的原料（人、畜粪），其消化速度和产气速度快，但产气持续期短。③原料的氮碳比也应适当，一般以 1:25 为宜。④原料的浓度要适当，原料太稀会降低产气量，太浓则使有机酸大量积累，使发酵受阻，原料与加水量的比例以 1:1 为宜。⑤保持适宜温度，甲烷细菌的适宜温度为 20～30℃，当沼气池内温度下降到 8℃时，产气量迅速下降。⑥保持池内 pH 值 7～8.5，发酵液过酸时，可加石灰或草木灰中和。⑦为促进细菌的生长、发育和防止池内表面结壳，应经常进行进料、出料和搅拌池底。⑧新建的沼气池，装料前应加入适宜的接种物以丰富发酵菌种。老沼气池的沼液是最理想的接种物，如果周围没有老沼气池，粪坑底脚的黑色沉渣、塘泥、城镇泥沟污水等也都是良好的接种物。

家畜粪便的产气量因畜种而异，几种家畜粪便及其他发酵原料的产气量如表 4-3 所示。

表 4-3　各种发酵原料实际产气量

原料	日排鲜粪/kg	干重含量/%	每千克干重产气量/m^3	每日产气量/m^3
人	0.6	18	0.15	0.016
猪	4.0	18	0.33	0.240
牛	25.0	17	0.28	1.190
鸡	0.1	70	0.25	0.018
秸秆	—	88	0.21	0.185
青草	—	16	0.40	0.064

注：引自李震钟. 家畜环境卫生学附牧场设计. 中国农业出版社，2005。

生产沼气后产生的残余物——沼液和沼渣含水量高、数量大，且含有很高的 COD 值，若处理不当会引起二次环境污染，所以必须要采取适当的利用措施。常用的处理方法有以下几种。

①用作植物生产的有机肥料。在进行园艺植物无土栽培时，沼气生产后的残余物是良

好的液体培养基。

② 用作池塘水产养殖料。沼液是池塘河蚌育珠、滤食性鱼类养殖培育饵料生物的良好肥料，但一次性施用量不能过多，否则会引起水体富营养化进而导致水中生物死亡。

③ 用作饲料。沼渣、沼液脱水后可以替代一部分鱼、猪、牛的饲料。但与畜粪饲料化一样，要注意重金属等有毒有害物质在畜产品和水产品中的残留问题，避免影响畜产品和水产品的食用安全性。

（2）堆肥处理——用作肥料　堆肥技术是在自然环境条件下将作物秸秆与养殖场粪便一起堆沤发酵以供作物生长时利用。堆肥作为传统的生物处理技术经过多年的改良，现正朝着机械化、商品化方向发展，设备效率也日益提高。加拿大用作物秸秆、木屑和城市垃圾等与畜禽粪便一同堆肥腐熟后作商品肥。英国近年开展了利用庭院绿化废物与猪粪一同混合堆肥处理的试验研究。一些欧洲国家已开始将养殖工序由水冲式清洗粪便转回到传统的稻草或作物秸秆铺垫吸粪，然后实施堆肥利用方式。

促进堆肥发酵的方法有以下几种：①改善物质的性质。常采用降低材料中水分（温室干燥、固液分离等）和添加辅助材料（水分调整材料：锯屑、稻壳、返回堆肥等）的方法，提高其通气性，使整体得到均匀的氧气供给。②通风。可通过添加辅助材料，提高混合材料的空隙率，使其具有良好的通气性。此外，用强制通风，可促进腐熟，缩短处理时间。通风装置一般采用高压型圆形鼓风机（图 4-1）。如能保证材料有恰当的含水率、空隙率，用涡轮风扇也可充分通风且降低电费。③搅拌、翻转。适度搅拌、翻转可使发酵处理材料和空气均匀接触，同时有利于材料的粉碎、均质化。④太阳能的利用及保温。利用太阳热能，可促使堆肥材料中水分蒸发。密闭型发酵槽等可以设置在温室内，用透明树脂板作堆肥舍屋顶，尽可能利用太阳能，在冬季还可以防止被寒风冷却。

堆肥发酵设施有如下几种：①开放型发酵设施。设置在温室等内，用搅拌机（图 4-2）在 0.4～2.0m 的深度强制翻转搅拌处理，具有占地面积小，并可以用太阳能促进材料干燥等优点。另一方面，为防止冬季散热，可采用 2m 深的圆形发酵槽，发酵槽一半埋设在地下，即使在寒冷的冬季也可以维持良好的发酵状态。②密闭型发酵设施。原料在隔热发酵槽内搅拌、通风。有纵型和横型两种，占地面积比开放型小，为了维持一定的处理能力，材料在发酵槽内滞留天数比开放型短。适合以畜粪为主的材料的发酵。③堆积发酵设施。操作者利用铲式装载机等进行材料的堆积、翻转操作，让其发酵。此法自动化程度低，每天的分解量少，占地面积较大。

图 4-1　高压型圆形鼓风机

图 4-2　搅拌机

（3）适当加工——用作饲料　自 20 世纪 50 年代美国首先以鸡粪作羊补充饲料试验成功后，日本、英国、法国、德国、丹麦、泰国、西班牙、澳大利亚、中国等十几个国家和地区开展了畜禽粪便再利用研究。目前，已有许多国家利用畜禽粪便加工饲料，德国、美国的鸡粪饲料"插普蓝"已作为蛋白质饲料出售，英国和德国的鸡粪饲料进入了国际市场；猪粪也被用来喂牛、喂鱼、喂羊等，可降低饲料成本。

畜禽粪便中，最有价值的营养物质是含氮化合物。合理利用畜禽粪便中的含氮化合物，对解决蛋白质饲料资源不足问题有积极意义。但由于畜粪用作饲料的安全性问题，国内外也存在许多分歧。畜粪饲料安全性问题主要包括畜粪中可能含有高量重金属铜、铬、铅等的残留，各种抗生素、抗寄生虫药物的残留及病原微生物与寄生虫、虫卵等。也有一些研究和实践表明：只要对畜粪进行适当处理并控制其用量，一般不会对动物造成危害。若处理不当或喂量过大，则可能造成对家畜健康与生长的危害，并影响畜产品质量。

畜粪用作饲料的处理方法主要有：直接饲喂、干燥处理、发酵处理、青贮及膨化制粒。联合国粮农组织认为，青贮是将安全、方便、成熟的鸡粪饲料化喂牛的一种有效方法，不仅可以防止畜粪中粗蛋白和非蛋白氮的损失，而且还可将部分非蛋白氮转化为蛋白质。青贮过程中几乎所有的病原体被杀灭，可有效防止疾病的传播。将新鲜畜粪与其他饲草、糠麸、玉米粉等混合装入塑料袋或其他容器内，在密闭条件下进行青贮，一般经 20～40 天即可使用。制作时，注意含水量保持在 40% 左右，装料需压实，容器口应扎紧或封严，以防漏气。

2. 污水的处理与利用

一个年产一万头商品肉猪的养猪场采用漏缝地板方式饲养，每天将排放污水 200～300m³，年排放污水达 $7.5 \times 10^4 \sim 11.0 \times 10^4 \, m^3$。畜牧场污水富含高浓度的有机物和大量病原体，其中 COD 高达 $1 \times 10^4 \sim 1.2 \times 10^4 \, mg/L$，BOD 9500mg/L，悬浮物 $2.1 \times 10^4 \sim 13 \times 10^4 \, mg/L$，氨氮（$NH_3$-N）3000mg/L，总氮 30g/L。为防止畜牧场污水对周围环境水体造成污染，必须有效地加强畜牧场管理，通过限制应用大量水冲洗畜粪、减少地表降水流入污水收集和处理系统等一系列措施，减少污水产生量。同时，通过污水多级沉淀和固液分离，减少污水中有机物含量，并对畜牧场排放的污水进行必要的处理。

污水排放方式分合流制和分流制。合流制是把生活、生产废水和降水合并排出；分流制是将三者分别排出。也可采用双流排放，即将降水并入生活污水管道或生产废水管道中。两种排放方式的生产废水，均应在排放前进行必要的处理。

畜牧场污水处理技术的基本方法按其作用原理可分为物理处理法、化学处理法和生物处理法、自然处理法。

(1) 物理处理法　通过物理作用，分离回收水中不溶解的悬浮状污染物质，主要包括重力沉淀、离心分离和过滤等方法，是利用格栅、化粪池或滤网等设施进行简单的物理处理方法。经物理处理的污水可除去 40%～65% 的悬浮物，并使 BOD_5 下降 25%～35%。污水流入化粪池，经 12～24h 后使 BOD_5 量降低 30% 左右，其中的杂质下沉为污泥，流出的污水则排入下水道。污泥在化粪池内应存放 3 个月至半年，进行厌气发酵。如果没有进一步的处理设施，还需进行药物消毒。

① 重力沉淀法。可利用污水在沉淀池中静置时，其不溶性较大颗粒的重力作用，将粪水中的固形物沉淀而除去。

② 离心沉淀法。含有悬浮物质的污水在高速旋转时，由于悬浮物和水的重量不同，离心力大小亦不同，而实现固液分离。该法对猪、鸡粪使用较困难，主要是粪便黏性大，投、取料不便。

③ 过滤法。过滤法是指利用过滤介质的筛除作用使颗粒较大的悬浮物被截留在介质的

表面，来分离污水中悬浮颗粒性污染物的一种方法。

物理处理法只能初步处理污水，对分离出的固态粪便多采用无防渗、防淋失设施的露天晾粪场处理，粪便的理化特征改变较小，整体处理效率和去除率低。

(2) 化学处理法 通过向污水中加入某些化学物质，利用化学反应来分离、回收污水中的污染物质，或将其转化为无害的物质。其处理的对象主要是污水中的溶解性或胶体性污染物。常用的方法有混凝法、化学沉淀法、中和法、氧化还原法等。

化学处理法因存在二次污染问题，故实际中应用较少。

(3) 生物处理法 主要靠微生物的作用来实现。参与污水生物处理的微生物种类很多，包括细菌、真菌、藻类、原生动物以及多细胞动物如轮虫、线虫、甲壳虫等。其中，细菌起主要作用，它们繁殖力强、数量多，分解有机物的能力强，很容易将污水中溶解性、悬浮状、胶体状的有机物逐步降解为稳定性好的无机物。根据处理过程中氧气的需求与否，可把微生物分为好氧微生物和厌氧微生物两类。

① 厌氧处理。常用的处理养殖业粪污的厌氧工艺有以下几种。

a. 厌氧滤器（AF）。1969 年由 Young 和 McCarty 首先提出，1972 年国外开始在生产上应用。我国于 20 世纪 70 年代末期开始引进并进行了改进，其沼气产生率可达 $3.4m^3/(m^3 \cdot d)$，甲烷含量可达 65%。

b. 上流式厌氧污泥床（UASB）。1974 年由荷兰著名学者 Lettinga 等提出，1977 年在国外投入使用。1983 年北京市环境保护科学研究所与国内其他单位进行了合作研究，并对有关技术指标进行了改进，其对有机污水 COD 的去除率可达 90% 以上。

c. 污泥床滤器（UBF）。它是 UASB 和 AF 的结合，具有水力停留时间短、产气率高、对 COD 去除率高等优点。

d. 两段厌氧消化。1971 年由 Ghosh 提出，把沼气发酵过程分为酸化和甲烷化两个阶段，并分别在两个消化器内进行。其特点在于消化器内可滞留大量厌氧活性污泥（具有极好的沉降性能和生物活性），提高了消化器内的负荷和产气率。

e. 升流式污泥床反应器（USR）。它是厌氧消化器的一种，具有效率高、工艺简单等优点，目前已被用于猪、鸡粪废水的处置，其装置产气率可达 $4m^3/(m^3 \cdot d)$，COD 去除率达 80% 以上。

② 好氧处理。好氧生物处理是在有游离氧（分子氧）存在的条件下，利用好氧微生物降解有机物，使其稳定、无害化的处理方法。

好氧生物处理方法又有天然好氧生物处理法和人工好氧生物处理法两类。天然条件下好氧处理法一般不设人工曝气装置，主要利用自然生态系统的自净能力进行污水的净化，如河流、水库、湖泊等天然水体和土地处理等。人工条件下的好氧生物处理方法采取人工强化措施来净化污水，在生产上常用的有活性污泥法和生物膜法。

a. 活性污泥法（又称生物曝气法）。它是指在污水中加入活性污泥并通入空气进行曝气，使其中的有机物被活性污泥吸附、氧化和分解，达到净化的目的。活性污泥由细菌、原生动物及一些无机物和尚未完全分解的有机物所组成。当通入空气后，好氧微生物大量繁殖。其中以细菌含量最多，许多细菌及其分泌的胶体物质和悬浮物黏附在一起，形成具有很强吸附和氧化分解能力的絮状菌胶团。所以，在污水中投入这种活性污泥，即可使水净化。

活性污泥法的一般流程是：污水进入曝气池，与回流污泥混合，靠设在池中的叶轮旋转、翻动，使空气中的氧进入水中，进行曝气，有机物即被活性污泥吸附和氧化分解。从曝气池流出的污水与活性污泥的混合液，再进入沉淀池，在此进行泥水分离，排出被净化的水，而沉淀下来的活性污泥一部分回流入曝气池，剩余的部分则经过脱水、浓缩、消化等无害化处理或厌气处理后进行再利用（图 4-3）。

图 4-3 曝气系统

氧化渠（沟）是一种简易污水处理设施。在狭长的渠（或沟）中设置一曝气转筒。曝气转筒两端固定，顺水流方向转动，渠中曝气作用在转筒附近发生，其筒旋转使污水和渠内活性污泥混合，从而使污水净化。

b. 生物过滤法（又称生物膜法）。它是使污水流过一层表面充满生物膜的滤料，依靠生物膜上大量微生物的作用，并在氧气充足的条件下，氧化污水中的有机物。

普通生物滤池：生物滤池内设有用碎石、炉渣、焦炭或轻质塑料板、蜂窝纸等构成的滤料层，污水由上方进入，被滤料截留其中的悬浮物和胶体物质，使微生物大量繁殖，逐渐形成由菌胶团、真菌菌丝和部分原生动物组成的生物膜。生物膜大量吸附污水中的有机物，并在通气良好的条件下进行氧化分解，达到净化的目的。

生物滤塔（图 4-4、图 4-5）：滤塔分层设置承有滤料的格栅，污水在滤料表面形成生物膜，因塔身高，使污水与生物膜接触的时间增长，更有利于生物膜对有机物质的氧化分解。猪场污水经处理后，其 COD 从 $5300 \sim 3.25 \times 10^4$ mg/L 降为 $900 \sim 1400$ mg/L，SS 从 $1.5 \times 10^4 \sim 4.7 \times 10^4$ mg/L 降为 $400 \sim 500$ mg/L。所以生物滤塔具有效率高、占地少、造价低的优点。

生物转盘：是由装在水平轴上的许多圆盘和氧化池（沟）组成（图 4-6），圆盘一半浸没在污水中，微生物即在盘表面形成生物膜，当圆盘缓慢转动时（$0.8 \sim 3.0$ r/min），生物膜交替接触空气和污水，于是污水中的有机物不断被微生物氧化分解。生物转盘可使 BOD_5 除去率达 90%。经处理后的污水，还需进行消毒，杀灭水中的病原微生物，才能安全利用。

(4) 自然处理法 自然生物处理法就是利用天然的水体和土壤中的微生物来净化废水的方法，主要有水体净化法和土壤净化法两种。属于前者的有氧化塘（好氧塘、兼性塘、厌氧塘）和养殖塘；属于后者的有土地处理（慢速渗滤、快速渗滤、地面漫流）和人工湿地等。目前，已有科学家将人工湿地技术用于畜禽养殖场粪污处理工程。

图 4-4 卧式生物滤塔

图 4-5 立式生物滤塔

图 4-6 生物转盘

该方法的投资少，运行费用低，但其缺点是占地面积大，净化效率相对低。因此在有可利用的废弃的沟塘时，可考虑用此法。

3. 畜禽尸体的处理与利用

畜禽尸体含有较多的病原微生物，也容易分解腐败，散发恶臭，污染环境。特别是发生传染病的病死畜禽的尸体，处理不善，其病原微生物会污染大气、水源和土壤，造成疾病的传播与蔓延。因此，必须及时地进行无害化处理病死畜禽尸体，坚决不能图私利而出售。

(1) 焚烧法 焚烧是一种较完善的方法，但不能利用产品，且成本高，故不常用。但对一些危害人、畜健康极为严重的传染病病畜的尸体，仍有必要采用此法。焚烧时，先在地上挖一"十字形"沟（沟长约 2.6m、宽 0.6m、深 0.5m），在沟的底部放木柴和干草作引火用，于十字沟交叉处铺上横木，其上放置畜尸，畜尸四周用木柴围上，然后洒上煤油焚烧，直至尸体烧成黑炭为止。也可用专门的焚烧炉焚烧。

(2) 高温处理法 此法是将畜禽尸体放入特制的高温锅（温度达 150℃）内或有盖的大铁锅内熬煮，达到彻底消毒的目的。鸡场也可用普通大锅，经 100℃ 以上的高温熬煮处理。此法可保留一部分有价值的产品，但要注意熬煮的温度和时间，必须达到消毒的要求。

(3) 土埋法 此法是利用土壤的自净作用使畜禽尸体无害化。此法虽简单但不理想，因其无害化过程缓慢，某些病原微生物能长期生存，从而污染土壤和地下水，并会造成二次污染，所以不是最彻底的无害化处理方法。采用土埋法，必须遵守卫生要求，埋尸坑远离畜舍、放牧地、居民点和水源，地势高、燥，尸体掩埋深度不小于 2m。掩埋前在坑底铺上 2～5cm 厚的石灰，尸体投入后，再撒上石灰或洒上消毒药剂，埋尸坑四周最好设栅栏并做上标记。

(4) 发酵法 将尸体抛入尸坑内，利用生物热的方法进行发酵，从而起到消毒灭菌的作用。尸坑一般为井式，深达 9～10m，直径 2～3m，坑口有一个木盖，坑口高出地面 30cm 左右。将尸体投入坑内，堆到距坑口 1.5m 处，盖封木盖，经 3～5 个月发酵处理后，尸体即可完全腐败分解。

在处理畜尸时，不论采用哪种方法，都必须将病畜的排泄物、各种废弃物等一并进行处理，以免造成环境污染。

4. 垫草、垃圾的处理

畜牧场废弃垫草及场内生活和各项生产过程产生的垃圾除和粪便一起用于产生沼气外，还可在场内下风处选一地点焚烧，焚烧后的灰用土覆盖，发酵后可成为肥料。

二、畜牧场环境消毒

消毒是指清除或杀灭外环境中的病原微生物及其他有害微生物，达到预防和阻止疫病发生、传播和蔓延的目的。畜牧场消毒是卫生防疫工作的重要部分。随着畜牧业集约化经营的发展，消毒对预防疫病的发生和蔓延具有越来越重要的意义。

1. 畜牧场环境消毒分类

根据目的不同，畜牧场消毒通常被分为经常性消毒、定期消毒、突击性消毒、临时消毒和终末消毒。

(1) 经常性消毒 经常性消毒指在未发生传染病的条件下，为了预防传染病的发生，消灭可能存在的病原体，根据畜牧场日常管理的需要，随时或经常对畜牧场环境以及畜禽经常接触到的人以及一些器物如工作衣、帽、靴进行消毒。消毒的主要对象是接触面广、流动性大、易受病原体污染的器物、设施和出入畜牧场的人员、车辆等。

在场舍入口处设消毒池（槽）和紫外线杀菌灯，是最简单易行的经常性消毒方法，人员、牲畜出入时，踏过消毒池（槽）内的消毒液以杀死病原微生物。消毒池（槽）须由兽医管理，定期清除污物，更换新配制的消毒液。另外，进场时人员经过淋浴并且换穿场内经紫外线消毒后的衣帽，再进入生产区，也是一种行之有效的预防措施，即使对要求极严格的种畜场，淋浴也是预防传染病发生的有效方法。

(2) 定期消毒 定期消毒指在未发生传染病时，为了预防传染病的发生，对于有可能存在病原体的场所或设施如圈舍、栏圈、设备用具等进行定期消毒。当畜群出售、畜舍空出后，必须对畜舍及设备、设施进行全面清洗和消毒，以彻底消灭微生物，使环境保持清洁卫生。

(3) 突击性消毒 突击性消毒指在某种传染病爆发和流行过程中，为了切断传播途径，防止其进一步蔓延，对畜牧场环境、畜禽、器具等进行的紧急性消毒。由于病畜（禽）排泄物中含有大量病原体，带有很大危险性，因此必须对病畜进行隔离，并对隔离畜舍进行反复消毒。要对病畜接触过的和可能受到污染的器物、设施及其排泄物进行彻底消毒。对兽医人员在防治和试验工作中使用的器械设备和所接触的物品亦应进行消毒。

突击性消毒所采取的措施是：①封锁畜牧场，谢绝外来人员和车辆进场，本场人员和车辆出入也须严格消毒；②与患病畜接触过的所有物件，均应用强消毒剂消毒；③要尽快焚烧或填埋垫草；④用含消毒液的气雾对舍内空间进行消毒；⑤将舍内设备移出，清洗、曝晒，再用消毒溶液消毒；⑥墙裙、混凝土地面用4％碳酸钠或其他清洁剂的热水溶液刷洗，再用1％新洁尔灭溶液刷洗；⑦素土地面用1％福尔马林浸润，风干后，先铺一层聚乙烯薄膜或沥青纸，再铺上垫草，在严重污染地区，最好将表土铲去10～15cm；⑧将畜舍密闭，设备用具移入舍内，用甲醛气体熏蒸消毒。

(4) 临时消毒 临时消毒是在非安全地区的非安全期内，为消灭病畜携带的病原微生物所进行的消毒。临时消毒应尽早进行，根据传染病种类和用具选用合适的消毒剂。

临时消毒所采取的措施是：①畜舍内的设备装置，能搬的搬走，能拆的拆开，搬移至舍外，小件浸泡消毒，大件喷洒消毒，育雏室的设备在刷洗后需熏蒸消毒；②屋顶、天棚及墙壁、地面均应将尘埃清扫干净，进行喷洒消毒；③垫草最好移走，如再用，需堆成堆，至少堆放3天，第一次堆中温度要达到50℃，然后内外对换，第二次堆中温度要达到40℃，这样可使寄生虫发病率大为减少；④墙壁与混凝土地面用4％碳酸钠或其他清洁剂的热水溶液刷洗，再用新洁尔灭溶液刷洗；⑤畜舍及其设备清洗消毒后，再用甲醛气熏蒸，如旧垫草再用，须在舍内熏蒸消毒。

(5) 终末消毒 发病地区消灭了某种传染病，在解除封锁前，为了彻底消灭病原体而进行的最后消毒。一般情况下只进行一次。消毒时，不仅病畜周围的一切物品和畜舍要进行消毒，对痊愈家畜的体表和畜舍也要同时进行消毒。消毒剂的选用与临时消毒时相同。

2. 畜牧场环境消毒方法

(1) 物理消毒法 畜牧场常用物理消毒方法如表4-4所示。

表 4-4　常用物理消毒方法

方法	采取措施	适用范围或对象	注意事项
机械性清除	用清扫、铲刮、洗刷等机械方法清除降尘、污物及沾染在墙壁、地面以及设备上的粪尿、残余饲料、废物、垃圾等	适用于用其他方法消毒之前的畜舍清理	除了强碱(氢氧化钠溶液)外,一般消毒剂,即使接触少量的有机物(如泥垢、尘土或粪便等)也会迅速丧失杀菌力,对畜舍进行消毒前,必须进行彻底清理
日光照射	将物品置于日光下曝晒,利用太阳光中的紫外线、阳光的灼热和干燥作用使病原微生物失活	适用于对畜牧场、运动场场地、垫料和可以移出室外的用具等进行消毒	阳光的杀菌效果受空气温度、湿度、太阳辐射强度及微生物自身抵抗能力等因素的影响。低温、高湿及能见度低的天气消毒效果差,高温、干燥、能见度高的天气杀菌效果好
辐射消毒	主要是利用紫外线灯照射杀灭空气中或物体表面的病原微生物	常用于种蛋室、兽医室等空间以及人员进入畜舍前的消毒	紫外线只能杀灭物体表面和空气中的微生物。当空气中微粒较多时,紫外线的杀菌效果降低。紫外线的杀菌效果还受环境温度的影响,消毒效果最好的环境温度为 20~40℃
高温消毒	利用高温环境破坏细菌、病毒、寄生虫等的结构,杀灭病原。主要包括火焰、煮沸和高压蒸汽等消毒形式	火焰消毒常用于畜舍墙壁、地面、笼具、金属设备等表面的消毒。对于受到污染的易燃且无利用价值的垫草、粪便、器具及病死畜禽尸体等应焚烧以达到彻底消毒的目的。煮沸消毒常用于体积较小且耐煮物品如衣物、金属、玻璃等的消毒。高压蒸汽消毒常用于医疗器械等物品的消毒	一般病原微生物在 100℃沸水中 5min 即可被杀死,经 1~2h 煮沸可杀死所有的病原体。高压蒸汽消毒常用的温度为 115℃、121℃或 126℃,一般需维持 20~30min

(2) 化学消毒法　化学消毒法是指使用化学消毒剂,通过化学消毒剂的作用破坏病原体的结构以直接杀死病原体或使病原体的增殖发生障碍的过程。化学消毒法比其他消毒方法速度快、效率高,能在数分钟内进入病原体内并杀灭之。所以,化学消毒法是畜牧场最常用的消毒方法。

① 畜牧场常用消毒剂种类及使用方法。如表 4-5 所示。

表 4-5　畜牧场常用环境消毒剂的种类及使用方法

消毒剂名称	使用浓度	消毒对象	使用时注意事项及其特点
氢氧化钠(烧碱、苛性钠)	1%~4%热溶液	畜舍、车间、车船、用具等	对病毒的消毒效果很好,但对皮肤有腐蚀作用,建筑物内消毒后数小时并用水冲洗后,才能进入
生石灰(氧化钙)	10%~20%乳剂	畜舍、墙壁、地面环境	必须新鲜配制,用 1%~2%碱水和 5%~10%石灰乳混合消毒效果更好
草木灰	10%~20%热溶液	畜舍、用具、车船	用 2kg 草木灰加 10kg 水煮沸,过滤后备用,用时再加 2~4 倍热水稀释

续表

消毒剂名称	使用浓度	消毒对象	使用时注意事项及其特点
漂白粉	0.5%～20%，随消毒对象而不同	饮水、污水、畜舍、用具、车船、土壤、排泄物等	含氯量应在25%以上，新鲜配制，用其澄清液。对金属用具和衣物有腐蚀作用，畜舍、车船消毒后应彻底通风，以防中毒
氨水	5%	畜舍、地面、用具	可用农用氨水稀释而成，价廉，使用时人员应戴口罩和风镜
来苏尔（煤酚皂溶液）	2%～5%	畜舍、笼具、洗手、剖检器械	常用喷洒、冲洗和浸泡的方法；用于含大量蛋白质的分泌物或排泄物消毒时，效果不够好
克辽林（臭药水）	2%～5%	畜舍、用具、土壤及环境	常用于喷洒、冲洗；用于含大量蛋白质的分泌物或排泄物消毒时，效果不够好
福尔马林（甲醛水溶液）	5%～10%	畜舍、仓库、车间、孵化室；亦用于皮毛消毒	空气消毒和皮毛消毒时可用福尔马林熏蒸法，1m³空间用福尔马林25ml，水12.5ml，加高锰酸钾25g（或生石灰）密闭消毒12～24h后彻底通风；1%溶液可作畜体消毒
过氧乙酸	0.2%～0.5%	畜舍、体表、用具、地面	是强氧化剂，配制时应先盛好水，再加入高浓度的药液，消毒完后，要用清水冲洗；可用于浸泡、喷雾和熏蒸消毒，0.3%溶液每平方米30ml，可作鸡群喷雾消毒
新洁尔灭	0.1%	畜舍、食槽等用具、体表	为一种阳离子清洁剂，杀菌力强，低毒，刺激性和腐蚀性小，忌与肥皂和碱类混合

注：引自李震钟.家畜环境卫生学附牧场设计.中国农业出版社，2005。

知识拓展 ▶▶

　　常见病原被日光照射杀灭的时间：巴氏杆菌为6～8min，口蹄疫病毒为1h，结核杆菌为3～5h。即使对恶劣环境抵抗能力较强的芽孢，在连续几天强烈阳光反复曝晒后也可以被杀灭或活性变弱。

　　② 选择消毒剂的原则

　　a. 适用性。不同种类的病原微生物构造不同，对消毒剂反应不同，有些消毒剂为"广谱"性的，对绝大多数微生物都具有杀灭效果，也有一些消毒剂为"专用"的，只对有限的几种微生物有效。因此，在购买消毒剂时，须了解消毒剂的药性，消毒的对象如物品、畜舍、食槽等的特性，应根据消毒的目的、对象，再结合消毒剂的作用机理和适用范围选择适宜的消毒剂。

　　b. 杀菌力和稳定性。在同类消毒剂中注意选择消毒力强、性能稳定、不易挥发、不易变质或不易失效的消毒剂。

　　c. 毒性和刺激性。大部分消毒剂对人、畜禽具有一定的毒性或刺激性，所以应尽量选择对人、畜无害或危害较小的，不易在畜产品中残留的并且对畜禽舍、器具无腐蚀性的消毒剂。

　　d. 经济性。应优先选择价廉、易得、易配制和易使用的消毒剂。

　　③ 化学消毒剂的使用方法

　　a. 清洗法。用一定浓度的消毒剂对消毒对象进行擦拭或清洗，以达到消毒目的。常用于对种蛋、畜舍地面、墙裙、器具进行消毒。

b. 浸泡法。是一种将需消毒的物品浸泡于消毒液中进行消毒的方法。常用于对医疗器具、小型用具、衣物进行消毒。

c. 喷洒法。将一定浓度的消毒液通过喷雾器或洒水壶喷洒于设施或物体表面以进行消毒。常用于对畜舍地面、墙壁、笼具及动物产品进行消毒。喷洒法简单易行、效力可靠，是畜牧场最常用的消毒方法。

d. 熏蒸法。利用化学消毒剂挥发或在化学反应中产生的气体，以杀死封闭空间中的病原体。这是一种作用彻底、效果可靠的消毒方法。常用于对孵化室、无畜禽的畜舍等空间进行消毒。

e. 气雾法。利用气雾发生器将消毒剂溶液雾化为气雾粒子对空气进行消毒。由于气雾发生器喷射出的气雾粒子直径很小（小于 200nm），质量极小，所以，能在空气中较长时间飘浮并可以进入细小的缝隙中，因而消毒效果较好，是消灭气源性病原微生物的理想方法。如全面消毒畜舍空间，每立方米用 5% 过氧乙酸溶液 2.5ml。

(3) 生物消毒法 生物消毒法是利用微生物在分解有机物过程中释放出的生物热杀灭病原微生物和寄生虫卵的过程。在有机物分解过程中，畜禽粪便温度可以达到 $60\sim70℃$，可以使病原微生物及寄生虫卵在十几分钟至数日内死亡。生物消毒法是一种经济简便的消毒方法，能杀死大多数病原体，主要用于粪便消毒。

3. 畜牧场常规消毒管理

(1) 建立畜牧场消毒管理制度并严格执行 消毒的操作过程中，影响消毒效果的因素很多，如果没有一个详细、全面的消毒管理制度并进行严格执行，消毒的随意性大，就不可能收到良好的消毒效果。所以养殖场必须制订消毒计划，按照消毒计划要求严格实施。

消毒计划（程序）的内容应该包括消毒的场所或对象，消毒的方法，消毒的时间、次数，消毒药的选择、配比稀释、交替更换，消毒对象的清洁卫生以及清洁剂或消毒剂的使用等。

消毒计划应落实到每一个饲养管理人员，要严格按照计划执行并监督检查，避免随意性和盲目性；要定期进行消毒效果检测，通过肉眼观察和微生物学的监测，以确保消毒的效果，有效减少或排除病原体。

(2) 畜禽舍的消毒

① 带畜消毒。在日常管理中，对畜舍应经常进行定期消毒。消毒步骤通常为清除污物、清扫地面、彻底清洗器具和用品、喷洒消毒液，有时在此基础上还需以喷雾、熏蒸等方法加强消毒效果。可选用 2%～4% 的氢氧化钠、0.3%～1% 的菌毒敌、0.2%～0.5% 的过氧乙酸或 0.2% 的次氯酸钠、0.3% 的漂白粉溶液进行喷雾消毒。这种定期消毒一般带畜进行，每隔两周或 20 天左右进行一次。

② 空舍消毒。畜禽出栏后，应对畜禽舍进行彻底清扫，将可移动的设备、器具等搬出舍，在指定地点清洗、曝晒并用消毒液消毒。用水或用 4% 的碳酸钠溶液或清洁剂等刷洗墙壁、地面、笼具等，干燥后再进行喷洒消毒并闲置两周以上。在新一批畜禽进入畜舍前，可将所有洗净、消毒后的器具、设备及欲使用的垫草等移入舍内，以福尔马林（40% 甲醛水溶液）熏蒸消毒，方法是取一个容积大于福尔马林用量数倍至十倍且耐高温的容器，先将高锰酸钾置于容器中（为了增加催化效果，可加等量的水使之溶解），然后倒入福尔马林，人员迅速撤离并关闭畜禽舍门窗。福尔马林的用量一般为 25～40ml，与高锰酸钾的比例以（5∶3）～（2∶1）为宜。该消毒法消毒时间一般为12～24h，然后打开门窗通风 3～4 天。如

需要尽快消除甲醛的刺激气味，可用氨水加热蒸发使之生成无刺激性的六亚甲基四胺。此外，还可以用20％的乳酸溶液加热蒸发对畜舍进行熏蒸消毒。

如果发生了传染病，用具有特异性和消毒力强的消毒剂喷洒畜舍后再清扫畜舍，就可防止病原随尘土飞扬造成疾病在更大范围传播。然后以大剂量、特异性消毒剂反复进行喷洒、喷雾及熏蒸消毒。一般每日一次，直至传染病被彻底消灭、解除封锁为止。

③ 饲养设备及用具的消毒。应将可移动的设施、器具定期移出畜舍，清洁冲洗，置于太阳下曝晒。将食槽、饮水器等移出舍外曝晒，再用1％～2％的漂白粉、0.1％的高锰酸钾及洗必泰等消毒剂浸泡或洗刷。

④ 畜禽粪便及垫草的消毒。一般情况下，畜禽粪便和垫草最好采用生物消毒法消毒。采用这种方法可以杀灭大多数病原体如口蹄疫病毒、猪瘟病毒、猪丹毒丝菌及各种寄生虫卵。但是对患炭疽、气肿疽等传染病的病畜粪便，应采取焚烧或经有效消毒剂处理后深埋。

⑤ 畜舍地面、墙壁的消毒。对地面、墙裙、舍内固定设备等，可采用喷洒法消毒。如对圈舍空间进行消毒，则可用喷雾法。喷洒要全面，药液要喷到物体的各个部位。喷洒地面时，每平方米喷洒药液2L，喷墙壁、顶棚时，每平方米喷洒药液1L。

车辆消毒通道的设计

(3) 畜牧场及生产区等的出入口的消毒 在畜牧场入口处供车辆通行的道路上应设置消毒池，池的长度一般要求大于车轮周长1.5倍。在供人员通行的通道上设置消毒槽，池（槽）内用草垫等物体作消毒垫。消毒垫以20％新鲜石灰乳、2％～4％的氢氧化钠或3％～5％的煤酚皂液（来苏尔）浸泡，对车辆、人员的足底进行消毒，值得注意的是应定期（如每7天）更换1次消毒液。

(4) 工作服消毒 洗净后可用高压消毒或紫外线照射消毒。

(5) 运动场消毒 清除地面污物，用10％～20％漂白粉液喷洒，或用火焰消毒，运动场围栏可用15％～20％的石灰乳涂刷。

三、畜牧场水源保护

在畜牧业生产过程中，饲料的清洗和调制、动物舍内冲洗及用具的清洗、动物体表的清洁和改善环境等方面都需要大量的水。在水质不良或水体受到污染时，可以导致动物发生介水性传染病和某些寄生虫病、生物地球化学性地方病和化学性中毒。为保证动物健康和提高生产力，必须在饮水的质和量上充分满足动物的需要。

（一）水质卫生评定

1. 物理性状评定

水质的物理性状包括水的色、浑浊度、臭、味和温度等。当水体被污染时，其物理性状常常恶化。水质的物理性状可以作为水是否被污染的参考指标（表4-6）。

2. 化学性状评定

（1）pH值 一般天然水的pH值为7.2～8.5。在水源受到有机物及各种酸碱性废水污染时，pH值能发生明显变化。水的pH值过高，可以导致水中溶解盐类析出而恶化水的物理性状，降低氯化消毒效果。水的pH值过低时，能增强水对金属的溶解作用。我国生活饮用水卫生标准（GB 5749—2006）规定生活饮用水的pH值为6.5～8.5。

表 4-6　水质物理性状评定方法

性状	清洁水	污染水	中国饮水卫生标准
色	无色	呈棕色或棕黄色：表明含有腐殖质；呈绿色或黄绿色：表明含大量藻类；深层地下水放置后呈黄褐色：表明含有较多的 Fe^{2+}	水色度不超过 15 度
浑浊度	透明	浑浊度增加，说明其中混有泥沙、有机物、矿物质、生活污水和工业废水等	散射浑浊度单位不超过 1 度
臭	无异臭	当水受到污染时，会产生异臭味。一般分无、微弱、弱、明显、强、很强六个水臭强度等级	不能有异臭
味	适口而无味	当水受到污染时，会产生异味。呈现咸、涩、苦等味时，说明水中含有相应的盐类较多。水味强度的描述，同水臭强度的描述一样分为六个等级	不能有异味

（2）硬度　水的硬度是指溶于水中的钙、镁等盐类的总含量，可以分为暂时硬度和永久硬度。经过煮沸生成沉淀被除去碳酸盐的硬度称为暂时硬度；煮沸后不能除去的非碳酸盐硬度称为永久硬度，二者之和称为总硬度。

水的硬度以"度"表示。我国规定：1L 水中含有相当于 10mg 氧化钙的钙、镁离子量称为 1 度。小于 8 度的称为软水；8～16 度的称为中等硬水；17～30 度的称为硬水；大于 30 度的称为极硬水。

地面水一般比地下水硬度低。地面水被生活污水和工业废水污染后，可以引起硬度增高。

我国生活饮用水卫生标准（GB 5749—2006）规定总硬度（以 $CaCO_3$ 计）的限值为 450mg/L。

（3）铁　地下水含铁量比地面水高。铁对动物机体没有毒害作用，但是水含铁过高时具有特殊气味，影响饮用。水中含重碳酸亚铁超过 0.3mg/L 时，易被氧化为黄褐色的氢氧化铁，使水浑浊。我国生活饮用水卫生标准（GB 5749—2006）规定，饮用水中含铁量不可超过 0.3mg/L。

（4）锰　微量的锰可以使水呈现颜色，并有异味，锰含量高时，可使水呈现黑色。锰的慢性中毒，可以导致肝脏脂肪变性，其他脏器充血。我国生活饮用水卫生标准（GB 5749—2006）规定，饮用水中锰含量不可以超过 0.1mg/L。

（5）铜　天然水中含铜量很少，只有流经含铜地层或被工业废水污染的水，铜的含量才会增高。水中含铜量 1.5mg/L 时，有金属异味。长期饮用高铜量的水，可以导致肝脏病变。我国生活饮用水卫生标准（GB 5749—2006）规定，饮用水中含铜量不可以超过 1.0mg/L。

（6）锌　水中含锌量超过 5mg/L 时，呈现金属异味；达到 10mg/L 时，可以引起水浑浊。我国生活饮用水卫生标准（GB 5749—2006）规定，饮用水中含锌量不可以超过 1.0mg/L。

（7）挥发性酚类　主要来自工业废水，可以使水呈现臭味。挥发性酚类可以导致动物慢性中毒，如神经衰弱、消化紊乱和贫血。长期摄入，影响生长发育。我国生活饮用水卫生标准（GB 5749—2006）规定，饮用水中挥发性酚类（以苯酚计）含量不可以超过 0.002mg/L。

（8）阴离子合成洗涤剂　主要来自生活污水和工业废水。化学性质稳定，难以分解，可以使水产生异臭、异味和泡沫，并影响水的净化处理。我国生活饮用水卫生标准（GB 5749—2006）规定，饮用水中阴离子合成洗涤剂含量不可以超过 0.3mg/L。

(9) 含氮化合物 当天然水被动物粪便污染时，其中的含氮化合物在水中微生物分解作用下，逐渐转化为简单的化学物质。氨是无氧分解的终产物。若有氧存在，氨可以进一步被微生物转化为亚硝酸盐、硝酸盐。在含氮有机物逐渐转化为氨氮、亚硝酸盐氮和硝酸盐氮（简称"三氮"）的过程中，水中有机物不断减少，随动物粪便进入水中的病原微生物也逐渐消失。因此，"三氮"的测定，有助于了解水体污染和自净的情况。"三氮"在水中出现的卫生学意义见表 4-7。

表 4-7 "三氮"在水中出现的卫生学意义

氨氮	亚硝酸盐氮	硝酸盐氮	卫生学意义
+	−	−	表示水受到新近污染
+	+	−	水受到较新近污染，分解正在进行中
+	+	+	一边污染，一边自净
−	+	+	污染物分解，趋向自净
−	−	+	分解完成（或来自硝酸盐土层等）
+	−	+	过去污染已基本自净，目前又有新污染
−	+	−	水中硝酸盐被还原成亚硝酸盐
−	−	−	清洁水或已自净

注："+"表示水中含有该种物质，"−"表示水中不含该种物质。

(10) 溶解氧（DO） 空气中的氧气溶解于水中被称为溶解氧。溶解氧的量和空气中的氧分压及水温有关。正常情况下，清洁地面水的溶解氧接近饱和，地下水含氧量很少。在水体被有机物污染时，有机物的有氧分解将消耗或耗尽水中的溶解氧。有机物无氧分解可以导致水质恶化。因此，溶解氧含量的高低可以作为判定水体是否被有机物污染的间接指标。

(11) 生化需氧量（BOD） 水中有机物被需氧菌作用、分解所消耗的溶解氧量称为生化需氧量。水中有机物越多，生化需氧量就越大。有机物的生物氧化过程很复杂，这一过程全部完成需要较长时间。因此，在实际工作中都以 20℃时培养 5 天后 1L 水中减少的溶解氧量（mg/L）表示，称其为 5 天生化需氧量（BOD_5）。清洁地面水的 BOD_5 一般不超过 2mg/L。

(12) 耗氧量（COD） 耗氧量指用化学方法氧化 1L 水中的有机物所消耗的氧量。它是测定水被有机物污染程度的一项间接指标，只能反映水中易氧化的有机物含量。能被氧化的物质包括易被氧化的有机物和还原性无机物，而不包括稳定的有机物。测定 COD 时，完全脱离了有机物被水中微生物分解的条件，所以没有生化需氧量准确。

(13) 氯化物 天然水中一般都含有氯化物，其含量高低随地区而异。在同一地区内，水中氯化物的含量一般是稳定的，若突然增加，水体则可能已被动物粪便或工业废水等污染，特别是氮化物也同时增加，更能说明水体被污染的可能。我国生活饮用水卫生标准（GB 5749—2006）规定氯化物的限值为 250mg/L。

(14) 硫酸盐 天然水中多数含有硫酸盐。若水中硫酸盐含量突然增加，说明水有被生活污水、工业废水等污染的可能性。我国生活饮用水卫生标准（GB 5749—2006）规定硫酸盐的含量不可以超过 250mg/L。

3. 毒理学性状评定

毒理学性状评定是指水质标准中所规定的某些毒物，其含量超过标准便会直接危害动物机体，引起中毒（表4-8）。

表4-8　水质毒理学性状评定

性状	水中来源	危害	GB 5749—2006 生活饮用水卫生标准限值
氟化物	主要来自工业废水	水中含氟量低于0.5mg/L时会引起龋齿，而超过1.5mg/L时可导致动物氟中毒	不可超过1.0mg/L，适宜浓度为0.5～1.0mg/L
氰化物	主要来自工业废水	长期饮用含氰化物较高的水，可以导致动物慢性中毒，表现出甲状腺机能低下的一系列症状	不可超过0.05mg/L
砷	主要来自工业废水，其次来自地层	天然水中微量的砷对机体无害，而含量增高时，会导致动物中毒	不可超过0.01mg/L
硒	主要来自土壤	二甲基硒可引起呼吸系统刺激和炎症。硒还对细胞呼吸酶系统有催化作用，干扰中间代谢引起中毒	不可超过0.01mg/L
汞	主要来自工业废水，其次来源于农业生产中有机汞杀菌剂	沉积于水底淤泥中的无机汞，在厌氧微生物的作用下转化为毒性更强的甲基汞，溶于水中的甲基汞经生物富集作用，最后通过食物链对动物造成危害	不可超过0.001mg/L
镉	主要来自锌矿和镀镉废水	是剧毒性物质，且有协同作用，可使进入体内的其他毒物的毒性增大。还有致癌、致畸、致突变作用	不可超过0.005mg/L
铬	主要来自工业废水	除了能引起动物中毒外，还有致癌作用	不可超过0.05mg/L（按六价铬计）
铅	主要来自含铅工业废水	可引起溶血，也可使大脑皮质兴奋和抑制的正常功能紊乱，引起一系列的神经系统症状	不可超过0.01mg/L

4. 细菌学性状评定

饮用水要求流行病学上安全，因此，饮用水的细菌学指标应该符合要求。实际工作中主要测定水中的细菌总数和大肠菌群的量。

(1) 细菌总数　指1ml水在普通琼脂培养基中，于37℃，经过24h培养后，所生长的各种细菌菌落的总数。其值越大，表明水被污染的可能性越大，水中有病原菌存在的可能性也越大。细菌总数只能表明水中有病原菌存在的可能性，相对地评价水质状况。我国生活饮用水卫生标准（GB 5749—2006）规定，饮用水中菌落总数不可以超过100CFU/ml。

(2) 大肠菌群　水体中大肠菌群的量，可以用以下两种指标表示。

① 大肠菌群指数。指1L水中含有大肠菌群的数目。

② 大肠菌群值。指含有1个大肠菌群的水的最小容积（ml）。

以上两种指标的关系如下：

$$大肠菌群指数 = \frac{1000}{大肠菌群值}$$

大肠菌群是直接反映水体受到动物粪便污染的一项重要指标。我国生活饮用水卫生标准（GB 5749—2006）规定，生活饮用水中不得检出总大肠菌群。

(3) 游离性余氯　饮用水氯化消毒后，水中还应该存在部分游离性余氯，以保持继续消毒的作用。饮用水中余氯，是评价消毒效果的一项指标，余氯存在表明水已经消毒，可靠。

我国生活饮用水卫生标准（GB 5749—2006）规定，氯化消毒 30min 后，水（井、消毒池等）中游离性余氯含量不低于 0.3mg/L，自来水管网末梢水中余氯不低于 0.05mg/L。

（二）水的净化消毒技术

一般的水必须经过人工净化与消毒，才能保证饮用安全，并满足饮用水的水质卫生要求。水的净化处理方法包括沉淀（自然沉淀和混凝沉淀）和过滤。净化的目的主要是除去水中的悬浮物和部分病原体，使水的物理性状得到改善。消毒的目的主要是为了杀灭水中的病原菌，防止介水传染病的发生。

1. 净化

（1）沉淀

① 自然沉淀。在水流减慢或静止时，水体中较大的悬浮物因自身重力作用逐渐沉到水底，使水慢慢变清，此过程称为自然沉淀。实际操作中，自然沉淀一般要在专用的沉淀池中进行，需要一定的时间。

② 混凝沉淀。水经过自然沉淀后，其中还有细小的悬浮物及胶质微粒存在，因带有负电荷，彼此相互排斥，很难自然沉淀。这时水中需要加入混凝剂，促使水中细小悬浮物及胶质微粒凝聚成絮状，加快沉降，此过程称为混凝沉淀。常用的混凝剂有铝盐（如明矾、硫酸铝等）和铁盐（如硫酸亚铁、三氯化铁等）。它们与水中的钙和镁的重碳酸盐作用，分别形成带正电荷的氢氧化铝和氢氧化铁的胶状物，它们能与水中带负电荷的微粒相互吸引而凝集，形成逐渐加大的絮状物而沉降。混凝沉淀的效果与水温、pH 值、浑浊度及不同的混凝剂有关。普通河水若用明矾进行混凝沉淀时，需要 40～60mg/L。

（2）过滤
过滤是指让水通过滤料得到净化的过程。实际工作中，常用沙作为滤料，称为沙滤。也可以使用矿渣、煤渣等，但是不可以使用含有对动物机体有害的化学物质作滤料。

滤料的作用有两个方面：其一是隔滤作用，即水中悬浮物粒子大于滤料的孔隙者，被阻隔在滤料中；其二是沉淀和吸附作用，即水中的细菌、胶体粒子等，通过滤层时沉淀在滤料表面上，同时，滤料表面由于胶体物质和细菌的沉淀而形成胶质生物滤膜，其吸附水中的微小粒子和微生物。通过过滤，可以除去水中 80%～90% 的细菌和 99% 左右的悬浮物，也可以除去水的异臭、色以及水中含有的阿米巴包囊、血吸虫尾蚴等。集中式供水需要修建沙滤池。分散式供水可以在河、湖或塘岸边修建渗滤井或水边沙滤井。需水量小的，也可以用简易的沙滤桶（缸）。在桶（缸）中分层装好滤料，水从桶（缸）的上部进入，通过各层滤料后由桶的下部排出。

滤料的铺法：从下往上，第一层（最下层）为直径 1～2cm 大小的碎石，厚度为 10cm 左右；第二层为两层棕皮；第三层为粗砂，厚度为 10cm；第四层为细沙，厚度为 22cm 左右；第五层为一层棕皮；第六层（最上层）为碎石，厚度为 10cm 左右。滤料使用过久后，应该更换新滤料或用清水反复洗净后再利用。过滤的效果取决于滤层的厚度、滤料的粒径、滤料的组合方式、滤水速度、原水的浑浊度及滤池的构造和管理等方面。

2. 消毒

水经过沉淀和过滤处理后，虽然细菌总量已经很少，但是仍然有病原菌存在的可能性，为了确保饮水安全，必须再经过消毒处理。饮水消毒的方法很多，如氯化法、煮沸法、紫外线照射法、臭氧法、超声波法、高锰酸钾法等。目前，广泛应用的是氯化消毒法，下面简述饮水的氯化消毒法。

(1) 消毒剂 水的氯化消毒法常用的消毒剂为液态氯、漂白粉精和漂白粉。液态氯主要用于集中式供水的消毒。漂白粉精和漂白粉多用于小型水厂和一般分散式供水的消毒。漂白粉的杀菌能力决定于其含有"有效氯"的量。新配制的漂白粉含有效氯35%～36%，因为其性质不稳定，易受日光、潮湿、二氧化碳的作用，使有效氯含量降低，当有效氯降低到15%时，就不能作为饮水消毒剂，所以应该密封保存在避光、干燥的环境中。漂白粉精含有效氯可以达到60%～70%，性质比漂白粉稳定，一般制成片剂待用。

(2) 影响氯化消毒效果的因素

① 消毒剂用量和接触时间。为保证消毒效果，必须向水中加入足量的氯化消毒剂及保证有充分的时间与水接触。加入水中消毒剂的量，除了满足在消毒剂接触时间内与水中各种物质相作用所需要的有效氯量外，还应该在消毒后的水中保持一定量的余氯。就是加氯量等于需氯量加余氯量。消毒剂的实际用量随水质不同而异，所以在消毒前应进行水的加氯量测定。一般经过沙滤的地面水或普通地下水，加氯量（按有效氯计算）为1～2mg/L，充分接触30min后，水中余氯还应有0.2～0.4mg/L的含量。

② 水的pH值。pH值的高低可以影响生成次氯酸的浓度。若pH值低时主要以次氯酸的形式存在。pH值升高时，次氯酸可以离解成次氯酸根（表4-9）。次氯酸的杀菌能力是次氯酸根的80～100倍，所以在氯化消毒时，水的pH值不可以超过7。

表4-9 水中氯在不同pH值条件下生成HOCl及OCl⁻的量（20℃）

pH	HOCl含量/%	OCl⁻含量/%	pH	HOCl含量/%	OCl⁻含量/%
6.0	96.8	3.2	8.0	23.2	76.8
7.0	75.2	24.8	9.0	2.9	97.1

③ 水温。水的温度高时，氯化消毒效果好。在0～5℃时，杀灭一定量大肠杆菌所需要的时间是在20～25℃时的3倍。冬季水中的加氯量要适当增加，消毒剂和水接触的时间应该延长一些。

④ 水的浑浊度。水的浑浊度高时，影响氯化消毒效果。对浑浊度高的水应该先经过净化处理后再进行消毒。

(3) 消毒方法 根据水的不同来源和不同的供水方法，消毒方法有多种。下面介绍分散式供水的消毒方法。

① 常量氯消毒法。就是按照常规加氯量（表4-10）进行饮水消毒。一般对井水消毒是直接在井水中加入消毒剂。泉水、河、湖、塘、水库水等，要将水取到缸、池中进行消毒。

表4-10 不同水源水消毒的加氯量

水源种类	加氯量/(mg/L)	加漂白粉量/(g/m³)	水源种类	加氯量/(mg/L)	加漂白粉量/(g/m³)
深井水	0.5～1.0	2～4	湖、河水（清洁透明）	1.5～2.0	6～8
浅井水	1.0～2.0	4～8	湖、河水（水质浑浊）	2.0～3.0	8～12
土坑水	3.0～4.0	12～16	塘水（环境较好）	2.0～3.0	8～12
泉水	1.0～2.0	4～8	塘水（环境较差）	3.0～4.5	12～18

注：漂白粉按含25%有效氯计算。

消毒时，应该首先计算出井（池）水的量，计算方法如下：

$$井（池）水量（m^3）＝水深（m）×井（池）底面积（m^2）$$

然后根据井（池）水量（m³）及井（池）水加氯量计算出应该加入的漂白粉量（必要时应该测定漂白粉的有效氯含量）。将称好的漂白粉放入碗中，先稀释，静置，取上清液倒入井（池）中，漂白粉和井（池）水充分混匀30min后，水中余氯不能低于0.3mg/L。一般每天消毒两次，早晨和午后取水前各消毒一次，如果用水量大，水质较差，应该酌情增加消毒次数。

② 持续氯消毒法。在井（池）中放置装有漂白粉或漂白粉精的容器（可以用无毒塑料袋、桶等），漂白粉不断从容器上小孔溢出，使水中经常保持一定的有效氯量。放入容器中的氯化消毒剂的量，为常量氯消毒法的一次加入量的20～30倍，放入一次，可以持续消毒10～20天。采用此法消毒时，应该经常检测水中的余氯量。

③ 过量氯消毒法。过量氯消毒法是指一次向水中加入常量氯消毒法加氯量的10倍（10～20mg/L）进行饮用水消毒的方法。此法主要用于新井开始使用时，或旧井修理或淘洗、井被洪水淹没或落入污物、地区发生介水传染病等情况下。一般在加入漂白粉后，要等待10～12h后才能用水。若水中氯味太浓，可以不断地汲取旧水，直到井水失去显著氯味为止。也可以在水中按1mg余氯加入3.5mg硫代硫酸钠脱氯后再用水。

3. 水的特殊处理

水源水中若含铁、氟量过高，硬度超标或有异臭、异味时，有必要对水进行特殊的处理。

(1) 除铁 水中的溶解性铁盐一般以重碳酸亚铁 [$Fe(HCO_3)_2$]、硫酸亚铁（$FeSO_4$）和氯化亚铁（$FeCl_2$）等形式存在，有时为有机胶体化合物（腐殖酸铁）。重碳酸亚铁可以应用曝气（氧化）法将其氧化为不溶解的氢氧化铁 [$Fe(OH)_3$]；氯化亚铁或硫酸亚铁可以在水中加入石灰（CaO），使其在高 pH 值条件下转化为氢氧化铁，再经过沉淀过滤除去；腐殖酸铁可以应用硫酸铝或聚羟基氯化铝等混凝沉淀除去。

(2) 除氟 可以在水中加入硫酸铝（每除去1mg氟离子，需要加入100～200mg硫酸铝）或碱式氯化铝（1L水中需要加入0.5mg），经过混匀、沉淀而将氟除去。若水厂有过滤池，也可以采用活性氧化铝法。

(3) 软化 水的硬度大于25度时，可以将石灰、碳酸钠及氢氧化钠等加入水中，使钙、镁化合物沉淀而降低硬度。也可以采用离子交换法、电渗析法等。

(4) 除臭 用活性炭粉作滤料，可以通过过滤将水的异臭除去，或将活性炭粉加入水中混合沉淀，再经过沙滤除臭。也可以应用大量氯除臭。地面水因为水中藻类量大而发臭时，可以在原水中加入硫酸铜（不超过1mg/L）灭藻。

一般情况下，浑浊的地面水，需要经过沉淀、过滤和消毒处理后才能饮用；较清洁的地下水仅经过消毒处理就可饮用；水只有受到特殊有害物质污染时，才需要作特殊处理。

(三) 畜牧场水源卫生防护

任何水源都有被污染的可能，因此，对选定的水源必须进行卫生防护，以确保水质的卫生与安全。

1. 分散式给水水源的防护

分散式给水是指由各用水单位分别由不同水源（井、河、湖、塘等）分散取水。

(1) 井水 避免在低洼沼泽及易积水处建井。水井周围30m范围内，不得有厕所、粪池、垃圾堆等污染源，井与畜舍的距离应在30m以上，水井的结构应合理，井壁、井底要坚固。

井的地面部分应设井栏和井台，井台须平整不渗水，并设有排水沟，在水井四周 3～5m 的范围内为卫生防护区，禁止在区内清洗衣物、倾倒污水和脏物或让畜禽接近。

我国广大农村最主要的地下水水源是水井。绝大部分水井是浅层地下水，深度不超过10～20m，此种水井大部分构造比较简陋，如附近有工业污水排放点或排水沟、厕所、垃圾、猪圈等污染源，经雨水冲刷或由地面渗透，很容易受到污染，给人、畜带来危害。因此，对水井加强卫生管理，是预防农村人、畜介水传染病的一项重要措施。为使水井安全卫生，水井必须有良好的卫生防护设施和严格的卫生管理制度。卫生防护一般要求如下。

① 水井位置。应便于取用，离住宅不应太远，服务半径不超过 150m。不宜建在依山或沼泽地带，以免暴雨时雨水和山洪冲入井内或将井淹没；井址周围要清洁，水井周围 30m 范围内不得设置渗水厕所、渗水坑、粪坑、垃圾堆和废渣堆等。

② 水井结构。

a. 井底：下面先铺 30cm 河沙，上面铺 30cm 厚卵石块，也可以在沙上铺带孔的水泥或木板，以防打水时搅动泥沙。

b. 井壁：用砖、石块或其他材料砌筑。井壁下段设高 1m 的进水井壁，用砖石垒砌，不必用灰沙抹缝，周围充填厚为 30～60mm 的沙砾，以利地下水渗入井中；井壁上段距井口 3m 内用砖石密砌，用灰沙抹缝，外围充填 0.5m 厚的黏土夯实，做成紧实无缝的防水层，以防地面水漏入井内。

c. 井台：用不透水材料砌成，高出地面约 20cm，半径 1～3m，有向外倾斜的坡度，以便水向外流；在井台周围要有排水沟，及时排除积水。

d. 井栏：应高出井台 10～30cm，并与井壁密接无缝，防止污水流入井内。

e. 井盖：井口上应加盖，可固定在井栏上。为了便于防护，各地可就地取材，修建各种密封井，避免或减少井水受到污染。

(2) 河水 取水点的位置应设在各种污水排放口、码头、工厂的上游。在取水点附近距岸 20m 以内，不得有厕所、粪池、污水坑、垃圾场。

(3) 湖、塘水 在湖、塘四周不得有污染源，并将四周 30～50m 范围划为卫生防护地带。防护地带内应设置防护林和绿篱，建立人工屏障，保护和改善水源环境。为保证水的清洁，最好设置取水码头，以便在离岸较远处取水。采用分散式给水，在以江河为水源时，宜进行分段取水，即饮用水取水点设在没有污染的河段上游，其下游可依次设畜禽饮水点、粪具洗涤点等。池塘多的地区，可采用分塘用水。仅有一个池塘时，应禁止在池塘附近进行可能污染塘水的活动。较大的湖，应分区用水。

2. 集中式给水水源的防护

集中式给水通常称为自来水，是指由水源集中取水，对水进行净化和消毒后，通过输水管和配水管网送至各用水点。集中式给水的优点是有利于水源的选择和防护，易于保证水质，用水方便，便于卫生监督。但水质一旦遭受污染，危险性亦大。

集中式给水需水量大，在选用地面水时，多用江河、湖水作水源。为保证水质，在取水点周围半径 100m 范围内，不得有任何污染源；取水点上游 1000m、下游 100m 水域内不得有污水排放口。在取水点，可设伸入江河、湖中的取水码头，或设置永久性的取水设备。

地下水受污染机会较少，是最好的水源。地下水埋藏越深，在卫生上越安全。当深层地下水的覆盖层为裂隙地层或以浅层地下水为水源时，取水点应设在污染源上游。取水设备宜采用管井（又名机井或钻孔井），它应用广，可取各层地下水。管井的井壁必须严密不漏，井外壁与地层间亦要保证严密。

四、畜牧场其他环境管理

1. 消除恶臭

恶臭是存在于空气中能刺激嗅觉器官的臭气的总称。产生恶臭的原因很多，未经处理或处理不当的畜禽粪尿、污水、垃圾等是畜牧场恶臭的主要来源。恶臭不仅影响人、畜健康，而且严重污染周围环境。消除畜舍和畜牧场的恶臭，应采取以下综合性措施。

(1) 重视畜粪、污水的处理与利用 及时处理粪便，减少粪便贮存时间；在贮粪场和污水池搭建遮雨棚，粪便贮存场地势应高出周围地面 30cm，以防止积水浸泡粪便或粪便淋洗流失；在粪堆表面覆盖草泥、锯末、稻草、塑料薄膜，以减少粪便分解产生的臭气挥发；在粪便中搅拌吸附性强的材料如锯末、稻草等，可有效减少臭气的产生；在干燥粪便过程中，可将臭气用风机抽出经专门管道输送到脱臭槽或使臭气通过浸湿的吸附性强的材料层脱臭；在粪便中加入适量的除臭剂，可有效减少臭气产生。

应正确而及时地处理畜尸，进行场区绿化，利用植物吸收恶臭。

(2) 采取营养措施，减少臭气产生

①选择营养物质含量高、易消化的饲料配制日粮，可提高畜禽日粮养分的消化吸收率，减少臭气的产生。②在满足动物生长发育、繁殖和生产需要的前提下，尽量减少日粮中富余蛋白质含量，以减少粪便含氮化合物数量和臭气产生量。以理想蛋白质体系代替粗蛋白质体系配制日粮，可减少粪便蛋白质含量。适当降低日粮蛋白质含量和添加必需氨基酸，既可不降低动物生产力，又可减少粪便臭气的产生量。③适当控制畜禽日粮粗纤维的含量。许多实验证明，日粮粗纤维含量每增加 1%，有机物消化率就降低 1.5%，畜禽为满足营养需要，就必然要增加采食量和粪便排泄量。④科学使用饲料添加剂。活菌制剂中的微生物（细菌、霉菌、酵母等）参与和改变粪便的分解途径，减少臭气产生。其他添加剂可提高日粮利用率，减少氮、磷、硫等元素的排泄量。

(3) 使用除臭剂 使用除臭剂是除恶臭比较有效的方法。常用的畜用除臭剂有以下几种。

① 丝兰提取物。它是指从丝兰属植物中提取的具有除臭作用的物质，具有使用方便、添加量少、除臭效果好等特点。可以添加在饲料中，也可以制成液体，直接投放到畜舍地面或粪池中。该提取物 1978 年就已在养猪场应用。用丝兰提取物进行除臭试验表明，开始时氨的浓度为 $40mg/m^3$，使用丝兰提取物 3 周后降到 $30mg/m^3$，6 周后降到 $6mg/m^3$。丝兰提取物不仅能除臭，还能提高肥育猪、肉牛等的增重速度和饲料转化率。

② 沸石等硅酸盐矿石。沸石具有吸附铵离子、抑制氨挥发，又能吸附大量水分的特性，添加到饲料中，或撒在粪便及畜舍地面上，或饲喂用沸石作载体的矿物质添加剂，都可收到降低舍内湿度和除臭的效果。因此，沸石在集约化养殖和北方冬季的养殖中，是很有实用价值的干燥剂和除臭剂。

与沸石具有类似结构的其他硅酸盐，如膨润土、海泡石、凹凸棒石、硅藻土等，也可用作畜牧场除臭。

③ 绿矾。又名硫酸亚铁，可抑制粪便的发酵与分解，使其不再散发恶臭。用法是先将

硫酸亚铁压碎成粉状，撒在承粪板或粪池中，粪便接触到硫酸亚铁后，硫酸亚铁遇水溶解，使粪池变成酸性，粪便不再发酵和分解，从而不再产生臭气。

④ EM 制剂。它是一种由光合菌、放线菌、酵母菌和乳酸菌等 80 多种微生物复合培养而成的有效微生物群。EM 制剂不仅能增重、防病、改善畜产品品质，而且具有除臭效果。在猪、鸡饲料中加入 EM 制剂，舍内的氨气浓度下降，臭味降低。据北京市环境监测中心对 EM 制剂除臭效果进行测试的结果，在猪饲料中使用了 EM 制剂一个月后，恶臭浓度下降了 97%。

国外用自然沸石和硫酸亚铁混合除臭，效果更好，硫酸亚铁可抑制粪便发酵与分解，而沸石具有吸水、吸氨特性，从而达到良好的除臭效果。实践证明，将沸石、煤灰和硫酸亚铁以 1∶1∶2 混合，不仅除臭效果更好，还能提高生产性能。此外，微胶囊化微生物和酶也可除臭，前者能产生一种分解蛋白质和淀粉的酶，使需氧微生物把有机物转化成无味的二氧化碳和水；后者能提高粪池内微生物活性，如纤维素酶能向微生物提供能量，从而加快粪尿的消化分解，达到除臭目的。

2. 灭鼠灭虫

鼠、蚊、蝇等是畜牧场生产中常见的虫害，鼠类不但在畜牧场内偷食饲料、破坏建筑物和场内设施，而且能传播疾病。蚊和蝇等的最大危害是传播病原，它们对家畜健康危害甚大。

(1) 防治鼠害

① 建筑防鼠。建筑防鼠是指采取措施，防止鼠类进入建筑物内。当畜舍的基础不坚实或封闭不严密时，鼠类常常通过挖洞或从门窗、墙基、天棚、屋顶等处咬洞窜入室内。因此，要求畜舍的基础要坚固，以混凝土砂浆填满缝隙并埋入地下 1m 左右；舍内铺设混凝土地面；门窗和通风管道周边不留缝隙，通风管口、排水口设铁栅等防鼠设施；屋顶用混凝土抹缝，烟囱应高出屋顶 1m 以上，墙基最好用水泥制成，用碎石和砖砌墙基，应用灰浆抹缝。墙面应平直光滑，以防鼠沿粗糙墙面攀登。砌缝不严的空心墙体，易使鼠藏匿营巢，要填补抹平。为防止鼠类爬上屋顶，可将墙角处做成圆弧形。墙体上部与天棚衔接处应砌实，不留空隙。瓦顶房屋应缩小瓦缝和瓦、椽间的空隙并填实。用砖、石铺设的地面和畜床，应衔接紧密并用水泥灰浆填缝。各种管道周围要用水泥填平。通气孔、地脚窗、排水沟（粪尿沟）出口均应安装孔径小于 1cm 的铁丝网，以防鼠类窜入。

② 器械灭鼠。器械灭鼠是畜牧场常用的捕鼠方法。常用器械有鼠夹、鼠笼、粘鼠板等，目前还有较为先进的电子捕鼠器。

器械捕鼠的优点是无毒害、对人畜安全，结构简单，使用方便，费用低而捕鼠效率高。

③ 化学药物灭鼠。化学药物灭鼠是指使用化学灭鼠剂（毒饵）毒杀鼠类。化学灭鼠效率高、使用方便、成本低、见效快，缺点是能引起人、畜中毒，既有初次毒性（如误食毒饵），又有二次毒性。有些鼠对药剂有选择性、拒食性和耐药性。

④ 中草药灭鼠。采用中草药灭鼠，可就地取材，成本低，使用方便，不污染环境，对人、畜较安全。但中草药含有效成分低，杂质多，适口性较差。常用灭鼠中草药有山管兰、天南星、狼毒等。

⑤ 灭鼠注意事项。畜牧场的鼠类活动以孵化室、饲料库、畜舍和加工车间最多，这些部位是防除鼠害的重点。饲料库可用熏蒸剂毒杀。畜舍在投喂饲料时应尽量做到勤添不过量，并定时清扫。机械化养禽场，因实行笼养，只要防止毒饵混入饲料中，即可采用一般方

法使用毒饵。在采用全进全出制的生产工艺时，可在舍内空舍消毒时进行灭鼠。为防止有些猪吃死鼠，养猪场灭鼠时可先进行并圈，空出鼠患严重的圈舍投放毒饵，以后轮番逐圈处理。鼠尸应及时清除，以防被人、畜误食而发生二次中毒。投放毒饵时，应对家畜进行适当隔离，待家畜外出放牧或运动时，在圈中投放，归圈前撤除以保家畜安全。毒饵的配制，可根据实际情况，选用鼠长期吃惯了的食物作饵料，并突然投放，以假乱真，以毒代好，可收到良好的效果。

（2）防治害虫　畜牧场的粪便和污水等废弃物极适于蚊、蝇等有害昆虫的滋生，如不妥善处理则可成为其繁殖滋生的良好场所。防治畜牧场害虫，可采取以下措施。

① 环境灭虫。搞好畜牧场环境卫生，保持环境清洁和干燥是环境防除害虫的重要措施。

蚊虫需在水中产卵、孵化和发育，蝇蛆也需在潮湿的环境及粪便废弃物中生长。因此，进行环境改造，清除蚊虫滋生场所是简单易行的方法，抓好这一环节，辅以其他方法，能取得良好的防蚊虫效果。

填平无用的污水池、土坑、水沟和洼地是永久性消灭蚊蝇滋生的好办法。保持排水系统畅通，对阴沟、沟渠等定期疏通，勿使污水储积。对贮水池等加盖，以防蚊蝇飞入产卵。对不能清除或加盖的防火贮水器，在蚊蝇滋生季节，应定期换水。永久性水体（如鱼塘、池塘等），蚊虫多滋生在水浅而有植被的边缘区域，修整边岸，加大坡度和填充浅湾，能有效地防止蚊虫滋生。

经常清扫环境，不留卫生死角，及时清除家畜粪便、污水，避免在场内及周围积水，保持畜牧场环境干燥、清洁。排污管道应采用暗沟，粪水池应尽可能加盖。

采用腐熟堆肥和生产沼气等方法对粪便污水进行无害化处理，可破坏消除蚊蝇滋生的环境条件。

② 药物灭虫。药物灭虫是指使用天然或合成的毒物，以不同的剂型（粉剂、乳剂、油剂、水悬剂、颗粒剂、缓释剂等），通过各种途径（胃毒、触杀、熏杀、内吸等），毒杀或驱逐蚊蝇等害虫的过程。

化学杀虫剂在使用上虽存在耐药性、污染环境等问题，但它们具有使用方便、见效快，并可大量生产等优点，因而仍是当前防除蚊蝇的重要手段。定期用杀虫剂杀灭畜舍、畜体及周围环境的害虫，可以有效抑制害虫繁衍滋生。应优先选用低毒高效的杀虫剂，避免或尽量减少杀虫剂对家畜健康和生态环境的不良影响。常用的杀虫剂有：菊酯类杀虫剂、昆虫激素、马拉硫磷等。

③ 生物防除。生物防除是指利用有害昆虫的天敌灭虫。例如可以结合畜牧场污水处理，利用池塘养鱼，鱼类能吞食水中的孑孓和幼虫，具有防止蚊子滋生的作用。另外蛙类、蝙蝠、蜻蜓等均为蚊、蝇等有害昆虫的天敌。此外，应用细菌制剂——内菌素杀灭血吸虫的幼虫，效果良好。

④ 物理防除。可使用电灭蝇灯杀灭苍蝇、蚊子等有害昆虫。这种灭蝇灯是利用昆虫的趋光性，发出荧光引诱苍蝇等昆虫落在围绕在灯管周围的高压电网，用电击杀灭蚊蝇。

3. 绿化环境

环境绿化可以明显改善场区小气候状况、净化空气、防疫防火和降低噪声。

（1）畜牧场绿化带的种类及特点

① 场界绿化带。在畜牧场场界周边以高大的乔木或乔、灌木混合组成林带。该林带一般由2~4行乔木组成。场界绿化带的树种以高大挺拔、枝叶茂密的杨、柳、榆树或常绿针

叶树木等为宜。

② 场内隔离林带。在畜牧场各功能区之间或不同单元之间，可以用乔木和灌木混合组成隔离林带，防止人员、车辆及动物随意穿行，以防止病原体的传播。这种林带一般中间种植 1~2 行乔木，两侧种植灌木，宽度以 3~5m 为宜。

③ 道路两旁林带。位于场内外道路两旁，一般由 1~2 行树木组成。树种应选择树冠整齐美观、枝叶开阔的乔木或亚乔木，例如槐树、松树、杏树等。

④ 运动场遮阴林带。位于运动场四周，一般由 1~2 行树木组成。树种应选择树冠高大、枝叶茂盛、开阔的乔木。

⑤ 草地绿化。畜牧场不应有裸露地面，除植树绿化外，还应种草、种花。

(2) 绿化植物的选择 我国地域辽阔，自然环境条件差异很大，花草树木种类多种多样，可供环境绿化的树种除要求适应当地的水土光热环境以外，还需要具有抗污染、吸收有害气体等功能。

① 树种。洋槐树、法国梧桐、小叶白杨、毛白杨、加拿大白杨、钻天杨、旱柳、垂柳、榆树、朴树、泡桐、红杏、臭椿、合欢、刺槐、油松、桧柏、侧柏、雪松、樟树、大叶黄杨、榕树、桉树、银杏树、樱花树、桃树、柿子树等。

② 绿篱植物。常绿绿篱可用桧柏、侧柏、杜松、小叶黄杨等；落叶绿篱可用榆树、鼠李、水腊、紫穗槐等；花篱可用连翘、太平花、榆叶梅、珍珠梅、丁香、锦带花、忍冬等；刺篱可用黄刺梅、红玫瑰、野蔷薇、花椒、山楂等；蔓篱则可选用地锦、金银花、蔓生蔷薇和葡萄等。

绿篱植物生长快，要经常整形，一般高度以 100~120cm、宽度以 50~100cm 为宜。

无论何种形式都要保证基部通风和足够的光照。

③ 牧草。紫花苜蓿、红三叶、白三叶、黑麦草、无芒雀麦、狗尾草、羊茅、苏丹草、百脉根、草地早熟禾、燕麦草、垂穗披碱草、串叶松香草等。

4. 预防疾病的卫生管理措施

畜牧场环境卫生状况与畜禽疾病的发生率和畜牧场生产效益密切相关，环境卫生状况差，易导致疾病流行，增大疫病防治费用和生产成本。

为了确保畜牧场生产安全，减少疾病发生，应从多方面做好畜牧场的环境卫生管理。

(1) 建立完善的防疫机构和制度 按照卫生防疫的要求，根据畜牧场实际，制订完善的畜牧场卫生防疫制度，建立健全包括家畜日常管理、环境清洁消毒、废弃物及病畜和死畜处理以及计划免疫等在内的各项规章制度。建立专职环境卫生监督管理与疫病防治队伍，确保严格执行畜牧场各项卫生管理制度。

(2) 做好各项卫生管理工作

① 确保畜禽生产环境卫生状况良好。畜舍应及时清扫、洗刷；应及时清除粪便和排出污水；应加强通风换气，保持良好的空气卫生状况；应保证地面、墙壁、舍内设施及用具的清洁卫生；确保人、畜饮水卫生；应定期对畜牧场环境、畜舍及用具进行消毒；应对粪便和污水进行无害化处理；妥善处理畜禽尸体及其他废弃物，防止疾病传播。

② 防止人员和车辆流动传播疾病。畜牧场应谢绝外来人员参观，尽量减少外来人员进入生产区。必须进入畜牧场的外来人员只有按照畜牧场卫生防疫要求，经严格消毒、换衣换帽后才可进入生产区。场内工作人员必须严格遵守各项卫生工作制度，每次进入生产区前，必须在生产区更衣室更换消毒过的专用工作衣、帽、鞋，经过消毒后才可进入生产区。工作

人员进入畜舍前应再次更换经消毒过的工作服、帽和鞋。工作人员在上班期间不可串岗、串舍。工作人员必须进入其他生产小区或畜舍时，来去均需消毒。场内管理人员和技术人员因工作需要需进入各生产小区时，应按幼小畜禽、种畜、生产群的顺序进行，并应在进入各小区或畜舍前更衣、消毒。生产区内专用的工作服应严禁穿、带出区外。进入生产区的各类人员均不可将与生产无关的物品，尤其是各类动物性食品带入生产区。

③ 严防饲料霉变或掺入有毒有害物质。应认真做好饲料质量监控工作，确保饲料质量安全、可靠，符合卫生标准。应严格检验饲料原料，防止被农药、工业三废和病原微生物等污染的原料以及有毒原料和霉变原料进入生产过程；应做好饲料的贮藏和运输工作，确保饲料不发生霉变和不混入有毒有害物质。

④ 做好畜禽防寒防暑工作。环境过冷或过热，都可对畜禽健康产生危害，直接或间接诱发多种疾病。做好畜舍冬季防寒工作和夏季防暑工作，对于提高动物机体抵抗力、减少疾病发生具有重要意义。

（3）加强卫生防疫工作

① 做好计划免疫工作。免疫是预防家畜传染病最为有效的途径之一。各畜牧场应根据本地区畜禽疾病的发生情况、疫苗的供应条件、气候条件及其他有关因素和畜群抗体检测结果，制定本场畜群免疫接种程序，并按计划及时接种疫苗进行免疫，以减少传染病的发生。

② 严格消毒。按照卫生管理制度，严格执行各种消毒措施。为了便于防疫和切断疾病传播途径，畜牧场应尽量采用"全进全出"的生产工艺，即同一栋畜舍畜禽同期进场、同期出栏。出栏后对畜舍、用具、场地等进行全面的清洁和彻底消毒，并经过一定的闲置期后，再接纳下一批畜禽。一般闲置期至少为两周以上。

③ 隔离。对畜牧场内出现的病畜，尤其是确诊为患传染性疾病或不能排除患传染病可能的病畜应及时隔离，进行治疗或按兽医卫生要求及时妥善处理。由场外引入的畜禽，应首先隔离饲养，隔离期一般为2～3周，经检疫确定健康无病后方可进入畜舍。

④ 检疫。对于引进的畜禽，必须进行严格的检疫，只有确定无疾病和不携带病原后，才可进入畜牧场；对于要出售的动物及动物性产品，也须进行严格检疫，杜绝疫病扩散。

五、现代技术在畜牧业环境保护中的应用

人类和生物都要有良好的生长环境，要实现畜牧业可持续发展，必须改善生态环境，无害化处理及资源化利用畜禽废弃物，保持畜牧业生产与环境保护相协调。

（一）生态环保饲料技术

提高畜禽的饲料利用率，尤其是提高饲料中氮、磷的利用率，降低畜禽粪便中氮和磷污染，是消除畜牧环境污染的治本之举。为了达到这一目的，应用生态营养原理，开发环保饲料，可收到良好效果。

所谓生态环保饲料是指围绕解决畜产品公害和减轻畜禽粪便对环境的污染问题，从饲料原料的选购、配方设计、加工饲喂等过程，进行严格质量控制和实施动物营养系统调控，以改变、控制可能发生的畜产品公害和环境污染，使饲料达到低成本、高效益、低污染效果的饲料。

在实用日粮的配合中必须放弃常规的配合模式而尽可能降低日粮蛋白质和磷的用量以解

决环境恶化问题；同时要添加商品氨基酸、酶制剂和微生物制剂，通过营养、饲养办法来降低氮、磷和微量元素的排泄量；采用消化率高、营养平衡、排泄物少的饲料配方技术。因此，生态环保饲料可以用公式表示为：

生态环保饲料＝饲料原料＋酶制剂＋微生态制剂＋饲料配方技术

生态环保饲料主要有饲料原料型、微生态型和综合型。饲料原料型生态环保饲料的特点是所选购的原料消化率高、营养变异小、有害成分低、安全性高，同时饲料成本也低。如秸秆饲料、酸贮饲料、绿肥饲料等。饲料原料型生态环保饲料并不能单方面起到净化生态环境的功效，它需要与一定量的酶制剂、微生态制剂配伍和采用有效的饲料配方技术，才能起到生态环保饲料的作用。微生态型生态环保饲料是在饲料中添加一定量的酶制剂、益生素，以调节胃肠道菌群平衡，促进有益菌的生长繁殖，提高饲料的消化率，具有明显降低污染的能力。综合型生态环保饲料综合考虑了影响环境污染的各种因素，能全面有效地控制各种生态环境污染，但这种饲料成本往往较高。

（二）生物和生态净化技术

通过生物手段净化畜粪及污水，主要是利用厌氧发酵原理，将污物处理后变为沼气和有机肥。这是目前世界上应用最广泛、处理量较大、费用低廉、适用性较强的经济有效的方法。此法在正常气温条件下可使污染物 BOD_5 减少 $70\% \sim 90\%$。

常规的污水处理方法是沉淀、过滤和消毒。但在大中型集约化畜牧场，污水排放量大，经过沉淀、酸化水解等一级处理后，出水中 COD 和 SS 含量仍然较高，尚需进行二级处理方可达到排放标准。人工湿地的应用将有效地解决这一问题。

人工湿地由碎石构成碎石床，在碎石床上栽种耐有机物污水的高等植物，植物本身能吸收人工碎石床上的营养物质，这在一定程度上使污水得以净化；同时，当污水渗流石床后，在一定时间内碎石床会生长出生物膜，在近根区有氧情况下，生物膜上的大量微生物把有机物氧化分解成二氧化碳和水，通过氨化、硝化作用把含氮有机物转化为含氮无机物。在缺氧区，通过反硝化作用脱氧。所以，人工湿地碎石床既是植物的土壤，又是一种高效的生物滤床，是一种理想的全方位生态净化方法。

微生态塘是由土壤、生物和填料（如卵石、活性炭、活性污泥等）混合组成的微型生态湿地塘，其中不仅有分解者生物、生产者生物，还有消费者生物，三者分工协作，对环境中的污染物进行更为有效的过滤、降解与利用。环境污染中的不溶性有机物通过湿地塘的沉淀、过滤作用，可以很快地被截留，继而被微生物分解利用；其他可溶性污染物则可通过植物根系生物膜的吸附、吸收及生物共代谢降解过程而被降解去除。其中环境中的有机污染物不仅被细菌和真菌降解净化，而且其降解的最终产物，包括原来的无机化合物也可作为 C、N、P 等营养源，并以太阳能为初始能源，参与生物的新陈代谢过程，从低营养级到高营养级逐级迁移转化并释放出氧气，增加环境中表层溶解氧，为好氧微生物和动植物的生长提供环境营养条件，维持了生态系统的循环运转，从根本上净化环境，改善环境质量。

（三）畜牧生态工程技术

生态畜牧业是遵循现代生态学、生态经济学的原理和规律，运用系统工程方法来组织和指导畜牧业生产，最终实现畜牧业的高产、优质、高效和持续发展。

生态畜牧业将畜牧业生产与环境保护密切联系起来，既克服了传统畜牧业分散经营、规模小、技术含量低的缺点，又克服了集约化畜牧业割裂畜牧业与种植业的联系、忽视动物生物学特性和行为特性的需求的弊端。生态畜牧业的最大特点是变废为宝，对营养物质多层次分级利用。

生态畜牧业产业化经营是生态畜牧业生产的一种组织和经营形式，是畜牧业发展的必然趋势。

1. 生态畜牧业产业化生产体系的组成

畜牧科技的进步、畜产品市场的激烈竞争和经济利益的综合作用使畜牧业各个生产环节的专业化和社会化程度不断增加，而这些环节的专业化和社会化程度不断增加，一方面推动了畜牧业生产的发展，另一方面使畜牧业生产的各个环节的联系更加紧密。这就必然要求生产者和经营者以畜产品市场需求为导向，以畜产品加工和营销为龙头，科学合理地确立生产要素的联结方式和效益分配原则，充分发挥畜牧业生产要素专业化和社会化的优势，实现生态畜牧业的产业化经营。

生态畜牧业产业化生产体系主要包括饲料饲草的生产与加工、动物优良品种选育与繁殖、科学化规范化的畜禽饲养管理、畜牧生产环境控制与环境保护、动物福利与动物保健、畜产品加工、畜产品市场与营销等环节。

2. 现代生态畜牧业的经营方式

（1）季节性生态畜牧业经营　季节性畜牧业主要是指草原地区根据气候特点和牧草及家畜生长发育的特点，在夏秋季多养畜，使之适时利用生长旺季的牧草，而当冷季来临时，就将一部分家畜及时淘汰，或在农区异地肥育，以收获畜产品。牧草生长和草地贮草量有明显的季节性，而草地饲养的家畜对营养物质的需求则有相对的稳定性，牧草与家畜的"供求"矛盾是制约畜牧业发展的关键环节。在我国草原地区，经一个冬春季后，家畜体重要下降50%以上，在灾害年份，往往引起家畜春乏死亡，造成严重损失。发展季节性生态畜牧业，可以克服这个矛盾，提高畜牧业生产水平。

（2）现代草地生态畜牧业集约经营　现代草地生态畜牧业经营则强调增加草地建设和动物养殖的投入力度，表现在以下几个方面：①重视草地建设，通过人工播种、施肥、灌溉、围栏封育，提高草地生产力。②合理控制畜群规模，根据草地生产力，确定适宜的载畜量，防止超载过牧对草原的破坏。③加强畜群补饲，贮存青干草，在枯草季节给家畜补饲青干草和精料，提高家畜生产水平。④加强防寒设施建设，为家畜越冬提供暖棚。⑤进行计划免疫和药浴，预防疾病发生。

（3）生态畜牧业的集约化经营　生态畜牧业集约化经营就是生产的规模化、工厂化，在生产过程中，注意资金、技术、设备的投入，注意家畜粪便等废弃物的处理与利用，将集约化畜牧业生产与环境保护相结合，具有生产力高、生态效益好的优点。

（4）现代农牧结合型生态畜牧业的经营　利用种植业与畜牧业之间存在着相互依赖、互供产品、相互促进的关系，将种植业与畜牧业结合经营，走农牧并重的道路，提高农牧之间互供产品的能力，形成农牧产品营养物质循环利用，借以提高农牧产品循环利用效率，表现为农牧之间的一方增产措施可取得双方增产的效果。例如，美国某农场一方面种植大量的玉米、大豆，另一方面饲养种猪、肉猪、肉鸡，建立饲料厂，这些厂用外购的预混料配上自产玉米、大豆为农场家畜生产全价饲料。畜牧场粪便和污水可作为农作物的肥料。这种经营方式提高了农牧生态系统物质循环利用效率，显著降低农牧业生产成本，取得了良好的经济效益和生态效益。

（5）**现代绿色生态养畜经营方式** 这种经营方式的特点在于使用生态饲料，采用生态方法，生产生态畜产食品，虽然畜禽饲养期较长，价格较高，但生态食品深受消费者欢迎，市场求大于供，开发潜力大。

3. 畜牧生态工程实例

如上海东风农场奶牛场，通过建立生态工程模式，使得奶牛的生产走向良性循环轨道，有效地解决了粪便、污水的污染问题，同时大大提高了生产效益。该生态工程模式中，奶牛粪便通过机械刮粪装置输入发酵罐制取沼气，为全场提供能源，经发酵后的沼渣和沼液用来作培养基，培养大量光合细菌，经加工制成蛋白质饲料；余下的沼渣作饲料基地的肥料，余下的沼液流入无土栽培温室，来培植蔬菜和其他作物；经无土栽培使用后的沼液送入池塘养鸭、鱼和水生植物。这样不仅能净化环境，而且从水生植物中可制取维生素添加剂。

不仅畜牧场可以建立畜牧生态工程，广大农村养殖户同样可以通过生态工程来充分利用物质资源，提高生产效率和减少环境污染，这就是庭园立体生态农业模式。这种模式是以农户为对象，庭园为依托，沼气综合利用为纽带，养、种、加相结合而开展的一种庭园生态经济。比如广泛适用于城郊农户，以向城市提供商品肉品、蛋品和蔬菜为目标的"鸡—猪—沼—菜"模式，适用于以养鱼为主的"粮—糟—沼—渔"模式等。这些模式最大特点是充分利用生态系统中生物和谐共生技术、物质与能量循环利用技术，生物种充分利用空间资源技术，实行立体生产和无废物生产。

（四）纳米技术

纳米技术就是在 1～100nm 范围内对物质进行制备、研究和工业化以及利用纳米尺度物质进行交叉研究和工业化的一门综合性技术体系。纳米型饲料添加剂具有广阔的应用前景，在我国饲料工业中已经投产使用，这将开创我国安全优质动物生产的全新时代。

资料卡：纳米技术

纳米技术（nanotechnology）的概念最早源于美国诺贝尔物理奖获得者 R. Feynman 的著名演讲《底层还有很大空间》，但当时并未引起关注。直到 1982 年，扫描隧道显微镜问世，纳米技术才被正式提出，并在以后的 20 多年中得到了飞速发展。纳米（nm）是一种度量单位，1 纳米为 10^{-9} m。当微小粒子进入纳米量级时，颗粒表面结构与晶体结构发生独特改变，其本身就会具有表面效应、小尺寸效应、宏观量子隧道效应，由此可以产生许多与传统材料完全不同的物理及化学特性，并在光、电、磁及生物活性等方面具备特殊功能，如低熔点、高比热容、高膨胀系数、高反应活性、极强的吸波性等，从而给不同学科领域带来新的研究思路，为学科的交叉发展提供机遇，因而纳米科技被视为 21 世纪的高新技术之一。

---

1. 纳米技术在提高畜产品安全及功能方面的应用

抗生素添加剂和兽药纳米化后，具有缓释性和靶向性，药效大幅提高，使用剂量降低，很有可能解决人药、兽药的交叉耐药性问题和药物残留问题，保证畜产品的安全性。研究表明，纳米铜、纳米硒等在动物体内的利用效果非常好，而且有助于提高机体的生理机能。根据这一现象，把对人体有重要作用而普通食品中含量又十分有限的元素纳米化后添加到饲料内，通过过腹转化，使畜产品成为对人类有重要作用的高营养价值食品，如富硒肉、高碘蛋等。另外有毒有害物质（重金属、霉菌毒素、农药）一直是困扰饲料行业的一个难题，根据这些有毒有害物质的理化特性，利用纳米自组装技术的纳米吸附剂可对它们进行高效、选择性的吸附。目前已研制出针对重金属铅、镉、汞及霉菌毒素的纳米吸附剂。

2. 纳米技术在饲养环境保护方面的应用

纳米技术被认为是缓解畜牧场环境污染问题的一个重要途径。纳米技术的应用大大提高了饲料的消化利用率，减少了粪便的排出量，减少了氮、磷的排出量，从而减少了粪便中的氮、磷及有毒元素对土壤、水、空气等的污染，还可减少抗生素的应用及在环境中的残留。此外，在畜舍建造和粪便处理上，也可使用一些纳米材料，利用它们具有的光催化性，在阳光，尤其是紫外线的照射下，生成的氧和氢氧自由基有很强的化学反应活性，可以与包括细菌在内的有机物发生反应，生成 CO_2 和 H_2O，从而在很短的时间内消除空气中的恶臭。

随着纳米技术的飞速发展，纳米环保的理念也会迅速形成，这将在畜牧业的绿色革命中发挥重要作用，也将为环境保护带来突破性变化，为动物乃至人类生存环境的可持续发展提供技术上的保证，产生不可估量的生态效益和社会效益。

六、畜牧场环境卫生监测与评价

环境监测是指对环境中某些有害因素进行调查和度量。通过监测及时了解畜舍及牧场内环境的状况，掌握环境是过冷还是过热，或环境中出现了什么污染物，它的污染范围有多大，污染程度如何，影响怎样；根据测定的数据和环境卫生标准（环境质量标准），以及畜体的健康和生产状况进行对比检查，并进行环境质量评价，及时采取措施解决存在的问题，确保畜禽生产正常进行。环境监测是进行畜牧场环境保护工作的基础，其最终目的是为了查明被监测环境变异幅度以及环境变异对畜牧业生产的影响，以便采取有效措施，减少环境变异对畜禽生产造成的不良影响。

1. 畜牧场环境监测分类

畜牧场环境监测应结合自身特点，根据测定目的和条件而定，一般可分为以下三种。

（1）经常性监测 即常年在固定测点设置仪器，供管理人员随时监测。旨在随时了解畜禽环境基本因子的状况，及时掌握其变化情况，以便及时调整管理措施。如在畜舍内设置干湿球温度表，随时观察畜舍的空气温度、湿度等。

（2）定期监测 按照计划在固定的时间、地点对固定的环境指标进行的监测为定期监测。如根据气候条件和管理方式的变化规律，在一年中每旬、每月或每季度确定一天或连续数天对畜舍的温热环境进行定点观测，以掌握畜舍温热环境与气候条件及管理方式之间的关系及变化规律。

（3）临时性监测 根据畜禽的健康状况、生产性能以及环境突变程度进行的测定称为临时性监测。即当环境出现突然的异常变化时，为了掌握变化和对家畜环境的影响程度所进行的测定。如当寒流、热浪突然袭击时，当呼吸道疾病发病率升高或大规模清粪时一般需进行临时性监测，以掌握环境变化程度和特点。

2. 畜牧场环境监测的基本内容

畜牧场环境监测的内容和指标应根据监测的目的以及环境质量标准来确定，应选择在所监测的环境领域中较为重要的、有代表性的指标进行监测。

一般情况下，对畜牧场、畜舍以及场内舍内的空气、水质、土质、饲料及畜产品的品质应给予全面监测，但在适度规模经营的饲养条件下，家畜的环境大都局限于圈舍内，其环境范围较小，应着重监测空气环境的理化和生物学指标，水体和土壤质量相对稳定，特别是土质很少对家畜产生直接作用，可放在次要地位。

环境卫生监测所采用的方法和应用技术，对于监测数据的正确性和反映污染状况的及时性，有着重要的作用。

(1) 空气环境监测的内容 畜牧场大气状况的监测，可在一年四季各进行一次定期、定员监测，以观察大气的季节性变化，每次至少连续监测 5 天，每天采样 3 次以上，采样点应具有代表性。

温热环境主要监测气温、气湿、气流和畜舍通风换气量；光环境主要监测光照强度、光照时间和畜舍采光系数；空气卫生监测主要是对畜牧场空气中污染物质和可能存在的大气污染物进行监测，主要为恶臭气体、有害气体（氨气、硫化氢、二氧化碳等）、细菌、灰尘、噪声、总悬浮微粒、飘尘、二氧化硫、氮氧化物、一氧化碳、光化学氧化剂（O_3）等。

温度、湿度的测定一般采用普通干湿球温度表或通风干湿球温度表以及自记温、湿度计等仪器测定。应在舍内选择多个测点，可均匀分布或沿对角线交叉分布。观测点的高度原则上应与家畜头部的高度相等。按常规要求以一天中的 2:00、8:00、14:00 和 20:00 四次测定的温度及湿度的平均值为平均温度值和平均湿度值。如果凌晨 2:00 测定有困难，则可以用 8:00 的测定值代替之，即将 8:00 的测定值计算两次。旬、月、年的平均温度可根据日平均温度推算。

气流速度测定可用卡他温度计、热球式电风速计等仪器测定。测点应根据测定目的，选择有代表性的位置，如通风口处、门窗附近、畜床附近等。

畜舍内有害气体的监测，可根据大气污染状况监测结果并结合饲养管理情况，在不同季节、不同气候条件下进行测定。

(2) 水质环境监测的内容 水质监测包括对畜牧场水源的监测和对畜牧场周围水体污染状况的监测。

水源水质的监测项目包括感官性状指标、化学指标、微生物指标、毒理学指标、放射性指标四个方面。

① 感官性状指标：包括温度、颜色、浑浊度、臭和味、悬浮物（SS）等。

② 化学指标：包括溶解氧（DO）、化学耗氧量（COD）、生化需氧量（BOD）、氨氮、亚硝酸盐氮、硝酸盐氮、氯化物、磷、pH 值等。

③ 微生物学指标：包括细菌总数、大肠菌群、致病菌、粪大肠菌群、沙门菌、粪链球菌等。

④ 毒理学指标：包括氟化物、氰化物、汞化物、砷等。

⑤ 放射性指标：包括总 α 放射性、总 β 放射性等。

对水质情况监测，可根据水源种类等具体情况决定。如畜牧场水源为深层地下水，因其水质较稳定，一年测1～2次即可；如是河流等地面水，每季或每月定时监测一次。此外，在枯水期和丰水期也应进行调查测定。为了解污染的连续变化情况，有必要进行连续测定。

（3）土壤环境监测的内容　土壤监测主要项目应包括对土壤生物和农产品有害的化学物质的监测，包括氟化物、硫化物、有机农药、酚、氰化物、汞、砷、六价铬等。由于畜牧场废弃物对土壤的污染主要是有机物和病原体的污染，所以就畜牧场本身的污染而言，主要监测项目为土壤肥力指标和卫生指标。

土壤肥力指标主要包括：有机质、氮、磷、钾等；土壤卫生指标主要包括大肠菌群数、蛔虫卵等。

3. 畜牧场环境卫生监测方法

在环境卫生监测中，广泛使用化学分析、物理分析方法。目前，除采用原子吸收光谱、气相色谱、离子选择电极等技术外，近代物理化学分析技术，如中子活化分析、激光光谱分析等，也逐步应用，使监测技术朝着快速、简便、灵敏、准确的方向发展。表4-11列出了畜牧场一些常规监测项目测试方法，供参考。

表 4-11　畜牧场环境卫生常规监测项目测试方法

监测项目或指标	测试方法	常用仪器仪表	监测目的	注意事项
气象参数监测				
温度	仪器测定	普通温度计或自记温度计	掌握温度变化与适合程度	布点时间和位置
湿度	仪器测定	干湿球温度表	掌握湿度变化与适合程度	布点位置
光照度	仪器测定	照度计	确定光照强度适合程度（特别是家禽）	布点位置
气流	仪器测定	风速仪	了解通风状况	读数地点与重复次数
空气质量监测				
有害气体(氨气和硫化氢)	纳氏试剂光度法	大气采样器	了解氨气和硫化氢浓度	采样高度
总悬浮颗粒物(TSP)	重量法	粉尘采样器、分析天平	了解微粒含量	采样时流量适宜；管道密封不漏气
微生物	平皿沉降法	采样平板、恒温培养箱	了解微生物含量	布点位置
水质监测				
pH 值	仪器测定	pH 计、精密或广泛 pH 试纸	了解水体的酸碱度	减小读数误差
水的总硬度	滴定法	水采样器	了解水体硬度	减小滴定误差
氯化物	滴定法	水采样器	了解水体含有氯化物情况	
细菌总数	平板培养计数法	水采样器、恒温培养箱	了解细菌的总含量	布点位置
畜牧场污染源监测				
COD	重铬酸钾法	微波消解炉、滴定装置	掌握水体受以有机物为主的还原性物质污染的程度	消除干扰；污水样分析时取适宜体积稀释
氨氮	纳氏试剂光度法	分光光度计	掌握污水含氮特性	纳氏试剂毒性大,用后对废液妥善处理

知识拓展 ▶▶

环境卫生生物监测

自然界中有很多生物对环境中的污染物质十分敏感，当受到有害物质损害时，会表现出各种症状。据此可以了解大气、水、土壤受污染的范围和程度。例如，有机氯的毒性很大，但因为没有气味和颜色，人们很难察觉，而金荞麦却能在气相色谱仪都难以检出的情况下，表现出特殊症状。水中某些藻类（如硅藻等），在种类与数量上的变化，也可反映水体受污染的程度。南京植物研究所根据植物的这种特性，用金荞麦作"植物监测计"进行环境质量评价，所得到的污染物（氟或硫）浓度变化曲线和使用仪器进行监测的结果非常一致。所以，在环境监测中，利用生物监测来补充物理、化学分析法的不足，是一种简便、有效、可行的措施。畜牧场的生物监测可结合畜牧场的绿化设计等进行。

4. 畜牧场环境质量评价技术与方法

环境质量的评价就是按照一定的评价标准和评价方法对环境质量状况进行定量评定、解释和预测。畜牧场环境质量评价对于确切了解畜牧场环境状况、制定和实施畜牧场环境管理措施以及检验评价畜牧场环境管理措施的实施效果，都具有重要意义。

目前环境质量评价主要集中在对大气和水质进行评价。

（1）空气质量评价 空气环境质量评价是依据相应环境质量标准对空气中有害物质进行评价。到目前为止，我国已颁布了多项大气环境质量标准如《环境空气质量标准》（GB 3095—2012）、《恶臭污染物排放标准》（GB 14554—1993）等。在对畜牧场场内外大气环境质量进行评价时应参照其相关内容并结合畜牧场大气污染物的特点制定监测内容及质量标准，评价时应以畜牧场主要污染物为主。可以参照以下建议确定监测项目和环境质量标准。

① 监测点以离畜牧场周边 400～500m 范围和在下风向为宜。

② 主要监测项目与环境标准如下（畜牧场场区）：恶臭强度，2 级以下；氨气日均值，$5mg/m^3$；硫化氢日均值，$2mg/m^3$；二氧化碳日均值，$750mg/m^3$；细菌总数，$1.7 \times 10^4 \sim 2.5 \times 10^4$ 个$/m^3$。

③ 感官指标必须加以测定，如技术经济条件允许，其他指标也应予以部分监测或全部监测。

（2）水体环境质量评价 根据水体的用途和评价目的不同，应采用不同的质量标准。我国已颁布了多种水体质量标准。

在畜牧场水源的选择和保护中，对水体卫生进行评价时，主要依据的标准为《地表水环境质量标准》（GB 3838—2002）和《生活饮用水卫生标准》（GB 5749—2006）。在对污水排放及畜牧场周围环境水体质量的评价中，主要依据的标准除《地表水环境质量标准》外，还有《污水综合排放标准》（GB 8978—1996）、《农田灌溉水质标准》（GB 5084—2005）等。

水环境质量标准要求所有水体不应人为包含下列物质：①凡能沉淀而形成令人厌恶的沉淀物；②漂浮物，诸如碎片、浮渣、油类或其他的一些引起感官不快的物质；③产生令人厌恶的色、臭、味或者浑浊度的物质；④对人类、动物或植物有损害、毒性或不良生理反应的物质；⑤易滋生令人厌恶的水生生物物质。

七、生态养殖模式的推广

生态养殖是指在一定的土地面积上（如一亩田、一口塘、一块耕地、一个庭院等），以生态学理论为依据，以提高单位面积的生物产量和经济效益、生态环境效益为主要目的，以养殖业为核心的多物种共栖、多层次结构和多级物质循环利用的综合性技术。

20世纪80年代以来，我国生态养殖技术发展迅速，出现了一大批牧业生态县、生态村及生态养殖场，也总结出了几种具有代表性的生态养殖模式。大力推广生态养殖模式，有利于畜牧场的环境卫生建设，可有效改善畜禽生存状态。

1. 北方"四位一体"能源生态模式

"四位一体"能源生态模式，系典型的农村沼气能源生态模式之一，由农业部科教司2002年10月推出。它是在农户庭院或田园内建日光温室，在温室的一端地下建沼气池，沼气池上建猪舍和厕所，温室内种植蔬菜或水果。该模式使沼气池、保护地栽培大棚蔬菜、日光温室养猪及厕所四个因子合理配置，形成了以太阳能、沼气为能源，以人、畜粪尿为肥源，种植业（蔬菜）、养殖业（猪、鸡）相结合的复合农业生态工程（图4-7）。根据辽宁省推广应用"四位一体"农业生态工程的实践证明，它具有明显的经济效益、生态效益与社会效益。

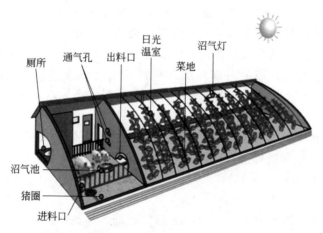

图4-7 北方"四位一体"能源生态模式示意图

2. 南方"猪—沼—果"能源生态模式

"猪—沼—果"能源生态模式是根据我国南方地区气候特点，以农户为基本单元，利用房前屋后的山地、水面、庭院等场地，主要建设畜禽舍、沼气池和果园等几部分，同时使沼气池的建设与畜禽舍和厕所三结合，构成"养殖—沼气—种植"三位一体庭院经济格局（图4-8），形成生态良性循环，增加农民收入。

我国浙江某牧场，年出栏生猪3000头，采用"猪—沼—果（柑橘）"模式处理猪场污水，以建造沼气池为纽带，把猪场污水通过沼气池的处理变成沼液，通过安装排灌系统到橘园，作为橘树的日常用肥，实行沼液零排放，使牧场污水变废为宝。沼气池产生的沼气用于牧场日常生活用气及猪舍保温、照明等，真正做到了资源综合利用，一举多得。

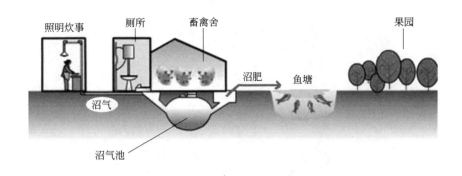

图 4-8 南方"猪—沼—果"能源生态模式示意图

3. "五配套"能源生态模式

"五配套"能源生态农业模式是解决西北干旱地区用水，促进农业持续发展，提高农民收入的重要模式。其主要内容是：户建一个沼气池、一个果园、一个暖圈（猪舍）、一个蓄水窖和一个看护房。以农户庭院为中心，以节水农业、设施农业与沼气池和太阳能的综合利用作为解决当地农业生产、农业用水和日常生活所需能源的主要途径，并以发展农户房前屋后的园地为重点，以塑料大棚和日光温室等为手段，来增加农民经济收入，实现脱贫致富奔小康。该模式形成了农、牧、沼、果配套发展的良性循环体系，以牧促沼、以沼促果、果牧结合，其运行机制如图 4-9 所示。

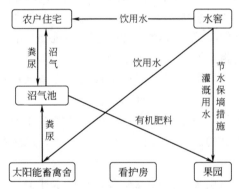

图 4-9 "五配套"模式运行机制图

以一个 5 亩左右的果园为基本生产单元为例，在果园或农户住宅前后配套一口 8～10m³ 的水窖，一座 10～20m² 的猪舍或禽舍（4～6 头猪或 20～40 只鸡），一种节水保墒措施（渗灌或秸秆覆盖），一幢 10～15m² 的简易看护房。这其中，沼气是核心，起着联结种植与养殖、生活与生产的纽带作用；水窖除供人、畜用水外，还可弥补果园渗灌、穴灌用水；养猪、养鸡实现了以牧促沼、以沼促果、果牧结合；节水保墒措施是多蓄、少耗、巧用水的有效办法。据陕西省的调查统计，推广使用"五配套"模式技术以后，可使农户从每公顷的果园中获得增收 3 万元左右的效益。

4. "四级净化，五步利用"生态模式

辽宁盘锦某生态养殖场，对猪粪便经过"四级净化，五步利用"（图 4-10），既实现了无污染清洁生产，又提高了经济效益。

该生态养殖场在猪舍附近建成了面积各为 16 668m²，深为 0.5～1.0m 的水葫芦和细绿

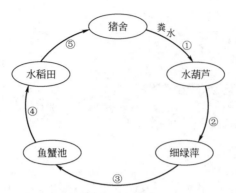

图 4-10 "四级净化，五步利用"模式简图

萍水生生物处理塘。同时建有面积约26 668m² 的养鱼池和266 680m² 的水稻田，构成一个简单可行的污染物生物生态处理循环体系。

(1) 一级净化，一步利用 猪舍用井水洗刷后，粪尿水从地沟排出，其中部分固体粪便捞出作为鱼的饵料，粪尿水则进入水葫芦池。水葫芦是喜氮植物，具有较强的净化污水功能。水葫芦吸收污水中大量的有效态氮，供自身生长，然后可作为青饲料或青贮料喂猪，节省了饲料成本。猪粪水在水葫芦池里大约停留7 天，其末端有泵将一级净化粪水泵入细绿萍池进行二级净化。

(2) 二级净化，二步利用 细绿萍自身能固氮，主要吸收利用剩余的磷、钾等营养元素，促进其自身大量繁殖生长。细绿萍营养丰富，是猪和鱼的很好的青饲料。粪尿污水在细绿萍池又经过7 天时间的有效净化和吸收，有的悬浮物沉淀，有的被分解转化。

(3) 三级净化，三步利用 经过二级净化的污水达到渔业用水标准时，放入养鱼池，这时水中的氮磷成分已经基本耗竭，SS 及 COD 也都达到灌溉水质标准，主要含有大量与细绿萍共生的浮游动物，成为鱼、蚌的天然饲料。

(4) 四级净化，四步利用 污水水质最后达到农田灌溉水质标准时，将处理后的污水引入农田灌溉稻田使用。低浓度的氮、磷、钾等营养元素供作物生长吸收利用，进一步降低污染，实现污染物质的再生利用。

(5) 五步利用 灌入稻田肥水，经过沉降、曝气，水体清澈，当水稻排水时，使之流回猪舍，再作冲洗粪尿的水。

五步利用技术的核心是将污水中有效的营养成分进行转化和利用，实现污水的废物资源化，同时也满足了环境生态的无害化要求，保护了周边环境，实现了经济利益、环境生态效益和社会效益的协调统一。经测定，污水经过四级净化后，COD、BOD 的净化率均达到87.7% 以上，有效氮和速效磷的去除率超过了56%。总体处理效果优于同面积的生物氧化塘处理水平。

此模式由于占地面积大，处理周期长，加之在北方，所以在冬季受温度的限制比较明显。

复习思考题

1. 畜牧场环境污染途径有哪些？会对周围环境造成哪些危害？
2. 畜牧场环境消毒有何意义？怎样进行消毒？

3. 现代畜禽养殖场应采取哪些措施以防止畜禽粪便对周围环境的污染？

4. 畜牧场环境监测对象及监测的内容是什么？

5. 根据家乡所在地的自然环境特点、社会经济情况等，设计一个适合当地发展的生态养殖模式，可以分组讨论与设计。

【本章小结】

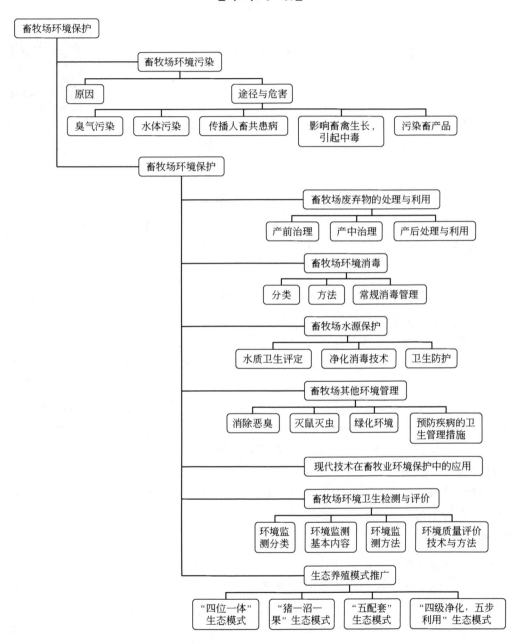

实 训 指 导

实训一　空气温度的测定

畜禽环境监测仪器

【目的】

掌握气温的测定方法，了解各种测温仪器的结构、原理、使用方法及注意事项；了解不同畜舍、不同测温点的选择。

【仪器】

普通温度计、最高温度计、最低温度计、最高最低温度计、自记温度计、半导体点温度计。

【仪器的结构、原理和使用方法】

1. 普通温度计

普通温度计也叫棒状温度表。制作温度表的玻璃是经过热处理和陈化过的，以防止日久玻璃变化变形引起温度表零点移位。

（1）结构　由球部、毛细管及顶部缓冲球构成。依感应部分装的感应液不同可分为水银温度计和酒精温度计。水银具有比热容小、导热快、易于提纯、沸点高（356.9℃）、蒸汽压力小、不透明、易于读数等优点，且内聚力大与玻璃不发生浸润，所以水银温度计灵敏度和准确度都较好。但由于水银的冰点高（－38.9℃），所以不适宜测定低温，因此通常制成最高温度计。酒精具有膨胀系数不够稳定、纯度差、易蒸发且与玻璃发生浸润等缺点，但却具有冰点低（－117.3℃）的特点，所以用来测量低温比较好，可以准确测至－80℃，通常制成最低温度计。酒精易于着色，便于观察。

（2）使用方法　垂直或水平放置在测定地点，5min后观察其所示温度，读感应液在毛细管内最高点的示数，然后加上校正值。

2. 最高温度计

以水银作感应液的水银温度计，测某一段时间内的最高温度。

（1）构造　由球部、狭窄部、毛细管和顶部缓冲球构成。球部与毛细管之间有一个狭窄处，用来增加阻力和摩擦力。

（2）原理　当温度升高时，水银的膨胀力大于摩擦力，从而冲过狭窄部上升。但当温度下降时，水银收缩的内聚力小于狭窄部的摩擦力，毛细管内的水银在窄道处与球部水银断开不能回到球部，停留在原来位置不动，所以窄部以上这段水银柱的顶端所示度数就是观测阶段所感受到的最高温度。

（3）使用方法　使用前先对表进行调整，用手握紧温度表的中部，球部向下用力甩几下，使管内的水银降至比当时温度示数稍低的刻度，然后水平放置在测定地点。测定时先放球部，后放表身，防止水银柱滑向温度表顶端。测定的某段时间结束后，观察其读数。

3. 最低温度计

以酒精为感应液的酒精温度计，测量某一段时间内的最低温度。

（1）构造 由球部、毛细管、游标和顶部缓冲球构成。毛细管中有有色玻璃的小游标，它能在酒精液柱里来回游动。

（2）原理 当温度升高时，酒精体积膨胀绕小游标流过，因为小游标本身有重量及其两端与管壁有摩擦力，所以游标在原处不动；当温度下降时，酒精柱收缩，酒精柱顶部的表面张力大于小游标自身重力与摩擦力总和，所以当酒精顶部弯月面与小游标接触时就把小游标一起拉下来。一旦温度升高时，游标仍然不动，如果温度再下降，降至低于小游标所示度数，这时小游标随着酒精柱继续下降，所以它总指示某段时间内的最低温度。

（3）使用方法 倒置，依靠重力作用使小游标滑到液面；水平放置在测定的地方，在测定的某段时间结束后，观察其读数。放置时，要先放顶部，后放球部；读数时一定读小游标靠近酒精柱的液面一端。

4. 最高最低温度计

可用来测一段时间内的最高温度和最低温度。

（1）构造 由U形玻璃管、水银、酒精、磁性卡簧等构成，U形管底部装有水银，上部装有酒精；左侧管上部及膨大部分都充满酒精；右侧管上部及膨大部的一半装有酒精，上半部为气体。两侧管内水银面上各有一个磁性卡簧。

（2）原理 磁性卡簧受水银的移动而被推动，而不受酒精的带动。当温度升高时，左端球部的酒精膨胀压迫水银向右侧上升，同时也推动水银面上的磁性卡簧上升，左管水银柱上面的磁性卡簧在原处不动；反之，当温度下降时，左端球部的酒精收缩，右端球部的气体迫使水银向左侧上升，因此左侧水银面上的磁性卡簧也上升，而右管的磁性卡簧在原处不动。右侧磁性卡簧的下端指示出一段时间内的最高温度，左侧磁性卡簧的下端指示出一段时间内的最低温度。

（3）使用方法 用小磁铁把两个磁性卡簧吸引到与水银面相接处，垂直悬挂于测定地点，在某测定时间结束后进行读数（看磁性卡簧下端所指的示数）。

5. 自记温度计

能自动记录气温连续变化的仪器，从记录纸上可以获得任何时间的气温情况、极端值及出现时间，分为周记型和日记型。

（1）构造 由感应部分、传动机构和自记部分构成。感应部分是一个双金属片，由两片具有不同膨胀系数的金属片焊接组成。当温度变化时，由于膨胀系数不同而发生变形。自记部分由自记钟、自记纸、自记笔组成。自记钟内部构造与钟表相同，上发条后，每日或每周自转一圈。

（2）原理 双金属片可随温度的变化向上或向下弯曲。金属片一端固定在支架上，另一端与垂直杆和水平轴等传动机构相连。自记笔的一端固定在水平轴上，笔尖接触自记钟筒。双金属片因温度下降而向上弯曲时，笔尖向下移动，双金属片因温度上升而向下弯曲时，笔尖向上移动。随着温度变化，自记笔尖上下移动；笔尖的储斗内装有墨水并且与钟筒上自记纸接触，同时自记钟转动，自记纸上就出现温度变化曲线，从曲线可读出一日内（或一周内）任一时间内的温度值。

（3）使用方法 打开外罩，从笔档上解开笔杆并拨开笔档，取下自记钟筒并上紧自记钟弦。将自记纸套在钟筒上，自记纸要紧贴于钟筒表面上，纸的下沿应与钟筒的下边缘贴紧，纸的接合处应保证水平线相应地衔接。然后用自记纸夹夹紧。把自记钟插在中心轴上，并用手反时针方向转动钟筒，以消除啮合间隙。将笔尖灌上自记墨水，不可灌多，多余的墨水可用光硬纸剔净。拨动笔档使笔尖与自记纸接触。使用仪器时不许用手触及感应元件双金属片。不许猛压笔档和传动机构及其他零件。

检查自记纸上的记录线质量，自记纸上记录线条的粗细不得超过 0.3mm。记录质量不合要求时，可将笔尖取下，放入酒精内清洗或放在清水中数小时后用薄麻布或光纸擦净，然后重新安在笔杆上，为检查笔尖安装是否正确，可拧动定位螺钉，使笔尖沿着自记纸上的弧线上下移动，此时笔尖所划出的线条应与自记纸上的弧线重合或平行，其允许的不吻合程度不应大于自记纸上相邻两时间弧线间距的 1/3，否则应缩短或放长笔尖在笔杆上安装的长度。如自记钟的行程误差超过了规定的数值时，可以取下防尘帽，拨动调速指针，将它调整到适当的位置，再用防尘帽将孔重新盖住。

更换自记纸或灌注自记墨水时，用手轻轻按计时按钮，作出时间记号，记下中断时间；然后将自记钟取下，摘下自记纸并填写年、月、日和中断记录时间。反时针方向上紧自记钟的弦。重新换上新的自记纸，并在自记纸上注上起始时间，而后将自记钟套在中心轴上。在笔尖内灌好自记墨水，用手将钟筒转到使笔尖在自记纸上指示的时间位置与当时时间吻合，然后关上仪器。

6. 半导体点温度计

测量温度具有迅速、方便等优点，可测物体表面温度如墙壁、地面、皮肤等。

（1）构造 由感温部分的半导体热敏电阻、仪表部分的电流表及电源构成。

（2）原理 热敏电阻对温度变化很敏感，它的电阻率很明显地随着温度的变化而变化，当温度升高时，热敏电阻的阻值下降；当温度降低时，热敏电阻的阻值增加。随着热敏电阻值的增减，仪表上产生的电流也就不同，这样就可把电流表上的读数直接刻成温度读数。

（3）使用方法 使用时仪器应放平，使用前开关应拨到"关"处，调整好仪表盖上的调整器，使起刻线与指针重合。然后调整满度，将右面开关调到"满度"处，使指针与满度刻线重合。若采用多量程仪表，首先确定测温范围，定出左面开关的量程数。这时再将右面开关转向"满度"处，调整满度。将感温元件接触被测部位，然后将右面开关由"满度"转向"测量"，仪表指针迅速移动，待稳定后所指示的温度，即是被测部位的温度。测温结束后，将右面开关由"测量"转到"关"，切断电源。有时调满度时不能重合，有可能仪表接触不佳；也可能电池电压不足，更换新电池即可。测定坚固物体表面温度时，在测定处贴一块胶布，可以提高测定的准确性。

【其他相关知识】

1. 温度计校正方法

零点校正：将欲校正的温度计的感温部分与二等标准水银温度计一并插入恒温水浴槽中，放入蒸馏水冰块或者干净的雪花，校正零点，经 5～10min 后记录读数。

刻度校正：提高水浴温度，记录标准温度计 20℃、30℃、40℃、50℃时的读数，先读标准温度计，后读被校正温度计，读后复读标准温度计一次，即可得到相应的校正温度。

2. 摄氏及华氏温度换算公式

$$t/℃ = (t/℉ - 32) ÷ 1.8$$
$$t/℉ = t/℃ × 1.8 + 32$$

3. 畜舍内舍温的测定高度与位置

牛舍：0.5~1.0m，固定于各列牛床的上方；散养舍固定于休息区。

猪舍：0.2~0.5m，装在舍中央猪床的中部。

笼养鸡舍：笼架中央高度，中央通道正中鸡笼的前方。

平养鸡舍：鸡床的上方。

因测试目的不同，可增加畜床、天棚、墙壁表面、门窗处及舍内各分布区等测试点。家畜舍温测试，所测得数据要具有代表性，应该具体问题具体分析，选择适宜的温度测定位点。

4. 气温观测时注意事项

测温仪表应悬挂或放置于不受阳光、暖气等辐射热影响的地方，排除对测温不利的因素。

使用测温仪表前，要仔细阅读说明书，正确操作，并且在使用前要进行校正，记录校正值。

观测时，需将仪表在测定地点放置 10min 后才能读数（半导体点温度计不用），读数时屏住呼吸，视线与水银柱平齐，先读小数，后读整数，记录后重读一次。

观测次数应根据实验次数的要求来定，测定舍内温度一般每天三次（即 6:00~7:00、14:00~15:00、21:00~22:00）。

测温计经常有水银"断柱"现象，遇到这种情况时，可紧握温度计用力甩动几次，断柱即可接合。

实训二　气湿、气流、气压的测定

【目的】

掌握气湿、气流和气压指标常用测定仪器的结构、原理、使用测定方法和注意事项。

【仪器】

干湿球温度表、通风干湿表、毛发湿度表、氯化锂露点湿度计、自记湿度计、轻便式三杯风向风速表、热球式电风速计、卡他温度表、水银气压表、空盒气压表。

【仪器的结构、原理和使用方法】

（一）气湿测定

1. 干湿球温度表

（1）构造　由两支相同的温度表组成，其中一支的球部包裹纱布并将纱布下端伸入水槽中，称为湿表；另一支不包纱布的称为干表。

（2）原理　湿球球部包纱布湿润后表面有一层水膜，空气未饱和时，湿球表面的水分不断蒸发，所消耗的热量直接取自湿球周围的空气，使得湿球温度低于干球温度，它们的差值称作"干湿球差"。干湿球差的大小，取决于湿球表面的蒸发速度，而蒸发速度又决定于空气的潮湿程度。若空气比较干燥，水分蒸发快，湿球失热多，则干湿球差大；反之若空气比较潮湿，则干湿球差小。因此，可以根据干湿球差来确定空气湿度。此外，蒸发速度还与气压、风速等有关。气压高、风速小，蒸发就慢；反之，气压低，风速大，蒸发就快。

(3) 使用方法　将校正过的干湿球温度表加好蒸馏水，悬挂于待测地点，15～30min后观测两球的温度，计算出干湿球差，用仪器所附数据直接读出相对湿度。转动干湿球温度计中间的圆滚筒，在其上端找出干湿球温度的差数，然后在实测湿球温度的水平位置作水平线与圆筒竖行干湿球差相交点读数，即相对湿度百分数。还可以用公式计算出相对湿度。

水汽压的计算：

$$e = E_w - AP(t - t_w)$$

式中，e 为测试时空气中的水汽压，hPa；E_w 为湿球温度下的饱和水汽压（查表实-1），hPa；P 为测试时大气压，hPa；A 为干湿表系数（因气流速度而定，查表实-2）；t 为干球温度，℃；t_w 为湿球温度，℃。

表实-1　不同温度时的最大水汽压　　　　　　　　单位：hPa

温度/℃	0	0.1	0.2	0.3	0.4	0.5	0.6	0.7	0.8	0.9
−5	4.2	4.2	4.1	4.1	4.1	4.1	4.0	4.0	4.0	3.9
−4	4.5	4.5	4.5	4.4	4.4	4.4	4.3	4.3	4.3	4.2
−3	4.9	4.9	4.8	4.8	4.7	4.7	4.7	4.6	4.6	4.6
−2	5.3	5.2	5.1	5.1	5.1	5.1	5.0	5.0	5.0	7.9
−1	5.7	5.6	5.6	5.5	5.5	5.5	5.4	5.4	5.3	5.3
0	6.1	6.2	6.2	6.3	6.3	6.4	6.4	6.5	6.5	6.6
1	6.6	6.6	6.7	6.7	6.8	6.8	6.9	6.9	7.0	7.0
2	7.1	7.1	7.2	7.2	7.3	7.3	7.4	7.4	7.5	7.5
3	7.6	7.6	7.7	7.7	7.8	7.9	7.9	8.0	8.0	8.1
4	8.1	8.2	8.2	8.3	8.4	8.4	8.5	8.5	8.6	8.7
5	8.7	8.8	8.8	8.9	9.0	9.0	9.1	9.2	9.2	9.3
6	9.3	9.4	9.5	9.5	9.6	9.7	9.7	9.8	9.9	9.9
7	10.0	10.1	10.1	10.2	10.3	10.3	10.4	10.5	10.5	10.6
8	10.7	10.8	10.8	10.9	11.0	11.1	11.1	11.2	11.3	11.4
9	11.4	11.5	11.6	11.7	11.7	11.8	11.9	12.0	12.1	12.2
10	12.2	12.3	12.4	12.5	12.5	12.6	12.7	12.8	12.9	13.0
11	13.1	13.1	13.2	13.3	13.4	13.5	13.6	13.7	13.8	13.9
12	13.9	14.0	14.1	14.2	14.3	14.4	14.5	14.7	14.7	14.8
13	14.9	15.0	15.1	15.2	15.3	15.4	15.5	15.6	15.7	15.8
14	15.9	16.0	16.1	16.2	16.3	16.4	16.5	16.6	16.7	16.8
15	16.9	17.0	17.1	17.3	17.4	17.5	17.6	17.7	17.8	17.9

续表

温度/℃	0	0.1	0.2	0.3	0.4	0.5	0.6	0.7	0.8	0.9
16	18.1	18.2	18.3	18.4	18.5	18.6	18.7	18.9	19.0	19.1
17	19.2	19.3	19.5	19.6	19.7	19.8	20.0	20.1	20.2	20.3
18	20.5	20.6	20.7	20.9	21.0	21.1	21.3	21.4	21.5	21.7
19	21.8	21.9	22.1	22.2	22.3	22.5	22.6	22.8	22.9	23.0
20	23.2	23.3	23.5	23.6	23.8	23.9	24.1	24.2	24.4	24.5
21	24.7	24.8	25.0	25.1	25.3	25.4	25.6	25.7	25.9	26.1
22	26.2	26.4	26.5	26.7	26.9	27.0	27.2	27.3	27.5	27.7
23	27.9	28.0	28.2	28.4	28.5	28.7	28.9	29.1	29.2	29.4
24	29.6	29.8	29.9	30.1	30.3	30.5	30.7	30.9	31.0	31.2
25	31.4	31.6	31.8	32.0	32.2	32.3	32.5	32.7	32.9	33.1
26	33.3	33.5	33.7	33.9	34.1	34.3	34.5	24.7	34.9	35.1
27	35.3	35.5	35.8	36.0	36.2	36.4	36.6	36.8	37.0	37.3
28	37.5	37.7	37.9	38.1	38.4	38.6	38.8	39.0	39.2	39.5
29	39.7	39.9	40.2	40.4	40.6	40.9	41.1	41.3	41.6	41.8

注：1. 最大水汽压亦称"饱和压"或"饱和湿度"。

2. 用本表也可以查知露点，例如：当水汽压为 4.1hPa 时，其露点为 -5.2℃。

表实-2　湿度表的系数值

气流速度/(m/s)	系数值(A)	气流速度/(m/s)	系数值(A)	气流速度/(m/s)	系数值(A)
0.13	0.001 30	0.30	0.001 00	2.30	0.000 70
0.16	0.001 20	0.40	0.000 90	3.00	0.000 69
0.20	0.001 10	0.80	0.000 80	4.00	0.000 67

只要测得 t、t_w 和 P，根据 t_w 值从饱和水汽压表中查得 E_w，将它们代入上式就可算出 e 值。进一步可计算出相对湿度 R。

相对湿度的计算：

$$R = \frac{e}{E} \times 100\%$$

式中，R 为相对湿度，%；e 为空气中的水汽压，hPa；E 为干球温度下的饱和水汽压（查表实-1），hPa。

例 1　干球温度 (t) 为 20.0℃，湿球温度 (t_w) 为 16.50℃，气压 (P) 为 1003hPa，气流速度为 0.2m/s，求水汽压 (e) 和相对湿度 (R)。

解：查表实-1，知 $E_w = 18.6$hPa，$E = 23.2$hPa，查表实-2，知 $A = 0.001\ 10$，代入以上公式得：

$$e = 18.6 - 0.0011 \times 1003 \times (20.0 - 16.5)$$
$$= 14.74\text{hPa}$$

$$R = \frac{14.74}{23.2} \times 100\% = 64\%$$

2. 通风干湿表

(1) 构造　由两支温度表组成，其中一支感应部分制成湿球；在上部有一个用发条驱动的小型通风机；两支温度表外有金属支架，起着保护作用；温度表球部安装在镀镍的双层金属风管内，可避免辐射热和外界气流的影响。风管与仪器上部的小型通风机相连，当小型通风机开动时，空气以一定流速（一般为2～4m/s）从风管下端进入，流经干湿球温度表的球部，以消除外界因风速的变化而产生的影响。因此测定的结果准确性较高，可在室内外使用，也可在有辐射热源的地方使用。

通风干湿表还有三个附件：固定在墙上用来悬挂仪器的支架；测定时防止外界气流影响的防风罩；用来湿润湿球纱布的橡皮球吸管。

(2) 原理 湿球表面水分不断向周围空气中蒸发，从而吸收其热量，而降低湿球温度表的温度，与干球温度表形成一个温差。

(3) 使用方法 测定时，将仪器挂在支架上，悬挂高度视要求而定，仪器挂好以后，必须经过一定的时间（夏季至少要有15min，冬季至少要有30min）以后，才能开始观测。观测前，先湿润湿球温度计的纱布，用吸管吸取蒸馏水进行湿润，水分不宜过多。湿润纱布时间：夏季在观测前4min，冬季在观测前15min（有冻结时应使之融化掉）。用钥匙将小风机上弦，小风机开动3～5min，待温度示数稳定后方可读数，将读数进行订正，根据订正后的干球温度和湿球温度就可以按上面计算公式计算相对湿度，此公式中 A 为0.000 67。仪器本身带有计算好的相对湿度表，也可根据干湿球差和湿球温度从相对湿度表中查出相对湿度。读数时，要从下风方向去接近仪器，不要用手接触保护管，身体也不要与仪器靠得太近。当风速大于4m/s时，为了防止外界气流的影响，应将防风罩套在通风机的迎风面上。

3. 毛发湿度表

(1) 构造 毛发湿度表有圆形的、长架式的。用脱脂毛发作感应元件。

(2) 原理 毛发表面有很多微孔，充满着脂肪颗粒、色素和空气，经过脱脂后微孔里的空气与大气相通，空气潮湿时，空气中的水汽进入微孔中使毛发伸长（相对湿度从0增到100%时毛发伸长2.5%左右）；空气干燥时毛发缩短，利用脱脂毛发的长度随空气中相对湿度的变化而改变的这一特性制成毛发湿度表。

(3) 使用方法 打开毛发湿度表盒盖，将毛发湿度表平稳地放置于测定地点。20min后待指针稳定后读数，读数时视线需垂直刻度面。毛发湿度表的精度较差，故日平均温度高于−10℃，它的读数只作参考，只在气温为−10℃以下时，它的读数经订正后作为正式记录使用。

4. 氯化锂露点湿度计

(1) 构造 由玻璃纤维测头和指示仪表组成，玻璃纤维测头为感应部分。

(2) 原理 利用水含有无机盐（氯化锂）时水汽压降低的原理。含氯化锂的玻璃纤维测头容易吸收空气中的水汽，吸收水汽后，电阻减小，在闭合回路中，被加热，加热后测头放出水汽，使玻璃纤维逐渐干燥，成为电阻很大的结晶体，加热停止。最后达到湿热平衡状态，测头的水汽压和空气中水汽压相等，即此时测头的温度为露点。

(3) 使用方法 使用时先将仪器机械调零，把干燥后的氯化锂测头插入"露点"插座内；把空气温度测头插入"温度"插座内，将挡位旋钮置于"预热"，经15min后，即可旋至"露点"位置读取露点温度，空气温度可在"空气"位置直接读数。

5. 自记湿度计

能连续自动记录空气中的相对湿度。

其构造、原理与自记温度计类似，所不同的是以脱脂毛发来代替自记温度计的双金属片。

(二) 气流的测定

1. 气流方向的测定

(1) 舍外风向的测定 常用风向标来测定舍外风向。风向标是一种头为箭型、尾部分叉，在垂直主轴上可任意旋转的仪器。测定时，风压加在尾部的分叉上，箭头指示的方向即为风向。

(2) 舍内风向的测定 常用"发烟法"来测定舍内风向。产生烟雾的方法可以用纸烟、蚊香或用氯化铵（浓氨水与浓盐酸反应制得）等，利用烟雾在舍内的飘流方向来判断气流方向。

2. 气流速度的测定

舍外气流速度较大，可用风速表测定；舍内气流较小，一般在 $0.3 \sim 0.5 \mathrm{m/s}$，宜用热球式电风速计或卡他温度表测定。

(1) 轻便式三杯风向风速表 用于测量风向和 1min 时间内平均风速。测量范围为 $1 \sim 30 \mathrm{m/s}$。

① 构造。由风向仪、风速表和手柄三部分组成。

② 原理。感受风压部分为三个固定在十字架上的轻质铝球，铝球的凹面相同，在风压的作用下，铝球围绕中心轴转动，转动的速度体现了风速的大小。可直接从仪表盘读出即时风速或可根据仪器所带计时装置读出平均风速。

③ 使用方法。将仪器垂直安置在四周无高大障碍物的地方，安置高度以便于观测为限，机壳侧面向风，也可以手持使用。用手指压下启动杆，风速指针就回到零位。放开启动杆后，红色时间小指针就开始走动，内部机构已经开始工作。随后风速指针也开始走动，经 1min 后风速指针停止转动。接着时间指针转到最初位置也停止下来，风速测量结束。风速指针所示数成为指示风速。以这个数值从风速检定曲线中查出实际风速值即为所测之平均风速。

(2) 热球式电风速计 使用方便，灵敏度高，反应速度快，可测 $0.05 \sim 10.0 \mathrm{m/s}$ 的微风速度。

① 构造。由热球式测杆和测量仪表两部分组成。

② 原理。测杆探头有一个直径 0.8mm 的玻璃球，球里装有加热玻璃球用的镍铬丝线圈和串联的热电偶。热电偶的两端连接在支柱上，直接暴露在气流中，当电流通过球部线圈时，玻璃球温度升高。升高的程度和气流的速度有关，流速小时升高的程度大，反之升高的程度小，升高的程度通过热电偶在电流表上表示出来。用电流表的读数表示气流速度。

③ 使用方法。使用时先机械调零。将"校正开关"置于"断位"，把测杆插头插在插座上，测杆垂直向上放置，螺塞压紧使测杆密闭，这时探头的风速等于零；将"校正开关"拨到"满度"，用"满度调节"旋钮进行满度调节；将"校正开关"拨到"零位"，用"粗调""细调"两个旋钮来调节零位。然后拉动测杆塞，使测杆探头露出，测定时使有红点的一侧朝风向，从仪表上读出风速的大小，再加上仪表的校正值，得出所测风速。每当测定 30min 后，必须重复调节满度和零位，保证测量的准确性。测定完毕后，压紧测杆塞，使探头回到

密闭的测杆内，将"校正开关"置于"断"的位置。热球式电风速计是精密仪器，使用时禁止用手触摸测杆探头；仪器装有四节电池，分为两组，一组是三节串联，一组是单节，在调整满度时，如果电表不灵，表明单节电池需要更换；在调整零位时，如果电表不灵，表明三节串联电池需要更换。

3. 卡他温度表

卡他温度表是一种长约 20cm 的酒精温度表，用来测定舍内（室内）微小风速使用。按其测定范围可分低温（35~38℃）和高温（51.5~54.5℃）两种。

(1) 构造 分为球部、毛细管和安全球三部分，球部为圆柱体、内部盛有红色酒精。其中毛细管部有两个刻度。

低温卡他温度表：其上部为 38℃，下部为 35℃，测定范围气温小于 30℃。

高温卡他温度表：其上部为 54.5℃，下部为 51.5℃，测定范围气温 25~50℃。

毛细管背面上端刻有 F 为卡他系数，即管内酒精从 38℃下降到 35℃（或从 54.5℃下降到 51.5℃）时，从球部表面单位面积（cm^2）所散失热量（mcal）。即 $F = M/S$（M 为总散热量，S 为球部面积）。系的大小主要与卡他温度表球部的特性有关，不同的表则 F 值也不同。

(2) 原理 卡他温度表加热后膨胀，酒精上升到安全球；离开热源后，酒精受冷回缩。酒精下降的快慢，除了和当时的气温有关外，还和气流有很大关系：气流大，散热快，则下降所需的时间少；反之，气流小，散热慢，下降所需的时间长。记录为时间 t(s)，气温 T(℃)，依公式可求出气流速度。

(3) 使用方法

① 准备一个装有热水的容器，高温（51.5~54.5℃）用 75℃左右热水，低温（35~38℃）用 55℃左右热水，将卡他温度表下端球部浸在热水中，使球部的红色酒精上升到安全球的 1/2~2/3 处，注意不能充满顶端安全球，以免胀破。

② 把加热的卡他温度表从热水中取出，用纱布擦干，否则影响准确度。悬挂于待测地点，不能使阳光直射卡他温度表球部，附近也不应有其他人工热源。观看读数，观测者站在风向的两侧，不能挡风，否则会影响结果的准确性。视线要与刻度线平行，用秒表记录酒精从上部刻度到下部刻度所用时间 t，反复测定四次，舍弃第一次结果，取后三次结果的平均值作为冷却时间 t，同时记录测定地点的气温 T。

③ 求卡他冷却值（H）

$$H = F/t$$

式中，H 为卡他冷却值；F 为卡他温度表系数；t 为冷却时间，s。

④ 求温度差

低温卡他温度表　$Q = 36.5 - T$

高温卡他温度表　$Q = 53 - T$

式中，Q 为温度差，℃；T 为测定地点的温度，℃；36.5 和 53 为卡他温度表的平均温度，℃。

⑤ 求气流速度

低温卡他温度表

$$H/Q < 0.6 \text{ 时}: v = [(H/Q - 0.2)/0.4]^2$$

$$H/Q>0.6 \text{ 时}: v=[(H/Q-0.13)/0.47]^2$$

高温卡他温度表

$$H/Q<0.6 \text{ 时}: v=[(H/Q-0.22)/0.35]^2$$
$$H/Q>0.6 \text{ 时}: v=[(H/Q-0.11)/0.46]^2$$

式中，v 为气流速度，m/s。

例2 测定某鸡舍风速，使用系数为400的低温卡他温度表自38℃降至35℃的时间为80s，舍内气温为24℃，求其气流速度。

解：$F=400$，$t=80$，$H=400/80=5$，$Q=36.5-24=12.5$　$H/Q=5/12.5=0.4<0.6$

代入公式 $v=[(H/Q-0.2)/0.4]^2=[(0.4-0.2)/0.4]^2=(0.2/0.4)^2=0.5^2=0.25\text{m/s}$

例3 测定某猪舍风速，使用系数为450的高温卡他温度表自54.5℃降至51.5℃的时间为35s，舍内气温为35.5℃，求其气流速度。

解：$F=450$，$t=35$，$H=450/35=12.85$，$Q=53-35.5=17.5$，$H/Q=12.85/17.5=0.73>0.6$

代入公式 $v=[(H/Q-0.11)/0.46]^2=[(0.73-0.11)/0.46]^2=(0.62/0.46)^2=1.35^2=1.82\text{m/s}$

（三）气压的测定

测定气压的仪器基本上分为水银气压表和空盒气压表两种。水银气压表准确度高，但携带不方便，宜放于固定地点。空盒气压表准确度比水银气压表差，要用水银气压表来校正。但是空盒气压表携带方便，使用方法简单，适用于现场测定气压。

1. 水银气压表

根据水银槽能否上下移动又分为动槽式和定槽式两种水银气压表。

（1）构造 动槽式水银气压表保护部分包括外管和玻璃套管、象牙针、调零螺旋；定槽式水银气压表保护部分包括外管和玻璃套管。还有附属温度表，用来测定当时的气温。感应部分，包括真空玻璃管、水银、水银槽。读数部分，包括标尺、游标尺、游标尺调节螺旋。

（2）原理 水银气压表是一支装有水银的直立玻璃管，其上端封闭并成真空状态，下端开口并插入水银槽中，由于大气压力作用在水银槽中的水银面上，使水银上升至真空管中并达到一定的高度。当大气压升高时，玻璃管内的水银柱随之升高，大气压下降时，水银柱也随着下降。玻璃管外面套有一个金属保护套管，在靠近水银柱顶端部分有一个开口，旁边附有标尺和可用螺旋移动的游标尺。从标尺上可读出水银柱高度的整数值，从游标尺上可读出小数值。游标尺把1mm分为10个小格，不管游标尺怎样移动，总有一个小格与标尺上的数格重合，如果游标尺上的第4个小格与标尺上的数格重合，这就是0.4mm；如果游标尺上的第8个小格与标尺上的数格重合，则是0.8mm。

（3）使用方法

① 动槽式水银气压表。观测附属温度表，用手指轻弹套管使水银柱的凸面处于正常状态；调零：在水银槽的顶盖上固定着一支象牙针，指针向下，针尖就是该气压表的标尺刻度零点，旋转水银槽底部调节螺旋，使象牙针尖与其在水银中的倒影尖部刚好相接；调整游标尺，使游标尺的下缘与水银柱凸面刚好相切，通过游标尺下缘零点线所对标尺的刻度即可读出整数，再找到游标尺与标尺相重合的刻度线，则游标尺上该格刻度线的数就是读数的小数

部分；读数复视后，转动水银槽底部调节螺旋，使象牙针尖离开水银面 2～3mm 以上；对气压读数进行器差和温差校正，加上相应校正值。

② 定槽式水银气压表。观测时不用调零，读温度表并记录；轻击套管，配合游标尺在标尺上进行准确读数，复检，再加上相应校正值即可。

2. 空盒气压表

（1）构造 由压力感应部分、传动机构和指示部分三部分构成。

（2）原理 空盒气压表是利用金属的弹性形变和大气压力相平衡的原理制成的。它的感应元件是由一个或数个金属盒组成，盒内有极稀薄空气，盒的表面是一层弹性波状薄壁，容易感应大气压的变化。当气压升高时，薄壁向内凹陷；气压降低时，则薄壁凸起。这种变化通过传动机构、指示部分反映在刻度盘上，指针所指刻度就是当时的大气压数值。

（3）使用方法 测定时空盒气压表必须水平放置，防止由于任意方向倾斜而造成仪器读数误差。为消除传动机构中的摩擦，在读数前轻敲仪器的外壳或玻璃。读数时观测者视线必须与刻度盘平面垂直。同水银气压表一样，要进行器差和温差校正。

实训三　照度及采光的设计

【目的】

掌握光照度测定方法以及采光系数、入射角、透光角的测定和计算，学会照度及采光的设计。

【仪器】

皮尺、钢卷尺、照度计。

【照度计的结构、原理、使用方法及采光设计】

1. 照度计

照度是指物体表面所接受的光照强度，单位是 lm/m^2，称为勒克斯（lx）。面积为 $1m^2$ 的物体被均匀照射的光通量为 1lm 时，它的照度为 1 勒克斯（lx）。测量照度的仪器叫照度计，现在常用的是光电照度计，常见的有普通照度计和数字照度计两种。

（1）结构 由感应部分（光电池）和仪表部分组成。

（2）原理 应用"光电效应"原理制成，当把光电池放在测定地点时会根据该处光的强弱产生相应比例的电流，此电流通过导线传到灵敏电流表内，电流表读数反映该处照度。

（3）使用方法 使用前先调整电流表指针，使其归于零位。同时检查量程开关，使其置于"关"位。将光电池的导线插入插座内。测量前，根据被测光源的强弱选择合适挡位。如无法确定时，应首先选择高挡位，再根据指针位置精确测定时挡位；如光线很强，应加设滤光器。测量时，将光电池放在被测地点，且与外来光线垂直，经 1～2min，调节量程开关，待指针稳定后读数。可用多次测量的平均值作为最后结果。测量完毕，恢复量程开关到"关"的位置。将滤光器盖在光电池上，整理装箱。

2. 采光系数的测定

采光系数是指窗户的有效采光面积与地面有效面积之比，比值以 $1：X$ 的形式表现出来。即以窗户所镶玻璃面积为 1，求得其比值。

窗户有效采光面积的测定方法：先计算畜舍窗户玻璃块数，然后测量每块玻璃的面积，只计窗户玻璃，不计门和外面的运动场，不计窗框。

畜舍内地面有效面积：除粪道及喂饲道的所有地面面积。

采光系数是衡量采光性能的一个主要指标，但只能说明采光面积而不能说明窗户的高低和采光程度。因为窗户的形状对采光也有影响，当窗户高时采光更好，所以要进一步测定入射角和透光角。

窗户面积越大采光越好，但不利于保温，考虑防寒作用，所以不同畜舍的采光系数不同。

3. 入射角的测定

入射角指窗户上缘与畜舍地面中央一点的连线和地平线形成的夹角 $\angle ABC$（图实-1）。入射角越大越有利于采光，但也不能过大，因为受畜舍径高的影响。测定时先测量 AC 长度和 BC 长度（BC 长度为畜舍宽度的一半），然后根据 $\tan\angle ABC = AC/BC$，算出 AC/BC 的数值。在表实-3 中查出 $\angle ABC$ 的角度。为了保证畜舍采光性能好，一般入射角要≥25°。

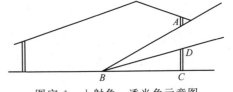

图实-1 入射角、透光角示意图

表实-3 入射角、透光角函数简表

tan 值	度数/(°)	tan 值	度数/(°)	tan 值	度数/(°)
0	0	0.29	16	0.90	42
0.02	1	0.32	18	1.00	45
0.03	2	0.36	20	1.11	48
0.05	3	0.40	22	1.23	51
0.07	4	0.45	24	1.38	54
0.09	5	0.49	26	1.54	57
0.11	6	0.53	28	1.76	60
0.12	7	0.57	30	1.96	63
0.14	8	0.62	32	2.25	66
0.16	9	0.67	34	2.60	69
0.18	10	0.73	36	3.08	72
0.21	11	0.78	38	4.01	76
0.25	12	0.84	40	5.67	80

入射角只能说明窗户的上缘高度，所以要进一步测定透光角。

4. 透光角的测定

透光角指窗户上缘、下缘分别与畜舍地面中央一点连线所形成的夹角 $\angle ABD$（图实-1）。求透光角时，先按上述方法求出 $\angle DBC$，然后用 $\angle ABC - \angle DBC$，即求得透光角 $\angle ABD$。为了保证畜舍采光性能好和能够防寒，一般透光角要≥5°。

四、使用注意事项

照度计是较精密仪器，在携带、使用过程中要避免剧烈震动，外界不得有腐蚀性气体存在，不得靠近大磁场。保存温度 0～40℃，相对湿度不超过 85％。

测量前，为安全起见，应将滤光器罩上，以免光电池骤受强光，造成损害，然后根据具体情况决定是否用滤光罩，一般来讲量程开关应从高挡转向低挡。

光电池的灵敏度随时间的延长而逐渐衰减，所以在仪器的使用过程中，要经常校正。光电池有惯性，因此在测量前，应将光电池在相应照度环境下曝晒一段时间再使用。

观测时周围不得站人，防止遮挡光线，影响测定结果。光电池也受温度的影响，因此要避开辐射热。

实训四　畜舍空气中有害气体的测定

【目的】

掌握畜舍空气中有害气体的测定原理和方法，并对数据进行整理，正确分析实验结果；学会大气采样器的使用，了解畜舍内空气卫生状况，并为调节换气量提供必要的参考数据。

【空气中二氧化碳的测定】

1. 原理

氢氧化钡与空气中的二氧化碳作用，生成碳酸钡白色沉淀。利用过量的氢氧化钡来吸收空气中的二氧化碳，然后用剩余的氢氧化钡来滴定草酸。根据吸收二氧化碳前后，滴定草酸的氢氧化钡浓度之差，求得二氧化碳的含量。

$$Ba(OH)_2 + CO_2 = BaCO_3 \downarrow + H_2O$$
$$Ba(OH)_2 + H_2C_2O_4 = BaC_2O_4 + 2H_2O$$

2. 试剂和仪器设备

(1) 试剂

氢氧化钡溶液：称取氢氧化钡 $[Ba(OH)_2 \cdot 8H_2O]$ 7.16g 定容于 1000ml 容量瓶中，此溶液 1ml 可结合二氧化碳 1mg。由于氢氧化钡液不稳定，使用前须用草酸标准溶液标定其浓度。

草酸标准溶液：称取分析纯草酸（$C_2H_2O_4 \cdot 2H_2O$）2.8636g 定容于 1000ml 容量瓶中，此溶液 1ml 相当于二氧化碳 1mg。

1‰酚酞酒精溶液：称取 1g 酚酞，溶于 65ml 95％的酒精中，振荡溶解后加蒸馏水定容于 100ml 容量瓶中。

(2) 仪器设备　二氧化碳测定器、氢氧化钡贮藏瓶、碱滴定管、胶管、弹簧夹、烧杯、二连球、钠石灰管、滴定台、三角瓶、吸球、移液管、石蜡、量筒、试剂瓶、气压表、气温计、电子天平等。

3. 操作步骤

(1) 氢氧化钡溶液的标定　利用虹吸原理，通过氢氧化钡贮藏瓶带有钠石灰的二连球装置向已排出二氧化碳的滴定管中注入 50ml 氢氧化钡溶液。取 100ml 三角瓶 2 个，各准确加入 20ml 草酸标准溶液，各加入 2～3 滴酚酞，用氢氧化钡溶液滴定，至呈现微红色保持 1～2min 不褪色为止，两次标定取平均值，记录氢氧化钡溶液用量 A。

(2) 二氧化碳测定器小瓶装入氢氧化钡溶液 100ml　用装有钠石灰的排气管向小瓶打气 20～30 次，以除去瓶中的二氧化碳，快速注入 100ml 氢氧化钡溶液，用连接管塞紧。

(3) 采集被检空气　将二氧化碳测定器大瓶中注满清水，在待测处将水倒净。将小瓶、连接管与大瓶连成一体。记录大瓶体积、现场采气时气温和气压。

(4) 吸收检样中二氧化碳　旋转小瓶使侧耳部与连接管小孔重合，小瓶中氢氧化钡溶液流入大瓶，充分振荡 3～5min，再将大瓶中氢氧化钡溶液倒回小瓶中，又从小瓶倒入大瓶，继续振荡，如此反复三次。最后，将吸收二氧化碳的钡液集中到小瓶，旋转连接管，使小孔与侧耳错开，卸下大瓶，小瓶在下，连接管在上，静置 40min 以上。

(5) 滴定　另取三角瓶 2 个，加入 20ml 草酸标准溶液和 2～3 滴酚酞，用移液管移取 50ml 沉淀好的氢氧化钡上清液，注入已排除二氧化碳的碱式滴定管中，立刻开始滴定，直至呈微红色保持 1～2min 不褪色为止，两次滴定取平均值，记录所消耗的氢氧化钡溶液用量 A'。

4. 计算

(1) 采样体积计算　二氧化碳测定器大瓶的体积 V_1 在标准状态下（0℃、1013hPa）的体积 V_0：

根据公式：
$$P_0V_0/T_0=P_1V_1/T_1$$

求出：
$$V_0=V_1\times[273/(273+t)]\times(P_1/1013)$$

式中，P_1 为采样时气压，hPa；V_1 为采样体积，ml；t 为采样时气温，℃。

(2) 计算被检空气中二氧化碳浓度
$$c_{CO_2}(\%)=\{[(B/A-B'/A')\times100\times0.509]/V_0\}\times100\%$$

式中，A 为吸收 CO_2 前标定时 $Ba(OH)_2$ 用量，ml；A' 为吸收 CO_2 后滴定时 $Ba(OH)_2$ 用量，ml；B 为标定时 $H_2C_2O_4$ 用量，ml；B' 为滴定时 $H_2C_2O_4$ 用量，ml；V_0 为二氧化碳测定器大瓶在标准状态下的体积，ml；100 为吸收被检空气中 CO_2 时，所用 $Ba(OH)_2$ 的量，ml；0.509 为 CO_2 由重量换算为体积时的系数。

例 4　采气大瓶的容量为 1000ml，采气时气温为 12℃，气压为 1005hPa，吸收 CO_2 前氢氧化钡液 23.7ml 与草酸液 20ml 中和，吸收 CO_2 后氢氧化钡液 25.3ml 与草酸 20ml 中和，求空气中 CO_2 的含量。

解： 采气大瓶体积在标准状态下的体积为：
$$V_0=V_1\times[273/(273+t)]\times(P_1/1013)$$

气温 12℃、气压 1005hPa 时，算得系数为 0.951。V_1 为 1000ml，则
$$V_0=1000\times0.951=951(ml)。$$

空气中 CO_2 的浓度为：
$$c_{CO_2}(\%)=\{[(B/A-B'/A')\times100\times0.509]/V_0\}\times100\%$$
$$=\{[(20/23.7-20/25.3)\times100\times0.509]/951\}\times100\%$$
$$=0.28\%$$

5. 注意事项

① 测定过程中，要注意防止含有 CO_2 的空气同 $Ba(OH)_2$ 的接触，否则直接影响测定

的准确度。向二氧化碳测定器小瓶装氢氧化钡溶液，吸收 CO_2 后氢氧化钡沉淀上清液的吸取、滴定等都要注意这个问题。

② 采气的部位要选好，一般以畜禽呼吸带为准。离地高度：猪、羊一般为 0.5m；马、牛一般为 1～1.5m。如果采用排气取样，要彻底排气；如果采用盛水取样，必须倒净水，否则都要影响准确度。

③ 二氧化碳测定器为玻璃仪器，使用时要注意安全，防止破碎。

【空气中氨的测定】

1. 原理

空气中氨可被硫酸吸收，根据硫酸标准溶液在吸氨前后浓度变化之差，可以求得空气中氨的含量。

$$2NH_3 + H_2SO_4 === (NH_4)_2SO_4$$
$$2NaOH + H_2SO_4 === Na_2SO_4 + 2H_2O$$

2. 试剂

0.005mol/L 硫酸溶液：用 5ml 移液管移取 0.27ml 98％浓硫酸，定容于 1000ml 容量瓶中（浓硫酸密度为 1.84g/cm³）。

0.01mol/L 氢氧化钠溶液：准确称取 0.40g 氢氧化钠，定容于 1000ml 容量瓶中。

1％酚酞酒精溶液：称取 1g 酚酞，溶于 65ml 95％的酒精中，振荡溶解后加蒸馏水定容于 100ml 容量瓶中。

3. 材料和仪器

(1) 大气采样器（流量范围 0.5～1.5L/min） 大气采样器是现场采集气体用的仪器，由收集器、流量计和抽气动力三部分组成。

① 收集器 一般采用盛有吸收液的吸收管，用以采集有害物质的样品。常用的有气泡吸收管、冲击式吸收管和多孔玻板吸收管。

② 流量计 用来测量空气流量，常用转子流量计，当气体由下向上流动时，转子被吸起，吸的越高流量越大。根据转子的位置读出气体的流量。

③ 抽气动力 常用的小流量采样动力多为微电机带动真空泵，使用方法参阅仪器说明书。

(2) 其他 多孔玻板吸收管、干燥管、三角瓶、移液管、吸球、滴定台、胶管、弹簧夹、气压表、气温计、碱滴定管、量筒、试剂瓶等。

4. 操作步骤

(1) 标定 H_2SO_4 溶液 用 20ml 移液管吸取 0.005mol/L H_2SO_4 溶液 20ml 置于三角瓶中，再加入 2～3 滴酚酞酒精溶液，用 0.01mol/L NaOH 滴定至出现微红色并在 1～2min 内不褪色，记录 NaOH 溶液用量 A。

(2) 采气及吸氨 用 20ml 移液管向多孔玻板吸收管加入 0.005mol/L H_2SO_4 溶液 20ml，注意不能使液体外流。在干燥管中加入变色硅胶，然后按照进气方向正确地把多孔玻板吸收管与干燥管连接，再连接到大气采样器。接通电源，把大气采样器计时旋钮逆时针旋转到 10min，迅速调整转子流量计到 1.0L/min，采样 V_1 为 10L，并同时记录采样当地的气温和气压。所采气体经多孔玻板吸收管流入干燥管，再经干燥管流入大气采样器。当空气中含有氨时，则可被多孔玻板吸收管中的 H_2SO_4 吸收。

（3）滴定 采样结束后，将多孔玻板吸收管中已吸收氨的 20ml H_2SO_4 溶液倒入 100ml 的三角瓶中，加酚酞酒精溶液 2～3 滴，用 0.01mol/L 氢氧化钠溶液滴定至出现微红色并在 1～2min 内不褪色。记录 NaOH 溶液的用量 A'。

5. 计算

换算采样空气体积 V_1 为标准状态下体积 V_0，利用公式：

$P_0V_0/T_0 = P_1V_1/T_1$，求出：$V_0 = V_1 \times [273/(273+t)] \times (P_1/1013)$

式中，P_0、V_0、T_0 指标准气体状态；P_1、V_1、T_1 指测定时气体状态。

计算被检空气中氨的浓度：

$$c_{NH_3}(mg/m^3) = \{[(A-A') \times 0.17]/V_0\} \times 1000$$

式中，A 为标定 H_2SO_4 溶液时 NaOH 的用量，ml；A' 为滴定吸收 NH_3 后 H_2SO_4 溶液时 NaOH 的用量，ml；V_0 为被测空气的标准体积，ml；0.17 为 1ml H_2SO_4 可吸收 0.17mg 的氨。

例 5 某猪舍采气量 V_1 为 10L，采气时气温为 18℃、气压为 1005hPa，标定 H_2SO_4 溶液时 NaOH 的用量 A 为 20ml，滴定吸收 NH_3 后 H_2SO_4 溶液时 NaOH 的用量 A' 为 18.7ml，求空气中氨的含量。

解：
$$V_0 = V_1 \times [273/(273+t)] \times (P_1/1013)$$

气温 18℃、气压 1005hPa 时，算得系数为 0.931。

V_1 为 10L，则 $V_0 = 10 \times 0.931 = 9.31$（L）。

空气中氨的浓度为：

$$c_{NH_3}(mg/m^3) = \{[(A-A') \times 0.17]/V_0\} \times 1000$$
$$= \{[(20-18.7) \times 0.17]/9.31\} \times 1000 = 23.7$$

6. 注意事项

① 安装多孔玻板吸收管、干燥管、大气采样器时，要弄清空气的进出方向，以免空气被吸入，影响实验进程。

② 连接多孔玻板吸收管、干燥管、大气采样器之间的胶管要严密，否则影响采气体积。

【空气中硫化氢的测定】

1. 定性检查法

用 5% 的醋酸铅溶液浸泡脱脂棉和滤纸 1h，取出后放通风处自然风干，保存于密闭的广口瓶中。当检查硫化氢是否存在时，将醋酸铅浸泡过的脱脂棉或滤纸条悬挂于待测地点。如有硫化氢存在时，将在脱脂棉或滤纸条上生成黑色的硫化铅，反应如下：

$$Pb^{2+} + S^{2-} = PbS\downarrow$$

2. 定量检查法（硝酸银法）

（1）原理 硫化氢与硝酸银作用生成黄褐色硫化银胶体溶液，根据溶液颜色的深浅确定硫化氢的含量。反应如下：

$$H_2S + 2AgNO_3 \longrightarrow Ag_2S + 2HNO_3$$

（2）试剂和仪器

① 试剂

吸收液：溶解 2g 亚砷酸钠（$NaAsO_2$）于 100ml 5％碳酸铵溶液中，加蒸馏水定容至 1000ml。

0.1mol/L 硫代硫酸钠溶液：称取 25g $Na_2S_2O_3 \cdot 5H_2O$ 于 500ml 烧杯中，加入 300ml 新煮沸已冷却的蒸馏水，待完全溶解后，加入 0.2g Na_2CO_3（或 0.4g NaOH），然后用新煮沸已冷却的蒸馏水稀释至 1000ml，贮于棕色瓶中，在暗处放置 7～14 天后标定。

1％淀粉溶液：称取 1g 可溶性淀粉于 25ml 蒸馏水中，摇动均匀倒入盛有 75ml 50～60℃的蒸馏水中继续加热至沸腾，煮沸 1min，放冷装入细口瓶中备用。

1％硝酸银溶液：1g 硝酸银溶解在 90ml 水中，加入 10ml 浓硫酸。在放置过程中，如产生硫酸银沉淀，须将沉淀过滤后使用。

标准液：取 6.0ml 0.1mol/L 硫代硫酸钠溶液，用煮沸放冷的蒸馏水定容至 100ml，此溶液 1ml≈0.21mg 硫化氢，将此溶液稀释 10 倍，则此溶液 1ml≈20μg 硫化氢。

② 仪器设备　多孔玻板吸收管、10ml 比色管、大气采样器。

（3）操作步骤　串联三个各装有 5ml 吸收液的多孔玻板吸收管。用大气采样器以 0.5L/min 的速度采气 2L。

制备标准管：先加吸收液，后加标准液（表实-4），立即倒转混匀。

比色：从第一吸收管取检样 2.5ml 于比色管中，另加原吸收液至 5ml；将第二、三吸收管的样品分别倒入 2 支比色管中，供分别与标准管进行比色用。然后向所有的样品管及标准管中各加入 0.10ml 淀粉溶液，摇匀，再加入 1.0ml 硝酸银溶液，摇匀，静置 5min 后比色。

表实-4　标准管制备

管号	0	1	2	3	4	5	6	7	8	9	10
标准液/ml	0	0.1	0.2	0.3	0.4	0.5	0.6	0.7	0.8	0.9	1.0
吸收液/ml	5	4.9	4.8	4.7	4.6	4.5	4.4	4.3	4.2	4.1	4.0
硫化氢含量/μg	0	2	4	6	8	10	12	14	16	18	20

（4）计算

$$X = (2C_1 + C_2 + C_3)/V_0$$

式中，X 为空气中硫化氢的浓度，mg/m^3；C_1、C_2、C_3 分别为第一、二、三吸收管所取样品中硫化氢的含量，μg；V_0 为换算为标准状态下采样空气的体积，L。

［附］　硫代硫酸钠溶液浓度的标定

准确称取干燥的碘酸钾（KIO_3）0.1500g 于 250ml 碘量瓶中，加蒸馏水 100ml，微热使其全部溶解，放冷后再加入 3g 碘化钾及 10ml 冰醋酸，放置 5min，此时生成碘，溶液呈棕色。用 0.1mol/L 硫代硫酸钠溶液滴定析出的碘，摇动三角瓶至颜色变为淡黄色，加入 1ml 1％淀粉溶液，呈蓝色，继续滴定至蓝色刚刚褪去。记录硫代硫酸钠溶液体积（ml）。

$$C = \frac{W}{V \times \dfrac{214.00}{6000}} = \frac{W}{V \times 0.035\,67}$$

式中　C——硫代硫酸钠标准溶液的浓度，mol/L；

　　　W——碘酸钾的质量，g；

V——硫代硫酸钠标准溶液消耗量，ml。

实训五　畜牧场水质卫生评定

【目的】

掌握水样采集、保存和化学分析的基本技能，为选择水源和评定水质打好基础。

【水样的采集与保存】

1. 水样的采集

水样供物理、化学检验所用，采集应具有代表性，并且在采集过程中不改变其理化特性。水样量根据检测项目而定，一般采集 2～3L 就可满足通常水质理化分析的需要。

采集水样的容器，可用硬质玻璃瓶或聚乙烯塑料瓶。当待测水样中成分对容器有选择时，则应使用合适的容器。采样前先将容器洗净，采样时再用水样冲洗 3 次，然后采集水样。

采集自来水及具有抽水设备的井水时，应先放水数分钟，使积留于水管中的杂质流去，然后将水样收集于瓶中。采集无抽水设备的井水或江、河、水库等地面水的水样时，可使用水样采集器。采样时，将采样器浸入水中，使采样瓶瓶口位于水面下 20～30cm，然后拉开瓶塞，使水进入瓶中。

供卫生细菌学检验用的水样，所用容器必须先进行消毒、灭菌，并需保证水样在运送、保存过程中不受污染。

2. 水样的保存

采样和分析的间隔时间不能太长。有些项目的测定，应现场进行。有些项目则需加入适当的保存剂，加酸保存可防止金属形成沉淀；加碱可防止氰化物等组分挥发。也可以低温保存水样，这样可抑制细菌的作用和减慢化学反应的速率。

【pH 值的测定】

水的 pH 值可用酸度计和 pH 试纸测定。用酸度计测定能够准确读出水的 pH 值，pH 试纸测定简单易行，但准确度较差。

1. 酸度计法

(1) 原理　以玻璃电极为指示电极、饱和甘汞电极为参比电极，插入溶液中组成原电池，在 25℃时，每相差 1 个 pH 单位，产生 59.1mV 电位差，在仪器上直接以 pH 的读数表示。温度差异在仪器上有补偿装置。

(2) 试剂　下列标准缓冲溶液均需用新煮沸并放冷的蒸馏水配制。配成的溶液应贮存在聚乙烯塑料瓶或硬质玻璃瓶内。此类溶液可以稳定 1～2 个月。

pH 标准缓冲溶液甲：称取 10.21g 在 105℃烘干 2h 的苯二甲酸氢钾（$KHC_8H_4O_4$），溶于蒸馏水中，并稀释至 1000ml，此溶液的 pH 值在 20℃时为 4.00。

pH 标准缓冲溶液乙：称取 3.40g 在 105℃烘干 2h 的磷酸二氢钾（KH_2PO_4）和 3.55g 磷酸氢二钠（Na_2HPO_4），溶于蒸馏水中，并稀释至 1000ml。此溶液的 pH 值在 20℃时为 6.88。

pH 标准缓冲溶液丙：称取 3.81g 硼酸钠（$Na_2B_4O_7 \cdot 10H_2O$），溶于蒸馏水中，并稀释至1000ml。此溶液的pH值在20℃时为9.22。

以上三种标准缓冲溶液的pH值随温度变化而稍有差异。

（3）仪器设备 酸度计等。

（4）操作步骤 玻璃电极在使用前放入蒸馏水中浸泡24h以上。用pH标准缓冲溶液校正仪器刻度。用洗瓶以蒸馏水缓缓淋洗两电极数次，再以水样淋洗6～8次，然后插入水样中，最后直接从仪器上读出被测水样的pH值。

（5）注意事项 甘汞电极内为氯化钾的饱和溶液，当室温升高后，溶液可能由饱和状态变为不饱和状态，故应保持一定量氯化钾晶体。

2. pH试纸法

使用广泛pH试纸（pH范围1～12）或精密pH试纸（pH范围5.5～9.0）测定，取其中一条，浸入水样，取出后与标准色板对照，记录水样pH值。

【**总硬度的测定**】

水的硬度原系指沉淀肥皂的程度。在一般情况下水质中钙、镁离子含量越高，沉淀肥皂的程度越大，所以多采用乙二胺四乙酸二钠容量法测定水质中的钙、镁离子的总量，并经过换算，以每升水中氧化钙的质量（mg）表示。

1. 原理

乙二胺四乙酸二钠（EDTA-Na$_2$）在pH＝10的条件下与水中钙、镁离子生成无色可溶性络合物，指示剂铬黑T能与钙、镁离子生成紫红色络合物。这两种络合物相比，EDTA-Na$_2$与钙、镁离子形成的络合物较稳定。当水样中加入铬黑T指示剂后，水样中的钙、镁离子与铬黑T生成紫红色络合物，而后用EDTA-Na$_2$滴定溶液，到终点时，EDTA-Na$_2$能夺取与铬黑T结合的钙、镁离子，而使铬黑T游离出来，溶液即由紫红色变为蓝色。

2. 试剂

（1）铬黑T指示剂 ①液体指示剂：称取0.5g铬黑T，溶于10ml缓冲液中，用95％乙醇稀释至100ml，置于冰箱中保存，此指示剂可稳定一个月。②固体指示剂：称取0.5g铬黑T，加100g氯化钠或氯化钾，研磨均匀，贮于棕色瓶内，密塞备用，可较长期保存。

（2）缓冲溶液（pH＝10） ①称取16.9g分析纯氯化铵，溶于143ml分析纯浓氢氧化铵中。②称取1.179g分析纯乙二胺四乙酸二钠和0.780g分析纯硫酸镁（MgSO$_4$·7H$_2$O），共溶于50ml蒸馏水中。加入2ml上述氯化铵、氢氧化铵溶液和5滴铬黑T指示剂，此时溶液呈紫红色（若为蓝色，应再加极少量硫酸镁使其呈紫红色）。用EDTA-Na$_2$溶液滴定至溶液由紫红色变为蓝色。将①、②两溶液混匀，并用蒸馏水稀释至250ml。

（3）0.0100mol/L乙二胺四乙酸二钠标准溶液 称取3.72g分析纯乙二胺四乙酸二钠（Na$_2$H$_2$C$_{10}$H$_{12}$O$_8$N$_2$·2H$_2$O）溶于蒸馏水中，定容至1000ml，并按下述方法标定其准确浓度。

① 锌标准溶液。准确称取0.6～0.8g的锌粒，溶于1∶1盐酸中，置于水浴上温热至完全溶解。移入容量瓶中，定容至1000ml。

$$M_1＝m/M$$

式中，M_1为锌标准溶液的摩尔浓度，mol/L；m为锌的质量，g；M为锌的分子量65.37。

② 吸取 25.00ml 锌标准溶液于三角瓶中，加入 25ml 蒸馏水，加氨水调节溶液至近中性，加 2ml 缓冲溶液，再加 5 滴铬黑 T 指示剂，用 EDTA-Na$_2$ 溶液滴定至溶液由紫红色变为蓝色。按下式计算。

$$M_2 = M_1 V_1 / V_2$$

式中，M_2 为 EDTA-Na$_2$ 溶液的摩尔浓度，mol/L；M_1 为锌标准溶液的摩尔浓度，mol/L；V_1 为锌标准溶液体积，ml；V_2 为 EDTA-Na$_2$ 溶液体积，ml。

③ 校正 EDTA-Na$_2$ 溶液的摩尔浓度为 0.0100mol/L，此溶液 1ml 相当于 0.5608mg CaO。

(4) 5%硫化钠溶液　称取 5.0g 硫化钠（Na$_2$S·9H$_2$O）溶于蒸馏水中，并定容至 100ml。

(5) 1.0%盐酸羟胺溶液　称取 1.0g 盐酸羟胺（NH$_2$OH·HCl），溶于蒸馏水中，并定容至 100ml。

3. 仪器和材料

电子分析天平、三角瓶、滴定台、滴定管、洗瓶、容量瓶、移液管、吸耳球、烧杯、试剂瓶等。

4. 操作步骤

吸取 50.0ml 水样（若硬度过大，可少取水样用蒸馏水稀释至 50ml；若硬度过小，改取 100ml），置于三角瓶中。加入 1~2ml 缓冲溶液及 5 滴铬黑 T 指示剂（或一小勺固体指示剂），立即用 EDTA-Na$_2$ 标准溶液滴定，充分振摇，至溶液由紫红色变为蓝色，即表示到达终点。

5. 计算

$$C = V_2 \times 0.5608 \times 1000 / V_1$$

式中，C 为水样的总硬度（CaO），mg/L；V_2 为 EDTA-Na$_2$ 标准溶液的消耗量，ml；V_1 为水样体积，ml。

6. 注意事项

① 水中若有大量铁、铜、锌、铅、铝等金属离子存在时，会干扰测定，需要加入 1ml 5%硫化钠溶液和 5 滴 1.0%盐酸羟胺溶液作为掩蔽剂，以消除干扰。注意操作过程中要先加入掩蔽剂，再加入指示剂。

② 络合反应速度较慢，滴定时滴加速度不能太快，特别是临近终点时，要边滴边摇晃。

③ 滴定时，注意保持溶液 pH=10。

④ 配制缓冲溶液时，加入 EDTA-Mg 是为了使某些含镁较低的水样滴定终点更敏锐。如果备有市售 EDTA-Mg 试剂，则可直接取 1.25g EDTA-Mg，配入 250ml 缓冲溶液中。

⑤ 铬黑 T 指示剂配成溶液后较易失效。如果在滴定时终点不敏锐，而且加入掩蔽剂后仍不能改善，则应重新配制指示剂。

【氯化物的测定（硝酸银容量法）】

1. 原理

硝酸银与氯化物作用，生成氯化银白色沉淀，当多余的硝酸银存在时，则与铬酸钾指示剂反应，生成红色的铬酸银，表示反应到达终点。

$$NaCl + AgNO_3 \longrightarrow AgCl \downarrow + NaNO_3$$
$$2AgNO_3 + K_2CrO_4 \longrightarrow Ag_2CrO_4 \downarrow + 2KNO_3$$

2. 试剂

5％铬酸钾指示剂：称取 5g 铬酸钾溶于少量蒸馏水中，加蒸馏水定容至 100ml。

硝酸银标准溶液：取分析纯硝酸银置于 105℃ 烘箱中 30min，取出置于干燥器内冷却后，称取 2.3950g，溶于少量蒸馏水并定容至 1000ml。此溶液 1ml 相当于 0.5mg 氯化物（Cl$^-$）。

1％酚酞酒精溶液：将 1g 酚酞，溶于 65ml 95％酒精中，加蒸馏水至 100ml。

0.025mol/L H$_2$SO$_4$ 溶液：吸取 1.4ml 浓 H$_2$SO$_4$ 加入盛有 500ml 蒸馏水的烧杯中，然后于容量瓶中定容至 1000ml。

0.05mol/L NaOH 溶液：称取 2.0g NaOH 溶于蒸馏水中，于容量瓶中定容至 1000ml。

3. 仪器和材料

电子分析天平、三角瓶、滴定台、滴定管、洗瓶、容量瓶、移液管、吸耳球、烧杯、试剂瓶等。

4. 操作步骤

取 50ml 水样加入三角瓶中（若氯化物含量高可取适量水样，用蒸馏水稀释至 50ml），另取一个三角瓶加入蒸馏水 50ml。分别向三角瓶中加入酚酞指示剂 2～3 滴，用 0.025mol/L H$_2$SO$_4$ 和 0.05mol/L NaOH 将溶液调节至红色刚变为无色。分别向三角瓶中加入 1ml 铬酸钾溶液，用硝酸银进行滴定，同时不断振荡，直至产生淡橘黄色为止，分别记录用量。

5. 计算

$$c = (V_2 - V_1) \times 0.5 \times 1000 / V$$

式中，c 为水样中氯化物（Cl$^-$）浓度，mg/L；V 为水样体积，ml；V_1 为蒸馏水空白消耗硝酸银标准溶液用量，ml；V_2 为水样消耗硝酸银标准溶液用量，ml。

6. 注意事项

① 因为有微量硝酸银和铬酸钾反应后才能指示终点，因此需要同时取蒸馏水做空白滴定来减去误差。

② 临近滴定终点时，必须逐滴加入硝酸银，边滴加边摇晃三角瓶。

③ 本法滴定时不能在酸性和强碱性条件下进行。酸性条件下，铬酸根浓度大大降低，在碱性溶液中，银离子将形成氧化银沉淀。因此若水样 pH 低于 6.3 或大于 10 时应预先用酸或碱调节至中性或弱碱性，再进行滴定。

【耗氧量测定】

耗氧量是指 1L 水中有机物在规定的条件下被氧化时所消耗氧的质量（mg）。水样耗氧量的测定，常采用酸性高锰酸钾滴定法。

1. 原理

在酸性条件下，高锰酸钾具有很高的氧化性，水溶液中多数的有机物都可以被氧化，过量高锰酸钾用过量的草酸还原；过量的草酸再用高锰酸钾逆滴定。根据消耗高锰酸钾的量来计算水的耗氧量。

$$2KMnO_4 + 5H_2C_2O_4 + 3H_2SO_4 \longrightarrow K_2SO_4 + 2MnSO_4 + 10CO_2 \uparrow + 8H_2O$$

2. 试剂

(1) 1：3 硫酸溶液：将 1 份浓硫酸加到 3 份蒸馏水中，煮沸，滴加高锰酸钾溶液至溶液保持微红色。

(2) 0.0500mol/L 草酸溶液：称取 6.3032g 分析纯草酸（$H_2C_2O_4 \cdot 2H_2O$）溶于少量蒸馏水中，定容至 1000ml，置于暗处保存。

(3) 0.0050mol/L 草酸溶液：将 0.0500mol/L 草酸溶液准确稀释 10 倍，置于冰箱保存。

(4) 0.02mol/L 高锰酸钾溶液：称取 3.3g 分析纯高锰酸钾，溶于少量蒸馏水中，定容至 1000ml，煮沸 15min，静置 2 天以上，然后用玻璃砂芯漏斗过滤或用虹吸法将澄清液移入棕色瓶中，放暗处保存，并按下述方法标定浓度。

①吸取 10.0ml 高锰酸钾溶液，置于三角瓶中，加入 40ml 蒸馏水及 2.5ml 1：3 硫酸溶液，加热煮沸 10min。②取下三角瓶，迅速自滴定管加入 15ml 0.0500mol/L 草酸标准溶液，再立即滴加高锰酸钾溶液，不断振荡，直至发生微红色为止，不必记录用量。③将三角瓶继续加热煮沸，加入 10.0ml 0.0500mol/L 草酸标准溶液，迅速用高锰酸钾溶液滴定至微红色，记录用量，计算高锰酸钾溶液的准确浓度。④高锰酸钾校正溶液的浓度为 0.0200mol/L。

(5) 0.0020mol/L 高锰酸钾溶液：将 0.0200mol/L 高锰酸钾溶液准确稀释 10 倍。

3. 仪器设备和材料

电子分析天平、三角瓶、容量瓶、万用电炉、酸式滴定管、滴定台、烧杯、移液管、吸耳球等。

4. 操作步骤

测定前须预先处理三角瓶：向 250ml 三角瓶内加入 50ml 蒸馏水，再加入 1ml 1：3 硫酸溶液及少量高锰酸钾溶液，并加入数粒玻璃珠防止暴沸，加热煮沸数分钟，溶液应保持微红色（如褪成无色，应重做一次，使溶液保持微红色为止），将溶液倾出，用蒸馏水将三角瓶洗净。

取 100ml 待测水样（若水样中有机物含量较高，可取适量水样用蒸馏水稀释至 100ml）置于处理过的三角瓶中，加入 5ml 1：3 硫酸溶液，用滴定管加入 10.0ml 0.0020mol/L 高锰酸钾溶液，并加入数粒玻璃珠防止暴沸。

将三角瓶均匀加热，从开始沸腾计时，准确煮沸 10min。如加热过程中红色明显减退，须将水样稀释重做。取下三角瓶，趁热自滴定管加入 10.0ml 0.0050mol/L 草酸溶液，充分振荡使红色褪尽。再于白色背景上，自滴定管加入 0.0020mol/L 高锰酸钾溶液，至溶液呈微红色即为终点，记录用量 V_1（ml）。V_1 超过 5ml 时应另取少量水样用蒸馏水稀释重做。

向滴定至终点的水样中，趁热（70~80℃）加入 10.0ml 0.0050mol/L 草酸溶液，立即用 0.0020mol/L 高锰酸钾溶液滴定至微红色，记录用量 V_2(ml)。如高锰酸钾溶液浓度是准确的 0.0020mol/L，滴定时用量应为 10.0ml，否则应求校正系数 K 加以纠正，$K=10/V_2$。如水样用蒸馏水稀释，则另取 100ml 蒸馏水，同上述步骤滴定，记录高锰酸钾溶液的消耗量 V_0（ml）。

5. 计算

$$耗氧量(mg/L)=[(10+V_1)K-10]\times 0.08\times 1000/V_3$$

如水样用蒸馏水稀释，则采用下式计算水样的耗氧量：

耗氧量$(mg/L)=\{[(10+V_1)K-10]-[(10+V_0)K-10]R\}\times 0.08\times 1000/V_3$

式中，0.08 为 1ml 0.0020mol/L 高锰酸钾溶液所相当氧的质量，mg；V_3 为水样体积，ml；R 为稀释水样时蒸馏水在 100ml 体积中所占的比例。

例如将 25ml 水样用蒸馏水稀释至 100ml，则：$R=(100-25)/100=0.75$。

6. 注意事项

本实验必须严格遵守操作步骤，如按顺序加入试剂、准确掌握煮沸时间等。

【氨氮的测定】

水中的氨氮是指以游离氨（或称非离子氨，NH_3）和铵离子（NH_4^+）形式存在的氮。氨氮含量较高时，对动物呈现毒害作用。水中氨氮的来源主要是生活污水中含氮有机物受微生物作用分解的产物、某些工业废水及农田排水等。水中的氨氮一般采用纳氏比色法来测定。

1. 原理

在碱性条件下，水中氨与纳氏试剂中碘汞离子作用，生成棕黄色碘化氧汞铵络合物，其颜色深浅与氨氮含量成正比。

$$2K_2[HgI_4]+3KOH+NH_3 \longrightarrow NH_2Hg_2OI+7KI+2H_2O$$

2. 试剂

无氨蒸馏水：每升蒸馏水中加入 2ml 化学纯浓硫酸和少量化学纯高锰酸钾，然后蒸馏，收集蒸馏液。

氨氮标准溶液：①贮备液。将分析纯氯化铵置于 105℃烘箱内烘烤 1h，冷却后称取 3.8190g，溶于少量无氨蒸馏水中，并定容至 1000ml。此溶液 1.00ml 含 1.00mg 氨氮（N）。②标准溶液（临用时配制）。吸取氨氮贮备液 10.00ml，用无氨蒸馏水定容至 1000ml，此溶液 1.00ml 含 0.01mg 氨氮（N）。

50%酒石酸钾钠溶液：取 50g 酒石酸钾钠（$KNaC_4H_4O_6 \cdot 4H_2O$）溶于 100ml 无氨蒸馏水中，加热煮沸，除去试剂中可能存在的氨。待其冷却后，用无氨蒸馏水补充至 100ml。

纳氏试剂：称取 100g 碘化汞（HgI_2）及 70g 碘化钾，溶于少量无氨蒸馏水中，将此溶液缓缓倒入冷却的 500ml 32%氢氧化钾溶液中，并不停搅拌，加蒸馏水定容至 1000ml，贮于棕色瓶中，用橡皮塞塞紧，避光保存。测定时使用其上清液。本试剂有毒，应谨慎使用。

3. 仪器和材料

电子分析天平、分光光度计、比色管架、比色管、吸耳球、移液管、烧杯、玻璃棒、全玻璃蒸馏器等。

4. 操作步骤

取水样 50ml 于 50ml 比色管中。另取 50ml 比色管 10 支，分别加入氨氮标准液 0ml、0.1ml、0.3ml、0.5ml、0.7ml、1.0ml、3.0ml、5.0ml、7.0ml、10.0ml 于比色管中，用无氨蒸馏水稀释至 50ml。

向水样及标准溶液比色管中分别加入 1ml 酒石酸钾钠溶液，混匀，再加 1.0ml 纳氏试剂，混合均匀后放置 10min。然后目视比色，记录与水样颜色相似的标准管中加入氨氮标准溶液的量。如采用分光光度计，则用 420nm 波长，1cm 比色皿，以纯水作参比，测定吸光度；如水样中氨氮含量低于 0.03mg/L，则改用 3cm 比色皿。

5. 计算

$$氨氮含量(mg/L) = \frac{V_1}{V} \times 0.01 \times 1000$$

式中，V_1 为与水样颜色相似的标准管中氨氮标准溶液量，ml；V 为水样体积，ml；0.01 为氨氮标准溶液 1ml 含 0.01mg 氨氮（N）。

6. 注意事项

①水样中氨氮含量大于 1mg 时，加入纳氏试剂后会产生红褐色沉淀，有碍比色，此时必须用无氨蒸馏水稀释重做。②如待测水样有颜色或浑浊，需先处理。取 100ml 水样加入 10%硫酸锌 1ml，加 50%氢氧化钠 0.5ml，待沉淀澄清后取上清液 50ml。③水样中含有余氯时，可与氨结合成氯化铵，须经脱氯后再使用纳氏试剂。脱氯可用现配的硫代硫酸钠溶液（取 3.5g 硫代硫酸钠用无氨蒸馏水稀释至 1000ml），此溶液 1ml 可除去 500ml 水样中 1mg/L 的余氯。④酒石酸钾钠起掩蔽剂的作用，防止水样中含有其他杂质，对结果产生干扰。

【溶解氧的测定（碘量法）】

1. 原理

向水样中加入硫酸锰及碱性碘化钾，则水样中溶解的氧将低价锰氧化为高价锰。在硫酸酸性条件下，高价锰氧化碘离子而释放出碘，用硫代硫酸钠溶液滴定释放出的碘，即可计算出溶解氧含量。亚铁离子、硫化物及有机物质对此法均有干扰，可在采样时先用高锰酸钾在酸性条件下将水样中的还原物质氧化，并用草酸除去过量的高锰酸钾。

2. 试剂和材料

（1）试剂

硫酸锰或氯化锰溶液：称取 48g 硫酸锰（$MnSO_4 \cdot 4H_2O$）或 40g $MnSO_4 \cdot 2H_2O$ 或 36.4g $MnSO_4 \cdot H_2O$ 或 40g 氯化锰（$MnCl_2 \cdot 2H_2O$），溶于蒸馏水中，过滤后稀释至 100ml。

碱性碘化钾溶液：称取 50g 氢氧化钠及 15g 碘化钾，溶于蒸馏水中，并稀释至 100ml。静置 1～2 天，倾出上层澄清液备用。

浓硫酸。

高锰酸钾溶液：称取 6g 高锰酸钾，溶于蒸馏水中，并稀释至 1000ml。

2%草酸钾溶液：称取 2g 草酸钾，溶于蒸馏水中，并稀释至 100ml。

0.5%淀粉溶液：将 0.5g 可溶性淀粉用少量蒸馏水调制成糊状，再加入刚煮沸的蒸馏水至 100ml。冷却后加入 0.1g 水杨酸或 0.4g 氯化锌保存。

0.025mol/L 硫代硫酸钠标准溶液：将经过标定的硫代硫酸钠溶液用适量蒸馏水稀释至 0.025mol/L（硫代硫酸钠溶液的标定方法见实训四）。

（2）材料 溶解氧采样瓶（或用玻塞试剂瓶）、碘量瓶和滴定管等。

3. 水样的采集和保存

测定溶解氧的水样，应用溶解氧瓶（或玻塞试剂瓶）单独采集。取样时先用水样冲洗 3 次，然后采样至瓶口，立即加入 2ml 硫酸锰溶液。加试剂时应将吸管的末端插至瓶中，然后慢慢上提，再用同样的方法加入 2ml 碱性碘化钾溶液。慢慢盖上瓶塞，注意勿使瓶塞下留有气泡。将瓶颠倒数次，此时会有黄色到棕色沉淀物形成。水样应在4～8h内分析。

当水样中含有亚铁离子或某些有机物时，在上述操作之前，要先往瓶中加入0.7ml浓硫酸及1ml高锰酸钾溶液。盖紧瓶盖颠倒混合，放置15min。若紫红色褪去，则补加高锰酸钾到紫红色保持不褪为止。过量的高锰酸钾用草酸溶液还原，至紫色刚刚褪去为止。

4. 操作步骤

将现场采集的水样加以振荡，待沉淀物尚未完全沉至瓶底时，加入2ml浓硫酸，盖好瓶塞，摇匀至沉淀物全部溶解为止。吸取100ml经过上述处理的水样，注入250ml碘量瓶中，用0.025mol/L硫代硫酸钠标准溶液滴定，至溶液呈淡黄色时，加入1ml 0.5%淀粉溶液，继续滴定至蓝色褪尽为止，记录用量V(ml)。

5. 计算

$$溶解氧含量(mg/L) = \frac{M \times V \times \frac{1}{2} \times 16 \times 1000}{V_水}$$

式中　　M——硫代硫酸钠溶液浓度，mol/L；

　　　　V——滴定时消耗硫代硫酸钠体积，ml；

　　　　16——氧摩尔质量，g/mol；

　　　　$V_水$——水样体积，ml。

实训六　畜禽舍设计图的认知及拟建畜禽舍图纸的绘制

【目的】

本技能是畜牧兽医专业学生必须掌握的专项技能，学生应初步了解建筑图的基本知识，掌握对养殖场建筑施工图审查的内容和方法，并能设计拟建牧场及畜舍的图纸。

【教学资源准备】

仪器：纸、铅笔、橡皮、刀、绘图仪等。

牧场的总平面图，畜舍的平面图、立面图、剖面图。

畜牧场规模、饲养方式、饲养密度、畜舍的跨度要求等资料。

【原理与知识】

建筑图的制图标准介绍如下。

(1) 图幅　图幅即图纸的大小，建筑图图幅须符合表实-5的规定。每张图纸右下角要绘出标题栏（表实-6），标题栏宽度180mm、高度50mm；图纸左上角要绘出会签栏，会签栏宽度75mm、高度20mm。

表实-5　图幅规定表　　　　　　　　　　　　　　　　　单位：mm

编号		0	1	2	3	4
图幅（长×宽）		1189×841	841×594	594×420	420×297	297×210
图线与纸边预留宽度	a		10			5
	c			25		

注：a代表图纸上侧、下侧、右侧图线与纸边预留宽度；c代表图纸左侧图线与纸边预留宽度。

表实-6 标题栏内容

设计单位全称	工程名称区	
签字区	图名区	图号区

（2）制图比例 因建筑物形体很大，需按一定比例缩绘。制图比例可按表实-7选用。

表实-7 制图比例

图名	常用比例	图名	常用比例
总平面图	1:500,1:1000,1:2000	剖面图	1:200
平面图	1:50,1:100	详图	1:1,1:2,1:5,1:10,1:20
立面图	1:100		

（3）字体 建筑图的文字均应从左到右横向书写，所有字体的高度一般以不小于4mm为宜。所有字体必须书写端正，排列整齐，笔画清晰。中文书写应用仿宋字，数字用阿拉伯数字，字母用汉语拼音字母。

（4）指北针 在总平面图右上角绘制直径为25mm的圆，指北针的下端宽度为圆圈直径的1/8。

【操作方法】

1. 认知图纸方法

（1）确认图纸的名称 图纸的名称通常载于右下角的图标框中；根据注释可知该图属于何种类型及属于整套图中哪一部分。

（2）查看图的比例尺、方位、主风向及风向频率。

（3）按下列顺序和方法看图

① 由大到小。如先看地形图，其次为总平面图、平面图、立面图、剖面图及大样等。

② 由表及里。审查建筑物时，先看建筑物的周围环境，再审查建筑物的内部。

③ 由下而上。审查多层畜舍时，应从第一层开始，依次逐层审查。

④ 辨认图纸上所有的符号及标记。

⑤ 查认地形图上的山丘、河流、森林、铁路、公路及工业区和住宅区所在地，并测量其相互间的距离。

⑥ 确认剖面图所剖视的部位。

⑦ 确定建筑物各部的尺寸：长宽和高度，可分别在平面图和立面图或剖面图上查知或测得。

按照上述方法和步骤，对所审查的图纸，由粗而细，再由细而粗，反复研究，加以综合分析，并作卫生评价。

2. 绘制图纸方法

（1）确定数量 确定绘制图样的数量，应对各栋房舍统筹考虑，防止重复和遗漏，在保证需要的前提下，图样数量应尽量少。

（2）绘制草图 根据工艺设计要求和实际情况条件，把酝酿成熟的设计思路徒手绘成草图。绘制草图虽不按比例，不使用绘图工具，但图样内容和尺寸应力求详尽，细到可画至局部（如一间、一栏）。根据草图再绘成正式图纸。

（3）确定适当比例 考虑图样的复杂程度及其作用，并以能清晰表达其主要内容为原则来决定所用比例。

（4）图纸布局 每张图纸都要根据需要绘制的内容、实际尺寸和所选用的比例，并考虑图名、尺寸线、文字说明、图标等，有计划地安排这些内容所占图纸的大小及图纸上的位置。要做到每张图纸上的内容主次分明，排列均匀、紧凑、整齐；同时，在图幅大小许可的情况下，应尽量保持各图样之间的投影关系，并尽量把同类型、内容关系密切的图样，集中在一张图纸上或顺序相连的几张图纸上，以便对照查阅。一般应把比例相同的一栋房舍的平、立、剖面图绘在同一张图纸上，房舍尺寸较大时，也可在顺序相连的几张图纸上分别绘制。按上述内容计划布局之后，即可确定所需图幅大小。

（5）绘制图样 绘制图样的顺序，先绘制平面图，其次绘出剖面图。再根据投影关系，由平面图引线确定正、背立面图纵向各部位的位置，然后按剖面图的高度尺寸，绘出正、背立面图。最后由正、背立面图引线确定侧立面图各部的高度，并按平、剖面图上的跨度方向尺寸，绘出侧立面图。

（6）说明书 主要是说明建筑物性质、施工方法、建筑材料的使用等，以补充图中文字说明的不足，分为一般说明书及特殊说明书两种。有些建筑设计图纸，以图纸上的扼要文字说明来代替文字说明书。

（7）比例尺的使用及保护 为避免视觉误差，在测量图纸上的尺寸时，常使用比例尺。测量时比例尺与眼睛视线应保持水平位置；为减少推算麻烦，取比例尺上的比例与图纸上的比例一致；测量两点或两线之间距离时，应沿水平线测量，两点之间距离应取其最短的直线为宜。作图画线应使用米尺。

【作业】

提供一份设计图，供学生阅读、分析，作出卫生评价；画出某猪场的总平面图。

实训七 畜牧场环境卫生调查与评价

【目的】

以本校畜牧场作为实习现场，对畜牧场场址选择、畜牧场建筑物布局、畜牧场环境卫生设施以及畜舍卫生状况等方面进行现场观察、测量和访问，运用课堂学过的理论知识进行综合分析，作出卫生评价报告。

【材料用具】

卷尺。

【调查与评价内容】

调查与评价内容主要包括以下几项。

（1）牧场位置 观察和了解牧场周围交通运输情况、居民点及其他工农业企业等的距离与位置。

（2）全场地形、地势与土质 场地形状及面积大小，地势高低，坡度和坡向，土质、植被等。

（3）水源 水源种类及卫生防护条件，给水方式，水质与水量是否满足需要。

（4）全场平面布局情况

① 全场不同功能区的划分及其在场内位置的相互关系。

② 畜舍的方位及间距、排列形式。

③ 饲料库、饲料加工间、产品加工间、兽医室、贮粪池以及其他附属建筑的位置及其与畜舍的距离。

④ 运动场的位置、面积、土质及排水情况。

（5）畜舍卫生状况 畜舍类型、样式、材料结构，通风换气方式与设备，采光情况，排水系统及防潮措施，畜舍防寒、防热设施及其效果，畜舍温度、湿度观测结果等。

（6）畜牧场环境污染与环境保护情况 粪尿处理情况，场内排水设施及牧场污水排放、处理情况，绿化情况，场界与场内各区域的卫生防护设施，蚊蝇滋生情况及其他卫生状况等。

（7）其他 家畜传染病、地方病、慢性病等的发病情况。

【调查与评价方法】

学生分成若干小组，按上述内容进行观察、测量和访问，并参考表实-8进行记录，最后综合分析，作出卫生评价结论。结论的内容应从畜牧场场址选择、建筑物布局、畜舍建筑、牧场环境卫生四个方面，分析所参观养殖场的选址及布局优缺点，并提出改进意见。结论文字力求简明扼要。

表实-8　畜牧场环境卫生调查表　　　调查者：_____　调查日期：_____

畜牧场名称：		家畜种类与头数：	
位置：		全场面积：	
地形：		地势：	
土质：		植被：	
水源：		当地主风向：	
畜舍区位置：		畜舍栋数：	
畜舍方位：		畜舍间距：	
畜舍距调料间：		畜舍距饲料库：	
畜舍距产品加工间：		畜舍距兽医室：	
畜舍距公路：		畜舍距住宅区：	
畜舍类型：			
畜舍面积　长：	宽：	面积：	
畜栏有效面积　长：	宽：	面积：	
值班室面积　长：	宽：	面积：	
饲料室面积　长：	宽：	面积：	
其他室面积　长：	宽：	面积：	
舍顶　形式：	材料：	高度：	
天棚　形式：	厚度：	高度：	
外墙　材料：	厚度：		
窗　南窗数量：	每个窗尺寸：		
北窗数量：	每个窗尺寸：		
窗台高度：	采光系数：		
入射角：	透光角：		

续表

大门　形式：		数量：		高：	宽：
通道　数量：		位置：		宽：	
畜床　材料：		卫生条件：			
粪尿沟　形式：		宽：		深：	
通风设备　入气管个数：		面积（每个）：			
出气管个数：		面积（每个）：			
其他通风设备：					
运动场　位置：		面积：		土质：	
卫生状况：					
畜舍小气候观测结果：		温度：		湿度：	
		气流：		照度：	
牧场一般环境状况：					
其他：					
综合评价：					
改进意见：					

【作业】

调查某畜牧场环境卫生状况，作出正确评价，并提出切合实际的改进措施。

实训技能考核标准（供参考）

考核内容及分数分配	操作环节与要求	评分标准		考核方法	时限
		分值	赋分依据		
1. 气温的测定（100分）	①识别气温测定的常用仪器	30	随机选取六种常用仪器让学生识别，每错1个扣5分	口试和操作相结合	30min
	②掌握各仪器的使用方法	40	随机选取几种常用仪器让学生实操或口述使用方法，每错1个扣5分		
	③掌握各种畜舍内温度指标	20	口述温度指标，每错一处扣2分		
	④掌握使用各仪器时的注意事项	10	实操或口述仪器使用时的注意事项，每错一处扣2分		
2. 气湿、气流、气压的测定（100分）	①识别常用仪器	30	随机选取六种常用仪器让学生识别，每错1个扣5分	口试和操作相结合	30min
	②掌握各仪器的使用方法	40	随机选取几种常用仪器让学生实操或口述使用方法，每错1个扣5分		
	③掌握各种畜舍内湿度、气流、气压指标	20	口述各项指标，每错一处扣2分		
	④掌握使用各仪器时的注意事项	10	实操或口述仪器使用时的注意事项，每错一处扣2分		
3. 照度及采光的设计（100分）	①掌握采光系数、入射角、透光角的测定与计算方法	30	计算结果错一项扣10分；错一步扣5分	口试、笔试和操作相结合	30min
	②能正确测定畜舍内照度	30	测定时操作不熟练，每错1步扣5分		
	③能正确评价畜舍采光系统	40	口述评价步骤，每错一处扣5分		

续表

考核内容及分数分配	操作环节与要求	评分标准		考核方法	时限
		分值	赋分依据		
4. 畜舍空气中有害气体的测定(100分)	①掌握空气样品的采集方法和测定前处理方法	30	口述样品采集方法和测定前处理方法,每错一处扣5分	口试、现场操作	60min
	②掌握有害气体测定方法	50	测定时操作不熟练,每错1步扣5分		
	③正确计算畜舍空气中有害气体含量	20	计算结果错一项扣5分;错一步扣3分		
5. 畜牧场水质卫生评定(100分)	①会采集水样	20	采样过程每错一处扣5分	口试和操作相结合	30min
	②会检查水的物理性状并能正确描述	20	口述水样的物理性状,每错一处扣5分		
	③掌握水的化学指标测定方法	60	测定时操作不熟练,每错1步扣5分		
6. 畜禽舍设计图的认知及拟建畜禽舍图纸的绘制	1. 认知图纸(40分) ①会确认图纸、图例名称	10	随机选取10种建筑图例让学生识别,每错1个扣1分	实操	30min
	②会确认图的比例尺、方位、主导风向	20	每错误确认一种扣2分,扣完20分为止		
	③看图方法正确	10	看图步骤每错一处,扣2分		
	2. 绘制图纸(60分) 给出畜舍要求的条件,由学生分组绘制图纸。包括:①平面图,②立面图,③剖面图(考核其中1种)	40	结构不合理扣10分;比例不正确扣10分;图例、尺寸不清楚扣10分;没有主导风向和南北向扣10分	分组操作考核	30min
	规范程度	10	操作不按绘图要求,每错一处扣2分,扣完10分为止		
	完成时间	10	在规定的时间内完成,每超5min扣1分,扣完10分为止		
7. 畜牧场环境卫生调查与评价(100分)	①知道畜牧场环境卫生调查项目及调查方法	50	结合现场,让学生口述调查项目及方法,每错1个扣5分	口试和操作相结合	30min
	②能客观正确地进行评价,并提出切实可行的改进措施	50	方法不正确扣10分;内容缺一项扣5分;分析评价不全面,少一项扣5分		

附　录

附录 1　畜禽规模养殖污染防治条例

第一章　总　　则

第一条　为了防治畜禽养殖污染，推进畜禽养殖废弃物的综合利用和无害化处理，保护和改善环境，保障公众身体健康，促进畜牧业持续健康发展，制定本条例。

第二条　本条例适用于畜禽养殖场、养殖小区的养殖污染防治。

畜禽养殖场、养殖小区的规模标准根据畜牧业发展状况和畜禽养殖污染防治要求确定。

牧区放牧养殖污染防治，不适用本条例。

第三条　畜禽养殖污染防治，应当统筹考虑保护环境与促进畜牧业发展的需要，坚持预防为主、防治结合的原则，实行统筹规划、合理布局、综合利用、激励引导。

第四条　各级人民政府应当加强对畜禽养殖污染防治工作的组织领导，采取有效措施，加大资金投入，扶持畜禽养殖污染防治以及畜禽养殖废弃物综合利用。

第五条　县级以上人民政府环境保护主管部门负责畜禽养殖污染防治的统一监督管理。

县级以上人民政府农牧主管部门负责畜禽养殖废弃物综合利用的指导和服务。

县级以上人民政府循环经济发展综合管理部门负责畜禽养殖循环经济工作的组织协调。

县级以上人民政府其他有关部门依照本条例规定和各自职责，负责畜禽养殖污染防治相关工作。

乡镇人民政府应当协助有关部门做好本行政区域的畜禽养殖污染防治工作。

第六条　从事畜禽养殖以及畜禽养殖废弃物综合利用和无害化处理活动，应当符合国家有关畜禽养殖污染防治的要求，并依法接受有关主管部门的监督检查。

第七条　国家鼓励和支持畜禽养殖污染防治以及畜禽养殖废弃物综合利用和无害化处理的科学技术研究和装备研发。各级人民政府应当支持先进适用技术的推广，促进畜禽养殖污染防治水平的提高。

第八条　任何单位和个人对违反本条例规定的行为，有权向县级以上人民政府环境保护等有关部门举报。接到举报的部门应当及时调查处理。

对在畜禽养殖污染防治中作出突出贡献的单位和个人，按照国家有关规定给予表彰和奖励。

第二章　预　　防

第九条　县级以上人民政府农牧主管部门编制畜牧业发展规划，报本级人民政府或者其授权的部门批准实施。畜牧业发展规划应当统筹考虑环境承载能力以及畜禽养殖污染防治要求，合理布局，科学确定畜禽养殖的品种、规模、总量。

第十条 县级以上人民政府环境保护主管部门会同农牧主管部门编制畜禽养殖污染防治规划，报本级人民政府或者其授权的部门批准实施。畜禽养殖污染防治规划应当与畜牧业发展规划相衔接，统筹考虑畜禽养殖生产布局，明确畜禽养殖污染防治目标、任务、重点区域，明确污染治理重点设施建设，以及废弃物综合利用等污染防治措施。

第十一条 禁止在下列区域内建设畜禽养殖场、养殖小区：

（一）饮用水水源保护区，风景名胜区；

（二）自然保护区的核心区和缓冲区；

（三）城镇居民区、文化教育科学研究区等人口集中区域；

（四）法律、法规规定的其他禁止养殖区域。

第十二条 新建、改建、扩建畜禽养殖场、养殖小区，应当符合畜牧业发展规划、畜禽养殖污染防治规划，满足动物防疫条件，并进行环境影响评价。对环境可能造成重大影响的大型畜禽养殖场、养殖小区，应当编制环境影响报告书；其他畜禽养殖场、养殖小区应当填报环境影响登记表。大型畜禽养殖场、养殖小区的管理目录，由国务院环境保护主管部门商国务院农牧主管部门确定。

环境影响评价的重点应当包括：畜禽养殖产生的废弃物种类和数量，废弃物综合利用和无害化处理方案和措施，废弃物的消纳和处理情况以及向环境直接排放的情况，最终可能对水体、土壤等环境和人体健康产生的影响以及控制和减少影响的方案和措施等。

第十三条 畜禽养殖场、养殖小区应当根据养殖规模和污染防治需要，建设相应的畜禽粪便、污水与雨水分流设施，畜禽粪便、污水的贮存设施，粪污厌氧消化和堆沤、有机肥加工、制取沼气、沼渣沼液分离和输送、污水处理、畜禽尸体处理等综合利用和无害化处理设施。已经委托他人对畜禽养殖废弃物代为综合利用和无害化处理的，可以不自行建设综合利用和无害化处理设施。

未建设污染防治配套设施、自行建设的配套设施不合格，或者未委托他人对畜禽养殖废弃物进行综合利用和无害化处理的，畜禽养殖场、养殖小区不得投入生产或者使用。

畜禽养殖场、养殖小区自行建设污染防治配套设施的，应当确保其正常运行。

第十四条 从事畜禽养殖活动，应当采取科学的饲养方式和废弃物处理工艺等有效措施，减少畜禽养殖废弃物的产生量和向环境的排放量。

第三章 综合利用与治理

第十五条 国家鼓励和支持采取粪肥还田、制取沼气、制造有机肥等方法，对畜禽养殖废弃物进行综合利用。

第十六条 国家鼓励和支持采取种植和养殖相结合的方式消纳利用畜禽养殖废弃物，促进畜禽粪便、污水等废弃物就地就近利用。

第十七条 国家鼓励和支持沼气制取、有机肥生产等废弃物综合利用以及沼渣沼液输送和施用、沼气发电等相关配套设施建设。

第十八条 将畜禽粪便、污水、沼渣、沼液等用作肥料的，应当与土地的消纳能力相适应，并采取有效措施，消除可能引起传染病的微生物，防止污染环境和传播疫病。

第十九条 从事畜禽养殖活动和畜禽养殖废弃物处理活动，应当及时对畜禽粪便、畜禽尸体、污水等进行收集、贮存、清运，防止恶臭和畜禽养殖废弃物渗出、泄漏。

第二十条 向环境排放经过处理的畜禽养殖废弃物，应当符合国家和地方规定的污染物排放标准和总量控制指标。畜禽养殖废弃物未经处理，不得直接向环境排放。

第二十一条 染疫畜禽以及染疫畜禽排泄物、染疫畜禽产品、病死或者死因不明的畜禽尸体等病害畜禽养殖废弃物，应当按照有关法律、法规和国务院农牧主管部门的规定，进行深埋、化制、焚烧等无害化处理，不得随意处置。

第二十二条 畜禽养殖场、养殖小区应当定期将畜禽养殖品种、规模以及畜禽养殖废弃物的产生、排放和综合利用等情况，报县级人民政府环境保护主管部门备案。环境保护主管部门应当定期将备案情况抄送同级农牧主管部门。

第二十三条 县级以上人民政府环境保护主管部门应当依据职责对畜禽养殖污染防治情况进行监督检查，并加强对畜禽养殖环境污染的监测。

乡镇人民政府、基层群众自治组织发现畜禽养殖环境污染行为的，应当及时制止和报告。

第二十四条 对污染严重的畜禽养殖密集区域，市、县人民政府应当制定综合整治方案，采取组织建设畜禽养殖废弃物综合利用和无害化处理设施、有计划搬迁或者关闭畜禽养殖场所等措施，对畜禽养殖污染进行治理。

第二十五条 因畜牧业发展规划、土地利用总体规划、城乡规划调整以及划定禁止养殖区域，或者因对污染严重的畜禽养殖密集区域进行综合整治，确需关闭或者搬迁现有畜禽养殖场所，致使畜禽养殖者遭受经济损失的，由县级以上地方人民政府依法予以补偿。

第四章 激励措施

第二十六条 县级以上人民政府应当采取示范奖励等措施，扶持规模化、标准化畜禽养殖，支持畜禽养殖场、养殖小区进行标准化改造和污染防治设施建设与改造，鼓励分散饲养向集约饲养方式转变。

第二十七条 县级以上地方人民政府在组织编制土地利用总体规划过程中，应当统筹安排，将规模化畜禽养殖用地纳入规划，落实养殖用地。

国家鼓励利用废弃地和荒山、荒沟、荒丘、荒滩等未利用地开展规模化、标准化畜禽养殖。

畜禽养殖用地按农用地管理，并按照国家有关规定确定生产设施用地和必要的污染防治等附属设施用地。

第二十八条 建设和改造畜禽养殖污染防治设施，可以按照国家规定申请包括污染治理贷款贴息补助在内的环境保护等相关资金支持。

第二十九条 进行畜禽养殖污染防治，从事利用畜禽养殖废弃物进行有机肥产品生产经营等畜禽养殖废弃物综合利用活动的，享受国家规定的相关税收优惠政策。

第三十条 利用畜禽养殖废弃物生产有机肥产品的，享受国家关于化肥运力安排等支持政策；购买使用有机肥产品的，享受不低于国家关于化肥的使用补贴等优惠政策。

畜禽养殖场、养殖小区的畜禽养殖污染防治设施运行用电执行农业用电价格。

第三十一条 国家鼓励和支持利用畜禽养殖废弃物进行沼气发电，自发自用、多余电量接入电网。电网企业应当依照法律和国家有关规定为沼气发电提供无歧视的电网接入服务，并全额收购其电网覆盖范围内符合并网技术标准的多余电量。

利用畜禽养殖废弃物进行沼气发电的，依法享受国家规定的上网电价优惠政策。利用畜禽养殖废弃物制取沼气或进而制取天然气的，依法享受新能源优惠政策。

第三十二条　地方各级人民政府可以根据本地区实际，对畜禽养殖场、养殖小区支出的建设项目环境影响咨询费用给予补助。

第三十三条　国家鼓励和支持对染疫畜禽、病死或者死因不明畜禽尸体进行集中无害化处理，并按照国家有关规定对处理费用、养殖损失给予适当补助。

第三十四条　畜禽养殖场、养殖小区排放污染物符合国家和地方规定的污染物排放标准和总量控制指标，自愿与环境保护主管部门签订进一步削减污染物排放量协议的，由县级人民政府按照国家有关规定给予奖励，并优先列入县级以上人民政府安排的环境保护和畜禽养殖发展相关财政资金扶持范围。

第三十五条　畜禽养殖户自愿建设综合利用和无害化处理设施、采取措施减少污染物排放的，可以依照本条例规定享受相关激励和扶持政策。

第五章　法　律　责　任

第三十六条　各级人民政府环境保护主管部门、农牧主管部门以及其他有关部门未依照本条例规定履行职责的，对直接负责的主管人员和其他直接责任人员依法给予处分；直接负责的主管人员和其他直接责任人员构成犯罪的，依法追究刑事责任。

第三十七条　违反本条例规定，在禁止养殖区域内建设畜禽养殖场、养殖小区的，由县级以上地方人民政府环境保护主管部门责令停止违法行为；拒不停止违法行为的，处 3 万元以上 10 万元以下的罚款，并报县级以上人民政府责令拆除或者关闭。在饮用水水源保护区建设畜禽养殖场、养殖小区的，由县级以上地方人民政府环境保护主管部门责令停止违法行为，处 10 万元以上 50 万元以下的罚款，并报经有批准权的人民政府批准，责令拆除或者关闭。

第三十八条　违反本条例规定，畜禽养殖场、养殖小区依法应当进行环境影响评价而未进行的，由有权审批该项目环境影响评价文件的环境保护主管部门责令停止建设，限期补办手续；逾期不补办手续的，处 5 万元以上 20 万元以下的罚款。

第三十九条　违反本条例规定，未建设污染防治配套设施或者自行建设的配套设施不合格，也未委托他人对畜禽养殖废弃物进行综合利用和无害化处理，畜禽养殖场、养殖小区即投入生产、使用，或者建设的污染防治配套设施未正常运行的，由县级以上人民政府环境保护主管部门责令停止生产或者使用，可以处 10 万元以下的罚款。

第四十条　违反本条例规定，有下列行为之一的，由县级以上地方人民政府环境保护主管部门责令停止违法行为，限期采取治理措施消除污染，依照《中华人民共和国水污染防治法》《中华人民共和国固体废物污染环境防治法》的有关规定予以处罚：

（一）将畜禽养殖废弃物用作肥料，超出土地消纳能力，造成环境污染的；

（二）从事畜禽养殖活动或者畜禽养殖废弃物处理活动，未采取有效措施，导致畜禽养殖废弃物渗出、泄漏的。

第四十一条　排放畜禽养殖废弃物不符合国家或者地方规定的污染物排放标准或者总量控制指标，或者未经无害化处理直接向环境排放畜禽养殖废弃物的，由县级以上地方人民政府环境保护主管部门责令限期治理，可以处 5 万元以下的罚款。县级以上地方人民政府环境保护主管部门作出限期治理决定后，应当会同同级人民政府农牧等有关部门对整改措施的落实情况及时进行核查，并向社会公布核查结果。

第四十二条 未按照规定对染疫畜禽和病害畜禽养殖废弃物进行无害化处理的，由动物卫生监督机构责令无害化处理，所需处理费用由违法行为人承担，可以处 3000 元以下的罚款。

第六章 附 则

第四十三条 畜禽养殖场、养殖小区的具体规模标准由省级人民政府确定，并报国务院环境保护主管部门和国务院农牧主管部门备案。

第四十四条 本条例自 2014 年 1 月 1 日起施行。

附录2 农业部畜禽标准化示范场管理办法（试行）

第一章 总 则

第一条 根据《农业部关于加快推进畜禽标准化规模养殖的意见》（农牧发 [2010] 6 号）要求，为做好畜禽养殖标准化示范创建工作，加强农业部畜禽标准化示范场（以下简称示范场）管理，提升畜牧业标准化规模生产水平，制定本办法。

第二条 示范场指以规模养殖为基础，以标准化生产为核心，在场址布局、畜禽舍建设、生产设施配备、良种选择、投入品使用、卫生防疫、粪污处理等方面严格执行法律法规和相关标准，具有示范带动作用，经省级畜牧兽医主管部门验收通过并由农业部正式公布的养殖场。

第三条 示范场创建以转变发展方式、提高综合生产能力、发展现代畜牧业为核心，按照高产、优质、高效、生态、安全的发展要求，通过政策扶持、宣传培训、技术引导、示范带动，实现畜禽标准化规模生产和产业化经营，提升畜产品质量安全水平，增强产业竞争力，保障畜产品有效供给，促进畜牧业协调可持续发展。

第四条 各级畜牧兽医行政主管部门应当在当地政府的领导下，积极争取发改、财政、环保、工商和质检等部门的支持，切实抓好示范场建设工作。

第五条 中央与地方的相关扶持政策向示范场倾斜。鼓励畜牧业龙头企业、行业协会和农民专业合作经济组织积极参与示范场创建，带动广大养殖场户发展标准化生产。

第二章 示范场条件及建设要求

第六条 示范场应当具备下列条件：

（一）场址不得位于《中华人民共和国畜牧法》明令禁止区域，并符合相关法律法规及区域内土地使用规划；

（二）达到农业部畜禽养殖标准化示范场验收评分标准所规定的饲养规模；

（三）按照畜牧法规定进行备案；养殖档案符合《农业部关于加强畜禽养殖管理的通知》

（农牧发〔2007〕1号）要求；

（四）按照相关规定使用饲料添加剂和兽药；禁止在饲料和动物饮用水中使用违禁药物及非法添加物，以及停用、禁用或者淘汰的饲料和饲料添加剂；

（五）具备县级以上畜牧兽医部门颁发的《动物防疫条件合格证》，两年内无重大疫病和质量安全事件发生；

（六）从事奶牛养殖的，生鲜乳生产、收购、贮存、运输和销售符合《乳品质量安全监督管理条例》《生鲜乳生产收购管理办法》的有关规定，执行《奶牛场卫生规范》（GB 16568—2006）。设有生鲜乳收购站的，有《生鲜乳收购许可证》，生鲜乳运输车有《生鲜乳准运证明》；

（七）饲养的商品代畜禽来源于具有种畜禽生产经营许可证的养殖企业，饲养、销售种畜禽符合种畜禽场管理有关规定。

第七条 示范场建设其他条件按照农业部和各省畜禽养殖标准化示范场验收评分标准执行。

第八条 示范场建设内容：

（一）畜禽良种化。因地制宜选用畜禽良种，品种来源清楚、检疫合格。

（二）养殖设施化。养殖场选址布局科学合理，畜禽圈舍、饲养和环境控制等生产设施设备满足标准化生产需要和动物防疫要求。

（三）生产规范化。建立规范完整的养殖档案，制定并实施科学规范的畜禽饲养管理规程，配备与饲养规模相适应的畜牧兽医技术人员，严格遵守饲料、饲料添加剂和兽药使用规定，生产过程实行信息化动态管理。

（四）防疫制度化。防疫设施完善，防疫制度健全，按照国家规定开展免疫监测等防疫工作，科学实施畜禽疫病综合防控措施，对病死畜禽实行无害化处理。

（五）粪污无害化。畜禽粪污处理方法得当，设施齐全且运转正常，实现粪污资源化利用或达到相关排放标准。

<h3 style="text-align:center">第三章 示范场确立</h3>

第九条 示范场标准

农业部制定示范创建验收评分标准，省级畜牧兽医主管部门可以根据本省区情况对评分标准进行细化，制定不低于农业部发布标准的实施细则。

第十条 创建方案制定与下达

农业部根据各地畜牧业发展现状，下达当年示范场创建方案，明确各省区标准化示范场的创建数量，并向社会公布。

省级畜牧兽医主管部门负责细化本区域内的示范场创建方案，组织开展示范创建工作。

第十一条 申报程序

符合示范场创建验收标准的养殖场户根据自愿原则向县级畜牧兽医主管部门提出申请，经所在县、市畜牧兽医主管部门初审后报省级畜牧兽医主管部门。

第十二条 评审验收

省级畜牧兽医主管部门组织三人以上的专家组，对申请参与示范创建的养殖场进行现场评审验收，确定每个养殖场在示范期限内的具体示范任务和目标，并将验收合格的养殖场名单在省级媒体公示，无异议后报农业部畜牧业司。

第十三条 批复确认

农业部对各地上报材料进行审查并组织实地抽查复核，审核通过后正式发布，并授予"农业部畜禽标准化示范场"称号，有效期三年。

第四章 指导监督与管理

第十四条 农业部和省级畜牧兽医主管部门分别成立技术专家组。

全国畜牧总站负责对省级畜牧兽医主管部门和技术专家组成员进行培训。省级畜牧兽医主管部门负责对本省区参与示范创建的养殖场进行集中培训与技术指导，养殖场根据相关指导意见开展示范创建活动。

第十五条 示范场应当遵守相关法律法规的规定，严格按照农业部畜禽标准化示范场的有关要求组织生产，以培训和技术指导等多种方式带动周边养殖场户开展标准化生产。

示范场应当按照农业部及省级畜牧兽医主管部门要求定期提供示范场有关基础数据信息，并于每年 12 月 20 日前将本年度生产经营、具体示范任务和目标完成等情况报省级畜牧兽医主管部门。

第十六条 省级畜牧兽医主管部门应当加强示范场的监督管理，建立健全示范场奖惩考核机制，定期或不定期组织检查，并建立示范场监督检查档案记录，每年抽查覆盖率不少于 30%。

县级畜牧兽医主管部门应当掌握示范场建设情况，发现问题及时向上级畜牧兽医主管部门报告。

农业部不定期开展对示范场的监督抽查，并将示范场作为农业部饲料及畜产品质量安全监测的重点。

第十七条 有下列情形之一的，取消示范场资格：

（一）弄虚作假取得示范场资格的；

（二）发生重大动物疫病的；

（三）发生畜产品质量安全事故的；

（四）使用违禁药物、非法添加物或不按规定使用饲料添加剂的；

（五）其他必备条件发生变化，已不符合标准要求的；

（六）因粪污处理与利用不当而造成严重污染的；

（七）停止生产经营 1 年以上的；

（八）日常抽查不合格，情节严重的，或整改仍不到位的；

（九）未按规定完成示范任务和目标的。

第十八条 省级畜牧兽医主管部门应当设立监督举报电话，接受社会监督。

第十九条 地方畜牧兽医主管部门在示范场申报过程中，弄虚作假的，由农业部予以通报批评。涉及违法违纪问题的，按有关规定处理。

第五章 附 则

第二十条 各省、自治区、直辖市畜牧兽医主管部门可参照本办法，组织开展省级示范场创建工作。

第二十一条 本办法自发布之日起施行。

二○一一年三月十日

附录3 畜禽养殖业污染防治技术规范

（国家环境保护总局，2001 年 12 月 19 日发布，2002 年 4 月 1 日实施）

前言

随着我国集约化畜禽养殖业的迅速发展，养殖场及其周边环境问题日益突出，成为制约畜牧业进一步发展的主要因素之一。为防止环境污染，保障人、畜健康，促进畜牧业的可持续发展，依据《中华人民共和国环境保护法》等有关法律、法规制定本技术规范。

本技术规范规定了畜禽养殖场的选址要求、场区布局与清粪工艺、畜禽粪便贮存、污水处理、固体粪肥的处理利用、饲料和饲养管理、病死畜禽尸体处理与处置、污染物监测等污染防治的基本技术要求。

本技术规范为首次制定。

本技术规范由国家环境保护总局自然生态保护司提出。

本技术规范由国家环境保护总局科技标准司归口。

本技术规范由北京师范大学环境科学研究所、国家环境保护总局南京环境科学研究所和中国农业大学资源与环境学院共同负责起草。本技术规范由国家环境保护总局负责解释。

1 主题内容

本技术规范规定了畜禽养殖场的选址要求、场区布局与清粪工艺、畜禽粪便贮存、污水处理、固体粪肥的处理利用、饲料和饲养管理、病死畜禽尸体处理与处置、污染物监测等污染防治的基本技术要求。

2 技术原则

2.1 畜禽养殖场的建设应坚持农牧结合、种养平衡的原则，根据本场区土地（包括与其他法人签约承诺消纳本场区产生粪便污水的土地）对畜禽粪便的消纳能力，确定新建畜禽养殖场的养殖规模。

2.2 对于无相应消纳土地的养殖场，必须配套建立具有相应加工（处理）能力的粪便污水处理设施或处理（置）机制。

2.3 畜禽养殖场的设置应符合区域污染物排放总量控制要求。

3 选址要求

3.1 禁止在下列区域内建设畜禽养殖场：

3.1.1 生活饮用水水源保护区、风景名胜区、自然保护区的核心区及缓冲区；

3.1.2 城市和城镇居民区，包括文教科研区、医疗区、商业区、工业区、游览区等人口集中地区；

3.1.3 县级人民政府依法划定的禁养区域；

3.1.4 国家或地方法律、法规规定需特殊保护的其他区域。

3.2 新建改建、扩建的畜禽养殖场选址应避开 3.1 规定的禁建区域，在禁建区域附近建设的，应设在 3.1 规定的禁建区域常年主导风向的下风向或侧风向处，场界与禁建区域边界的最小距离不得小于 500m。

4 场区布局与清粪工艺

4.1 新建、改建、扩建的畜禽养殖场应实现生产区、生活管理区的隔离，粪便污水处理设施和禽畜尸体焚烧炉；应设在养殖场的生产区、生活管理区的常年主导风向的下风向或侧风向处。

4.2 养殖场的排水系统应实行雨水和污水收集输送系统分离，在场区内外设置的污水收集输送系统，不得采取明沟布设。

4.3 新建、改建、扩建的畜禽养殖场应采取干法清粪工艺，采取有效措施将粪及时、单独清出，不可与尿、污水混合排出，并将产生的粪渣及时运至贮存或处理场所，实现日产日清。采用水冲粪、水泡粪湿法清粪工艺的养殖场，要逐步改为干法清粪工艺。

5 畜禽粪便的贮存

5.1 畜禽养殖场产生的畜禽粪便应设置专门的贮存设施，其恶臭及污染物排放应符合《畜禽养殖业污染物排放标准》。

5.2 贮存设施的位置必须远离各类功能地表水体（距离不得小于400m），并应设在养殖场生产及生活管理区的常年主导风向的下风向或侧风向处。

5.3 贮存设施应采取有效的防渗处理工艺，防止畜禽粪便污染地下水。

5.4 对于种养结合的养殖场，畜禽粪便贮存设施的总容积不得低于当地农林作物生产用肥的最大间隔时间内本养殖场所产生粪便的总量。

5.5 贮存设施应采取设置顶盖等防止降雨（水）进入的措施。

6 污水的处理

6.1 畜禽养殖过程中产生的污水应坚持种养结合的原则，经无害化处理后尽量充分还田，实现污水资源化利用。

6.2 畜禽污水经治理后向环境中排放，应符合《畜禽养殖业污染物排放标准》的规定，有地方排放标准的应执行地方排放标准。

污水作为灌溉用水排入农田前，必须采取有效措施进行净化处理（包括机械的、物理的、化学的和生物学的），并须符合《农田灌溉水质标准》（GB 5084—92）的要求。

6.2.1 在畜禽养殖场与还田利用的农田之间应建立有效的污水输送网络，通过车载或管道形式将处理（置）后的污水输送至农田，要加强管理，严格控制污水输送沿途的弃、撒和跑、冒、滴、漏。

6.2.2 畜禽养殖场污水排入农田前必须进行预处理（采用格栅、厌氧、沉淀等工艺、流程），并应配套设置田间储存池，以解决农田在非施肥期间的污水出路问题，田间储存池的总容积不得低于当地农林作物生产用肥的最大间隔时间内畜禽养殖场排放污水的总量。

6.3 对没有充足土地消纳污水的畜禽养殖场，可根据当地实际情况选用下列综合利用措施。

6.3.1 经过生物发酵后，可浓缩制成商品液体有机肥料。

6.3.2 进行沼气发酵，对沼渣、沼液应尽可能实现综合利用，同时要避免产生新的污染，沼渣及时清运至粪便贮存场所；沼液尽可能进行还田利用，不能还田利用并需外排的要进行进一步净化处理，达到排放标准。

沼气发酵产物应符合《粪便无害化卫生标准》（GB 7959—87）。

6.4 制取其他生物能源或进行其他类型的资源回收综合利用，要避免二次污染，并应符合《畜禽养殖业污染物排放标准》的规定。

6.5 污水的净化处理应根据养殖种类、养殖规模、清粪方式和当地的自然地理条件，选择合理、适用的污水净化处理工艺和技术路线，尽可能采用自然生物处理的方法，达到回用标准或排放标准。

6.6 污水的消毒处理提倡采用非氯化的消毒措施，要注意防止产生二次污染物。

7 固体粪肥的处理利用

7.1 土地利用

7.1.1 畜禽粪便必须经过无害化处理，并且须符合《粪便无害化卫生标准》后，才能进行土地利用，禁止未经处理的畜禽粪便直接施入农田。

7.1.2 经过处理的粪便作为土地的肥料或土壤调节剂来满足作物生长的需要，其用量不能超过作物当年生长所需养分的需求量。

在确定粪肥的最佳使用量时需要对土壤肥力和粪肥肥效进行测试评价，并应符合当地环境容量的要求。

7.1.3 对高降雨区、坡地及沙质容易产生径流和渗透性较强的土壤，不适宜施用粪肥或粪肥使用量过高易使粪肥流失引起地表水或地下水污染时，应禁止或暂停使用粪肥。

7.2 对没有充足土地消纳利用粪肥的大中型畜禽养殖场和养殖小区，应建立集中处理畜禽粪便的有机肥厂或处理（置）机制。

7.2.1 固体粪肥的堆制可采用高温好氧发酵或其他适用技术和方法，以杀死其中的病原菌和蛔虫卵，缩短堆制时间，实现无害化。

7.2.2 高温好氧堆制法分自然堆制发酵法和机械强化发酵法，可根据本场的具体情况选用。

8 饲料和饲养管理

8.1 畜禽养殖饲料应采用合理配方，如理想蛋白质体系配等，提高蛋白质及其他营养的吸收效率，减少氮的排放量和粪的生产量。

8.2 提倡使用微生物制剂、酶制剂和植物提取液等活性物质，减少污染物排放和恶臭气体的产生。

8.3 养殖场场区、畜禽舍、器械等消毒应采用环境友好的消毒剂和消毒措施（包括紫外线、臭氧、双氧水等方法），防止产生氯代有机物及其他的二次污染物。

9 病死畜禽尸体的处理与处置

9.1 病死畜禽尸体要及时处理，严禁随意丢弃，严禁出售或作为饲料再利用。

9.2 病死禽畜尸体处理应采用焚烧炉焚烧的方法，在养殖场比较集中的地区，应集中设置焚烧设施；同时焚烧产生的烟气应采取有效的净化措施，防止烟尘、一氧化碳、恶臭等对周围大气环境的污染。

9.3 不具备焚烧条件的养殖场应设置两个以上安全填埋井，填埋井应为混凝土结构，深度大于2m，直径1m，井口加盖密封。进行填埋时，在每次投入畜禽尸体后，应覆盖一层厚度大于10cm的熟石灰，井填满后，须用黏土填埋压实并封口。

10 畜禽养殖场排放污染物的监测

10.1 畜禽养殖场应安装水表，对厨水实行计量管理。

10.2 畜禽养殖场每年应至少两次定期向当地环境保护行政主管部门报告污水处理设施和粪便处理设施的运行情况，提交排放污水、废气、恶臭以及粪肥的无害化指标的监测报告。

10.3 对粪便污水处理设施的水质应定期进行监测，确保达标排放。

10.4 排污口应设置国家环境保护总局统一规定的排污口标志。

11　其他

养殖场防疫、化验等产生的危险废水和固体废弃物应按国家的有关规定进行处理。

附录4　畜禽场环境污染控制技术规范

（NY/T 1169—2006，2006 年 7 月 10 日发布，2006 年 10 月 1 日实施）

1　范围

本标准规定了畜禽场选址、场区布局、污染治理设施以及控制畜禽场恶臭污染、粪便污染、污水污染、病源微生物污染、药物污染、畜禽尸体污染等的基本技术要求和畜禽场环境污染监测控制技术。

本标准适用于目前正在运行生产的畜禽场和新建、改建、扩建畜禽场的环境污染控制。

2　引用标准

下列文件中的条款通过本标准的引用而成为本标准的条款。凡是注日期的引用文件，其随后所有的修改单（不包括勘误的内容）或修订版均不适用于本标准，然而，鼓励根据本标准达成协议的各方研究是否可使用这些文件的最新版本。凡是不注日期的引用文件，其最新版本适用于本标准。

GB 5084　　　农田灌溉水质标准　　GB 7959　　粪便无害化卫生标准

GB 13078　　　饲料卫生标准　　　　GB 18596　　畜禽养殖业污染物排放标准

GB/T 19525.2　畜禽场环境质量评价准则

农业部文件农牧发〔2002〕1 号《食品动物禁用的兽药及其他化合物清单》

农业部公告〔2002〕第 176 号《禁止在饲料和动物饮水中使用的药物品种目录》

3　术语和定义

下列术语和定义适用于本标准。

3.1　畜禽场　按养殖规模，本标准规定：鸡 5000 只，母猪存栏≥75 头，牛≥25 头为畜禽场，该场应设置有舍区、场区和缓冲区。

3.2　环境污染　是指人类活动使环境要素或其状态发生变化，环境质量恶化，扰乱和破坏了生态系统的动态平衡和人类的正常生活条件的现象。本规范所指环境污染是以畜禽活动为主体所造成的污染即畜禽场环境污染，主要包括恶臭污染、粪便污染、污水污染、病源微生物污染、药物污染、畜禽尸体污染等。

3.3　恶臭污染物　指一切刺激嗅觉器官，引起人们不愉快及损害生活环境的气体物质。

3.4　环境质量评价　指依照一定的评价标准和评价方法对一定区域范围内的环境质量进行说明和评定。

3.5　环境影响评价　狭义地说是建设项目可行性研究工作的重要组成部分，是对特定建设项目预测其未来的环境影响，同时提出防治对策，为决策部门提供科学依据，为设计部门提供优化设计的建议。广义地讲是指人类进行某项重大活动（包括开发建设、规划、计划、政策、立法）之前，采用评价手段预测该项活动可能给环境带来的影响。

4　畜禽场环境污染控制技术要求

4.1　选址、布局要求

4.1.1　按照国标 GB/T 19525.2 对畜禽场环境质量进行评价，正确选址、合理布局。

4.1.2　按建设项目环境保护法律、法规的规定，进行环境影响评价，实施"三同时"制度。

4.2　污染治理设施的要求

已建、新建、改建及扩建畜禽场的排水、通风、粪便堆场和污水贮水池、绿化等满足如下要求，不符合要求者应予以改造。

4.2.1　畜禽场排水　畜舍地面应向排水沟方向做 1‰～3‰ 的倾斜；排水沟沟底须有 2‰～5‰ 的坡度，且每隔一定距离设一深 0.5m 的沉淀坑，保持排水通畅。

4.2.2　畜舍通风　根据畜禽舍内的养殖品种、养殖数量，配备适当的通风设施，使风速满足畜禽对风速的要求。

4.2.3　粪便堆场和污水贮水池　粪便堆场和污水贮水池应设在畜禽场生产及生活管理区常年主导风向的下风向或侧风向处，距离各类功能地表水源不得小于 400m，同时采取搭棚遮雨和水泥硬化等防渗漏措施。粪便堆场的地面应高出周围地面至少 30cm。

实行种养结合的畜禽场，其粪便存储设施的总容积不得低于当地农林作物生产用肥的最大间隔时间内本畜禽场所产生粪便的总量。

4.2.4　绿化要求　在畜禽场周围和场区空闲地种植环保型树、花、草，绿化环境、净化空气，改善畜禽舍小气候，加强防疫，家畜养殖场场区绿化覆盖率达到 30%，并在场外缓冲区建 5～10m 的环境绿化带。

4.3　恶臭污染控制

4.3.1　采用配合饲料，调整饲料中氨基酸等各种营养成分的平衡，提高饲料养分的利用效率，减少粪尿中氨氮化合物、含硫化合物等恶臭气体的产生和排放；合理调整日粮中粗纤维的水平，控制吲哚和粪臭素的产生。

4.3.2　提倡在饲料中添加使用微生物制剂、酶制剂和植物提取液等活性物质以减少粪便恶臭气体的产生。

4.3.3　畜舍内的粪便、污物和污水及时清除和处理，以减少粪尿存储过程中恶臭气体的产生和排放。

4.3.4　在畜禽粪便中添加沸石粉、丝兰属植物提取物等，达到除臭和抑制恶臭的扩散的目的。

4.3.5　畜禽场根据实际情况可适当增加垫料厚度，也可在垫料中选择添加沸石粉、丝兰属植物等材料达到除臭效果。

4.4　粪便污染控制

4.4.1　已建、新建、改建以及扩建的畜禽场必须同步建设相应的粪便处理设施。

4.4.2　采用种养结合的畜禽场，粪便还田前必须经过无害化处理，按照土壤质地以及种植作物的种类确定施肥数量。

4.4.3　施入农田后粪便应立即混合到土壤内，裸露时间不得超过 12h，不得在冻土或冰雪覆盖的土地上施粪。

4.4.4　提倡干清粪工艺收集粪便，减少污水量。实现清污分流，雨污分流，减少污水处理量。

4.4.5　对于没有足够土地消纳粪便的畜禽场，可根据本场的实际情况采用堆肥发酵、沼气发酵、粪便脱水干燥等方法对粪便进行处理。

4.5 污水污染控制

4.5.1 采用种养结合的畜禽场，可将污水无害化处理后用于农田灌溉，实现污水的循环利用，灌溉用水水质应达到 GB 5084 的要求。

4.5.2 对没有足够土地消纳污水的畜禽场，可根据当地实际情况选用下列综合利用措施。

4.5.2.1 经过生物发酵后，浓缩制成商品液体有机肥料。

4.5.2.2 进行沼气发酵，对沼渣、沼液实现农业综合利用，避免二次污染。沼渣及时运至粪便储存场所，沼液尽量还田利用。

4.5.3 污水的处理提倡采用自然、生物处理的方法。经过处理的污水若排放到周围地表则应达到 GB 18596 要求。

4.5.4 污水运送方式

管道运送：定期检查、维修管道，避免出现跑、冒、滴、漏现象。

车辆运送：必须采用封闭运送车，避免运输过程中洒、漏。

4.5.5 污水的消毒

使用次氯酸钠消毒时其"余氯"灌溉旱作时应小于 1.5mg/L，灌溉蔬菜时应小于 1.0mg/L。

4.6 病原微生物污染控制

4.6.1 对畜禽粪尿中以及病死畜体中的病原微生物进行处理应分别达到 GB 7959 和 GB 16548 规定的要求。

4.6.2 饲料中病原微生物污染控制技术

4.6.2.1 不得使用传染病死畜禽或腐烂变质的畜禽、鱼类及其下脚料作为饲料原料。

4.6.2.2 饲料在加工过程中，应通过热处理有效去除病原微生物。

4.6.2.3 饲料贮存库必须通风、阴凉、干燥。防止苍蝇、蟑螂等害虫和鼠、猫、鸟类的侵入。

4.7 药物污染控制

4.7.1 科学合理使用药物。

4.7.1.1 饲料卫生符合 GB 13078。

4.7.1.2 饲料和添加剂严格执行《饲料和饲料添加剂管理条例》。

4.7.1.3 执行农业部文件农牧发［2002］1 号《食品动物禁用的兽药及其他化合物清单》。

4.7.1.4 执行农业部公告［2002］第 176 号《禁止在饲料和动物饮水中使用的药物品种目录》。

4.7.2 畜禽粪尿中有毒有害物质污染控制技术

4.7.2.1 当粪尿中有毒物质（重金属等）含量超标时，要进行回收，集中处理。避免由于其累积造成对环境的污染。

4.7.3 选择适用性广泛、杀菌力和稳定性强、不易挥发、不易变质、不易失效且对人畜危害小，不易在畜产品中残留，对畜舍、器具无腐蚀性的消毒剂对场内环境、畜体表面以及设施、器具等进行消毒。

4.8 畜禽尸体污染控制

畜禽尸体严格按照 GB 16548 进行处理，不得随意丢弃，更不许作为商品出售。

4.9 环境监测

4.9.1　对畜禽场舍区、场区、缓冲区的生态环境、空气环境以及水环境和接受畜禽粪便和污水的土壤进行定期监测，对环境质量进行定期评价，以便采取相应的措施控制畜禽场环境污染事件的发生。

4.9.2　对畜禽场排放的污水进行监测，掌握污水中各种污染物的浓度、排放量等，为选取适当工艺、技术、设备对其进行处理提供数据依据。对已有污水处理设施的畜禽场，要对处理后的出水进行定期监测，以对设备的运行情况进行调节，确保出水达到 GB 18596 的要求。

4.9.3　在畜禽场排污口设置国家环境保护总局统一规定的排污口标志。

附录5　畜禽场环境质量及卫生控制规范

（NY/T 1167—2006，2006 年 7 月 10 日发布，2006 年 10 月 1 日实施）

1　范围

本标准规定了畜禽场生态环境质量及卫生指标、空气环境质量及卫生标准、土壤环境质量及卫生指标、饮用水质量及卫生指标和相应的畜禽场质量及卫生控制措施。

本标准适用于规模化畜禽场的环境质量管理及环境卫生控制。

2　引用标准

下列文件中的条款通过本标准的引用而成为本标准的条款。凡是注日期的引用文件，其后所有的修改单（不包括勘误的内容）或修订版均不适用于本标准，然而，鼓励根据本标准达成协议的各方研究是否可使用这些文件的最新版本。凡是不注日期的引用文件，其最新版本适用于本标准。

GB 18596　畜禽养殖业污染物排放标准　　GB/T 19525.2　畜禽场环境质量评价准则

NY/T 388　畜禽场环境质量标准　　　　　NY 5027　无公害食品　畜禽饮用水水质标准

3　术语和定义

下列术语和定义适用于本标准。

3.1　畜禽场　按养殖规模，本标准规定：鸡 5000 只，母猪存栏≥75 头，牛≥25 头为畜禽场，该场应设置有舍区、场区和缓冲区。

3.2　舍区　畜禽所处的半封闭的生活区域，即畜禽直接的生活环境区。

3.3　场区　畜禽场围栏或院墙以内、舍区以外的区域。

3.4　缓冲区　在畜禽场外周围，沿场院向外≤500m 范围内的保护区，该区具有保护畜禽场免受外界污染的功能。

3.5　土壤　指畜禽场陆地表面能够生长绿色植物的疏松层。

3.6　恶臭污染物　指一切刺激嗅觉器官，引起人们不愉快及损害生活环境的气体物质。

3.7　环境质量及卫生控制　指为达到环境质量及卫生要求所采取的作业技术和活动。

4　畜禽场场址的选择和场内区域布局

4.1　正确选址　按照国标 GB 19525.2 的要求对畜禽养殖场环境质量和环境影响进行评价，摸清当地环境质量现状以及畜禽养殖场、养殖小区建成后对当地环境质量将产生的影响。

4.2 合理布局：住宅区、生活管理区、生产区、隔离区分开，且依次处于场区常年主导风向的上风向。

5 畜禽场生态环境质量及卫生控制

5.1 畜禽场舍区生态环境质量及卫生指标参见 NY/T 388。

5.2 畜禽场舍区生态环境质量及卫生控制措施

5.2.1 温度、湿度 在建设畜禽饲养场时，必须保证畜禽舍的保温隔热性能，同时合理设计通风和采光设施，可采用天窗或导风管，使畜禽舍温度、湿度满足上述标准的要求，也可采用喷淋与喷雾等方式降温。

5.2.2 风速 畜禽舍采用机械通风或自然通风，通风时保证气流均匀分布，尽量减少通风死角，舍外运动场上设凉棚，使舍内风速满足畜禽场环境质量标准的要求。

5.2.3 照度 安装采光设施或设计天窗，并根据畜种、日龄和生产过程确定合理的光照时间和光照强度。

5.2.4 噪声

5.2.4.1 正确选址，避免外界干扰；

5.2.4.2 选择、使用性能优良，噪声小的机械设备；

5.2.4.3 在场区、缓冲区植树种草，降低噪声。

5.2.5 细菌、微生物的控制措施

5.2.5.1 正确选址，远离细菌污染源；

5.2.5.2 定时通风换气，破坏细菌生存条件；

5.2.5.3 在畜禽舍门口设置消毒池，工作人员进入畜禽舍时必须穿戴消毒过的工作服、鞋、帽等，并通过装有紫外线灯的通道；

5.2.5.4 对舍区、场区环境定期消毒；

5.2.5.5 在疾病传播时，采用隔离、淘汰病畜禽，并进行应急消毒措施，以控制病原的扩散。

6 畜禽场空气环境质量及卫生控制

6.1 畜禽场空气环境质量及卫生指标参见 NY/T 388。

6.2 畜禽场舍内环境质量及卫生控制措施

6.2.1 舍内氨气、硫化氢、二氧化碳、恶臭的控制措施

6.2.1.1 采取固液分离与干清粪工艺相结合的设施，使粪尿、污水及时排出，减少有害气体产生；

6.2.1.2 采取科学的通风换气方法，保证气流均匀，及时排除舍内的有害气体；

6.2.1.3 在粪便、垫料中添加各种具有吸附功能的添加剂，减少有害气体产生；

6.2.1.4 合理搭配日粮和在饲料中使用添加剂，减少有害气体产生。

6.2.2 舍内总悬浮颗粒物、可吸入颗粒物的控制措施

6.2.2.1 饲料车间、干草车间远离畜舍且处于畜舍的下风向；

6.2.2.2 提倡使用颗粒饲料或者拌湿饲料；

6.2.2.3 禁止带畜干扫畜舍或刷拭畜禽，翻动垫料要轻，减少尘粒的产生；

6.2.2.4 适当进行通风换气，并在通风口设置过滤帘，保证舍内湿度，及时排出、减少颗粒物及有害气体。

6.3 畜禽场场区、缓冲区空气环境质量及卫生控制措施

6.3.1　绿化：在畜禽场的场区、缓冲区内种植环保型的树木、花草，减少尘粒的产生，净化空气。家畜养殖场绿化覆盖率应在 30% 以上。

6.3.2　消毒：在场门和舍门处设置消毒池，人员和车辆进入时经过消毒池以杀死病原微生物。对工作人员的衣、帽、鞋等经常性的消毒，对圈舍及设备用具进行定期消毒。

7　畜禽场土壤环境质量及卫生控制

7.1　畜禽场土壤环境质量及卫生指标见表1。

表 1　畜禽场土壤环境质量及卫生指标

序号	项目	单位	缓冲区	场区	舍区
1	镉	mg/kg	0.3	0.3	0.6
2	砷	mg/kg	30	25	20
3	铜	mg/kg	50	100	100
4	铅	mg/kg	250	300	350
5	铬	mg/kg	250	300	350
6	锌	mg/kg	200	250	300
7	细菌总数	万个/g	1	5	—
8	大肠杆菌	g/L	2	50	—

7.2　畜禽场土壤环境质量及卫生控制措施

7.2.1　土壤中镉、砷、铜、铅、铬、锌的控制措施

7.2.1.1　正确选址，使土壤背景值满足畜禽场土壤环境质量标准的要求；

7.2.1.2　科学合理选择和使用兽药、饲料，降低土壤中重金属元素的残留。

7.2.2　土壤中细菌总数、总大肠杆菌的控制措施

7.2.2.1　避免粪尿、污水排放及运送过程中的跑、冒、滴、漏；

7.2.2.2　采用紫外等方式对排放、运送前的粪尿进行杀菌消毒，避免运输过程微生物污染土壤；

7.2.2.3　粪尿作为有机肥施予场内草、树地前，对其进行无害化处理，且根据植物的不同品种合理掌握使用量；

7.2.2.4　畜禽粪便堆场建在畜禽饲养场内部的，要做好防渗、防漏工作，避免粪污中镉、砷、铜、铅、铬、锌以及各种病原微生物污染场内的土壤环境。

8　畜禽饮用水质量及卫生控制

8.1　畜禽饮用水质量及卫生指标参见 NY 5027。

8.2　畜禽饮用水质量及卫生控制措施

8.2.1　自来水　定期清洗畜禽饮用水传送管道，保证水质传送途中无污染。

8.2.2　自备井　应建在畜禽场粪便堆放场等污染源的上方和地下水位的上游，水量丰富，水质良好，取水方便，避免在低洼沼泽或容易积水的地方打井。水井附近 30m 范围内，不得建有渗水的厕所、渗水坑、粪坑、垃圾场等污染源。

8.2.3　地表水　地面水是暴露在地表面的水源，受污染的机会多，含有较多的悬浮物和细菌，如果作为畜禽的饮用水，必须进行净化和消毒，使之满足畜禽饮用水水质标准。净化的方法有混凝沉淀法和过滤法；消毒方法有物理消毒法（如煮沸消毒）和化学消毒法（如氯化消毒）。

9　监测与评价

9.1　对畜禽场的生态环境、空气环境以及接受畜禽粪便和污水的土壤环境和畜禽饮用

水进行定期监测，对环境质量现状进行定期评价，及时了解畜禽场环境质量及卫生状况，以便采取相应的措施控制畜禽场环境质量和卫生。

9.2 对畜禽场排放的污水进行定期监测，确保出水满足 GB 18596 的要求。

9.3 环境质量、环境影响评价 按照 GB/T 19525.2 的要求，根据监测结果，对畜禽场的环境质量、环境影响进行定期评价。

9.4 在畜禽场排污口设置国家环境保护总局统一规定的排污口标志。

9.5 监测分析方法 本规范项目的监测分析方法按表 2 执行。

表 2 畜禽场环境卫生控制规范选配监测分析方法

序号	项目	分析方法	方法来源
1	温度	温度计测定法	GB/T 13195—1991
2	相对湿度	湿度计测定法[1]	
3	风速	风速仪测定法[1]	
4	照度	照度计测定法[1]	
5	噪声	声级计测定法	GB/T 14623
6	粪便含水率	重量法	GB/T 3543.2—1995
7	NH_3	纳氏试剂比色法	GB/T 14668—93
8	H_2S	碘量法	GB/T 11060.1—1998
9	CO_2	滴定法[2]	
10	PM_{10}	重量法	GB 6921—86
11	TSP	重量法	GB 15432—1995
12	空气 细菌总数	沉降法	GB 5750—85
13	恶臭	三点比较式嗅袋法	GB/T 14675—93
14	水质 细菌总数	平板法	GB 5750—85
15	水质 大肠杆菌	多管发酵法	GB 5750—85
16	pH	玻璃电极法	GB 6920—86
17	总硬度	EDTA 滴定法	GB 7477—87
18	溶解性总固体	重量法	GB 5750—85
19	铅	原子吸收分光光度法	GB 7475—87
20	铬（六价）	二苯碳酰二肼分光光度法	GB 7467—87
21	生化需氧量	稀释与接种法	GB 7488—87
22	化学需氧量	重铬酸钾法	GB 11914—89
23	溶解氧	碘量法	GB 7489—87
24	蛔虫卵	堆肥蛔虫卵检查法	GB 7959—87
25	氟化物	离子选择电极法	GB 7484—87
26	总锌	原子吸收分光光度法	GB 7475—87
27	土壤 镉	石墨炉原子吸收分光光度法	GB/T 17141—1997
28	土壤 砷	二乙基二硫代氨基甲酸银分光光度法	GB/T 17134—1997
29	土壤 铜	火焰原子吸收分光光度法	GB/T 17138—1997
30	土壤 铅	石墨炉原子吸收分光光度法	GB/T 17141—1997
31	土壤 铬	火焰原子吸收分光光度法	GB/T 17137—1997
32	土壤 锌	火焰原子吸收分光光度法	GB/T 17138—1997

续表

序号	项目	分析方法	方法来源
33	土壤 细菌总数	与水的卫生检验方法相同[3]	
34	土壤 大肠杆菌	与水的卫生检验方法相同[3]	

1)、2) 和 3) 暂采用下列方法,待国家标准发布后,执行国家标准。

1) 畜禽场相对湿度、照度、风速的监测分析方法,是结合畜禽场环境监测现状,对国家气象局(地面气象观测)(1979)中相关内容进行改进形成的,经过农业部批准并且备案。

2) 暂采用国家环境保护总局《水和废水监测分析方法》(第三版)中国环境出版社,1989。

3) 土壤中细菌总数、大肠杆菌的检测分析方法与水的卫生检验方法相同,见中国环境科学出版社《环境工程微生物检验手册》,1990 年出版。

附录6 无公害食品 畜禽饮用水水质(节选)

(NY 5027—2008 代替 NY 5027—2001,2008 年 5 月 16 日发布,2008 年 7 月 1 日实施)

1 范围

本标准规定了生产无公害畜禽产品过程中畜禽饮用水水质的要求、检验方法。

本标准适用于生产无公害食品的畜禽饮用水水质的要求。

2 规范性引用文件

下列文件中的条款通过本标准的引用而成为本标准的条款。凡是注日期的引用文件,其随后所有的修改单(不包括勘误的内容)或修订版均不适用于本标准,然而,鼓励根据本标准达成协议的各方研究是否可使用这些文件的最新版本。凡是不注日期的引用文件,其最新版本适用于本标准。

GB/T 5750.2 生活饮用水标准检验方法 水样的采集与保存

GB/T 5750.4 生活饮用水标准检验方法 感官性状和物理指标

GB/T 5750.5 生活饮用水标准检验方法 无机非金属指标

GB/T 5750.6 生活饮用水标准检验方法 金属指标

GB/T 5750.12 生活饮用水标准检验方法 微生物指标

3 要求

畜禽饮用水水质应符合表 1 的规定。

表 1 畜禽饮用水水质安全指标

项　　目		标准值	
		畜	禽
感官性状及一般化学指标	色	$\leqslant 30°$	
	浑浊度	$\leqslant 20°$	
	臭和味	不得有异臭、异味	
	总硬度(以 $CaCO_3$ 计),mg/L	$\leqslant 1500$	
	pH	$5.5 \sim 9.0$	$6.5 \sim 8.5$
	溶解性总固体,mg/L	$\leqslant 4000$	$\leqslant 2000$
	硫酸盐(以 SO_4^{2-} 计),mg/L	$\leqslant 500$	$\leqslant 250$

续表

项　　目		标准值	
		畜	禽
细菌学指标	总大肠菌群，MPN/100ml	成年畜100，幼畜和禽10	
毒理学指标	氟化物(以 F⁻ 计)，mg/L	≤2.0	≤2.0
	氰化物，mg/L	≤0.20	≤0.05
	砷，mg/L	≤0.20	≤0.20
	汞，mg/L	≤0.01	≤0.001
	铅，mg/L	≤0.10	≤0.10
	铬(六价)，mg/L	≤0.10	≤0.05
	镉，mg/L	≤0.05	≤0.01
	硝酸盐(以 N 计)，mg/L	≤10.0	≤3.0

附录7　全国部分地区建筑朝向表

地区	最佳朝向	适宜朝向	不宜朝向
北京	南偏东或西各30°以内	南偏东或西各45°以内	北偏西30°～60°
上海	南至南偏东15°	南偏东30°，南偏东15°	北、西北
石家庄	南偏东15°	南至南偏东30°	西
太原	南偏东15°	南偏东至东	西北
呼和浩特	南至南偏东、南至南偏西	东南、西南	北、西北
哈尔滨	南偏东15°～20°	南偏南至南偏东或西各15°	西、北、西北
长春	南偏东30°，南偏西15°	南偏东或西各45°	北、东北、西北
沈阳	南，南偏东20°	南偏东至东，南偏西至西	东北东至西北西
济南	南，南偏东10°～15°	南偏东30°	西偏北5°～10°
南京	南偏东15°	南偏东20°，南偏东10°	西、北
合肥	南偏东5°～15°	南偏东15°、南偏西5°	西
杭州	南偏东10°～15°，北偏东6°	南、南偏东30°	西、北
福州	南、南偏东5°～15°	南偏东20°以内	西
郑州	南偏东15°	南偏东25°	西北
武汉	南偏西15°	南偏东15°	西、西北
长沙	南偏东9°	南	西、西北
广州	南偏西15°，南偏东5°	南偏东20°、南偏西5°至西	
南宁	南，南偏东15°	南、南偏东15°～25°、南偏西5°	东、西
西安	南偏东10°	南、南偏西	西、西北
银川	南至南偏东23°	南偏东34°、南偏西20°	西、北
西宁	南至南偏西30°	南偏东30°至南偏西30°	北、西北
乌鲁木齐	南偏东40°，南偏西30°	东南、东、西	北、西北
成都	南偏东45°至南偏西15°	南偏东45°至东偏北30°	西、北
昆明	南偏东25°～56°	东至南至西	北偏东或西各35°
拉萨	南偏东10°，南偏西5°	南偏东15°、南偏西10°	西、北
厦门	南偏东5°～10°	南偏东22°、南偏西10°	南偏西25°、西偏北30°
重庆	南，南偏东10°	南偏东15°、南偏西5°、北	东、西
青岛	南、南偏东5°～10°	南偏东15°至南西15°	西、北

参 考 文 献

[1] 李如治. 家畜环境卫生学. 北京：中国农业出版社，2005.

[2] 李震钟. 家畜环境卫生学附牧场设计. 北京：中国农业出版社，1994.

[3] 东北农学院. 家畜环境卫生学. 北京：中国农业出版社，1990.

[4] 安立龙. 家畜环境卫生学. 北京：高等教育出版社，2004.

[5] 姚瑞旦. 家畜环境卫生学. 上海：上海科学技术文献出版社，1988.

[6] 杨秀平. 动物生理学. 北京：高等教育出版社，2005.

[7] 冀行键. 家畜环境卫生. 第2版. 北京：中国农业出版社，2001.

[8] 常明雪. 畜禽环境卫生. 北京：中国农业大学出版社，2007.

[9] 冯春霞. 家畜环境卫生学. 北京：中国农业出版社，2001.

[10] 赵云焕. 畜禽环境卫生与牧场设计. 郑州：河南科学技术出版社，2007.

[11] 王庆镐. 家畜环境卫生学. 第2版. 北京：农业出版社，1996.

[12] 刘凤华. 家畜环境卫生学. 北京：中国农业大学出版社，2004.

[13] 李蕴玉. 养殖场环境卫生与控制. 北京：高等教育出版社，2002.

[14] 蔡长霞等. 畜禽环境卫生. 北京：中国农业出版社，2006.

[15] 赵化民. 畜禽养殖场消毒指南. 北京：金盾出版社，2004.

[16] 段诚中. 规模化养猪新技术. 北京：中国农业出版社，2000.

[17] 李震钟. 畜牧场生产工艺与畜舍设计. 北京：中国农业出版社，1998.

[18] 王伟国. 规模猪场的设计与管理. 北京：中国农业科学技术出版社，2006.

[19] 张金宝. 生态环保饲料的开发和利用. 养殖与饲料，2007，6：63-64.

[20] 胡延晨. 畜禽养殖业污染状况及综合治理对策浅析. 山东畜牧兽医，2008，12：41，44.

[21] 田宁宁，王凯军，李宝林等. 畜禽养殖场粪污的治理技术. 中国给水排水，2002，18：71-73.

[22] 胡冰，徐新昌，孙文富. 纳米技术在现代养殖业中的应用. 畜牧市场，2008，3：14-15.

[23] 汪植三，吴银宝，廖新俤等. 论生态环境与畜禽健康——热环境和应激对畜禽健康的影响. 家畜生态，2001，22（2）：1-7.

[24] 吴秋珏. 科学养猪技术. 北京：化学工业出版社，2018.

[25] 潘琦. 畜禽生产技术实训教程. 第2版. 北京：化学工业出版社，2017.

[26] 宋连喜. 畜禽繁育. 第2版. 北京：化学工业出版社，2016.

[27] 赵朴等. 牛场卫生、消毒和防疫手册. 北京：化学工业出版社，2015.

[28] 姚四新等. 鸡场卫生、消毒和防疫手册. 北京：化学工业出版社，2015.